*2021*

黑龙江省社会科学学术著作出版资助项目

# 区域碳排放时空差异影响机制及减排优化路径研究

QUYU TANPAIFANG SHIKONG CHAYI YINGXIANG JIZHI JI JIANPAI YOUHUA LUJING YANJIU

周嘉 柏林 ◎ 著

U0370144

哈尔滨工业大学出版社
HARBIN INSTITUTE OF TECHNOLOGY PRESS

## 内容简介

本书基于现有的碳排放核算方法、影响因素的分解方法以及空间表达方法,系统地对我国土地利用、能源消费、农业活动和产业活动等的碳排放时空特征和变化规律进行定量分析研究,构建了区域碳收支核算的理论框架和方法,从不同角度和不同空间尺度开展了实证研究。一方面,从环境规制的角度,探讨了其对碳排放量和碳生产率的作用路径和影响机制,将环境规制、经济增长和碳排放纳入同一分析框架,以考察全国及各省域不同环境规制对碳生产率的影响机制;另一方面,基于空间格局演化,探讨了城市空间紧凑度对碳排放变化在城市不同阶段、不同城市同一时期的影响程度、特点和规律,旨在为制定区域差异性相关的碳减排政策提供科学依据。

本书可作为地理学、环境科学、管理学等专业研究生的参考书,也可供从事气候变化与碳减排、碳排放清单核算以及环境规划与管理的专业研究人员参考。

**图书在版编目(CIP)数据**

区域碳排放时空差异影响机制及减排优化路径研究/周嘉,柏林著. —哈尔滨:哈尔滨工业大学出版社,2021.9
ISBN 978 - 7 - 5603 - 9700 - 9

Ⅰ.①区… Ⅱ.①周… ②柏… Ⅲ.①二氧化碳 - 排气 - 区域差异 - 研究 Ⅳ.①X511

中国版本图书馆 CIP 数据核字(2021)第 197852 号

策划编辑 闻 竹
责任编辑 张羲琰 闻 竹
封面设计 郝 棣
出版发行 哈尔滨工业大学出版社
社 址 哈尔滨市南岗区复华四道街 10 号 邮编 150006
传 真 0451 - 86414749
网 址 http://hitpress.hit.edu.cn
印 刷 哈尔滨圣铂印刷有限公司
开 本 787mm×960mm 1/16 印张 19.75 字数 300 千字
版 次 2021 年 9 月第 1 版 2021 年 9 月第 1 次印刷
书 号 ISBN 978 - 7 - 5603 - 9700 - 9
定 价 58.00 元

# 前　言

在当前全球气候变暖的背景下,减少碳排放,既是我国可持续发展的需要,也是我国化解全球气候变化谈判压力的需要。我国作为温室气体的排放大国,在2015年底,随着《巴黎协定》的签署和落实,将面临更为严苛的排放挑战,低碳发展路径已经从"相对强度减排"变为"总量绝对减排",并要求在2030年左右达到"碳排放总量峰值"。减排压力之大、转型时间之紧迫前所未有。

鉴于此,2015年7月,我国政府颁布了《强化应对气候变化行动——中国国家自主贡献》这一纲领性文件,分别从总量和强度方面确定了我国在2030年前的碳减排目标。而制定并实施科学有效的碳减排政策,是实现上述目标的基础。已有不少学者从宏观层面就碳减排政策如何影响碳减排目标进行了较为系统的研究。

目前,关于我国不同地区能源消费碳排放已经有了一定研究,总体而言,在不同空间尺度上对人类不同活动的碳排放等关联问题仍需进行更加深入的探讨。事实上,不同省域和市域的发展水平和主要支撑产业不同,对于碳排放贡献的主要影响因素也不相同,并且人类不同活动的碳排放特征往往呈现出较大的时空差异性。本书基于现有的碳排放核算方法、影响因素的分解方法以及空间表达方法,系统地对我国土地利用、能源消费、农业活动和产业活动等的碳排放时空特征和变化规律进行定量分析研究,目的在于为制定区域差异性相关的碳减排政策提供科学依据。有针对性地进行减排政策设计是实现绿色低碳发展的关键所在,对全国顺利完成减排目标也具有重要意义。根据碳排放特征与主要影响因素制定并实施差异化的碳减排政策,也有助于提高政策的针对性及实施效果。考虑到数据的可获取性,由于某些地区的相关数据难以获得,故本书的研究范围为北京、天津、上海、重庆、河北、山东等31个省级行政区。

2012年以来,我一直带着我的研究生做城市碳排放的相关研究,有了一定的理论和实践的积累。在前期研究和撰写本书的过程中,华北水利水电大学测绘与地理信息学院赵荣钦教授、我的博士导师东北师范大学尚金城教授、我的博士后合作导师黑龙江省林业科学院倪红伟研究员给予了我悉心指导,在此深表谢意。

感谢我的学生刘学荣、李志学、王康、赵婧宇、王钰瑄、时小翠、刘欣铭在数据收集、整理等方面提供的帮助。

本书由周嘉提出大纲和思路,由周嘉、柏林等统稿完成。各章节分工如下:第一章由柏林撰写;第二章由柏林、刘学荣撰写;第三章由柏林、周嘉撰写;第四章由柏林、刘欣铭撰写;第五章由柏林、周嘉撰写;第六章由柏林、周嘉、王康撰写;第七章由柏林、时小翠撰写。

感谢哈尔滨工业大学出版社的大力支持。哈尔滨工业大学出版社的责任编辑闻竹老师对于本书的编校和出版做了大量的工作,在此表示衷心的感谢。

由于作者水平有限,本书难免存在不足之处,敬请各位专家和读者批评指正。

作　者
2021 年 7 月

# 目　　录

第一章　绪　论 ………………………………………………… 1

　　第一节　研究背景 ……………………………………… 1

　　第二节　研究意义 ……………………………………… 2

　　第三节　理论基础 ……………………………………… 6

　　第四节　研究进展 ……………………………………… 12

　　第五节　研究框架、结构体系及主要特色 …………… 16

　　参考文献 ………………………………………………… 19

第二章　土地利用碳排放核算及低碳发展路径研究 ……… 31

　　第一节　土地利用碳排放研究思路与框架 …………… 32

　　第二节　土地利用碳排放的核算方法 ………………… 34

　　第三节　土地利用碳收支时空演变分析 ……………… 37

　　第四节　土地利用碳排放分布特征及公平性分析 …… 52

　　第五节　土地利用碳排放影响因素空间差异分析 …… 62

　　第六节　低碳化土地利用策略研究 …………………… 74

　　第七节　本章小结 ……………………………………… 77

　　参考文献 ………………………………………………… 80

第三章　居民直接生活能耗碳排放区域差异及驱动因素分析 … 83

　　第一节　研究现状 ……………………………………… 84

　　第二节　研究方法和数据来源 ………………………… 88

　　第三节　省域居民直接生活能耗碳排放时间序列变化 … 91

　　第四节　居民直接生活能耗碳排放空间特征分析 …… 100

　　第五节　人口对居民直接生活能耗碳排放的驱动因素分析 … 107

　　第六节　本章小结 ……………………………………… 113

　　参考文献 ………………………………………………… 115

1

第四章　省域空间碳补偿机制与模式研究 ⋯⋯⋯⋯⋯⋯⋯⋯⋯⋯⋯ 122

　　第一节　省域空间碳补偿机制 ⋯⋯⋯⋯⋯⋯⋯⋯⋯⋯⋯⋯⋯ 123

　　第二节　研究思路与方法 ⋯⋯⋯⋯⋯⋯⋯⋯⋯⋯⋯⋯⋯⋯⋯ 126

　　第三节　省域碳收支核算及时空变化分析 ⋯⋯⋯⋯⋯⋯⋯⋯ 132

　　第四节　省域碳补偿时空变化分析 ⋯⋯⋯⋯⋯⋯⋯⋯⋯⋯⋯ 135

　　第五节　本章小结 ⋯⋯⋯⋯⋯⋯⋯⋯⋯⋯⋯⋯⋯⋯⋯⋯⋯⋯ 142

　　参考文献 ⋯⋯⋯⋯⋯⋯⋯⋯⋯⋯⋯⋯⋯⋯⋯⋯⋯⋯⋯⋯⋯⋯ 144

第五章　省域农业碳排放核算及效率评价研究 ⋯⋯⋯⋯⋯⋯⋯⋯ 149

　　第一节　农业碳排放效率的研究现状 ⋯⋯⋯⋯⋯⋯⋯⋯⋯⋯ 149

　　第二节　省域农业碳排放的核算研究 ⋯⋯⋯⋯⋯⋯⋯⋯⋯⋯ 152

　　第三节　省域农业碳排放的效率评价 ⋯⋯⋯⋯⋯⋯⋯⋯⋯⋯ 165

　　第四节　本章小结 ⋯⋯⋯⋯⋯⋯⋯⋯⋯⋯⋯⋯⋯⋯⋯⋯⋯⋯ 176

　　参考文献 ⋯⋯⋯⋯⋯⋯⋯⋯⋯⋯⋯⋯⋯⋯⋯⋯⋯⋯⋯⋯⋯⋯ 178

第六章　环境规制对区域碳排放的影响路径分析 ⋯⋯⋯⋯⋯⋯⋯ 182

　　第一节　研究思路 ⋯⋯⋯⋯⋯⋯⋯⋯⋯⋯⋯⋯⋯⋯⋯⋯⋯⋯ 182

　　第二节　东北三省环境规制与能源消费碳排放现状分析 ⋯⋯ 187

　　第三节　环境规制对东北三省碳排放的作用路径分析 ⋯⋯⋯ 201

　　第四节　环境规制对东北三省碳排放的门槛效应分析 ⋯⋯⋯ 208

　　第五节　环境规制对东北三省碳排放的空间效应分析 ⋯⋯⋯ 215

　　第六节　不同类型环境规制对碳生产率影响空间异质性分析 ⋯⋯ 225

　　第七节　结论及展望 ⋯⋯⋯⋯⋯⋯⋯⋯⋯⋯⋯⋯⋯⋯⋯⋯⋯ 258

　　参考文献 ⋯⋯⋯⋯⋯⋯⋯⋯⋯⋯⋯⋯⋯⋯⋯⋯⋯⋯⋯⋯⋯⋯ 261

第七章　黑龙江省城市紧凑度对碳排放强度影响分析 ⋯⋯⋯⋯⋯ 270

　　第一节　研究现状 ⋯⋯⋯⋯⋯⋯⋯⋯⋯⋯⋯⋯⋯⋯⋯⋯⋯⋯ 270

　　第二节　碳排放强度的时空演变特征分析 ⋯⋯⋯⋯⋯⋯⋯⋯ 277

　　第三节　城市紧凑度时空格局演变特征 ⋯⋯⋯⋯⋯⋯⋯⋯⋯ 283

　　第四节　黑龙江省城市紧凑度对碳排放强度影响的空间差异分析 ⋯ 290

　　第五节　本章小结 ⋯⋯⋯⋯⋯⋯⋯⋯⋯⋯⋯⋯⋯⋯⋯⋯⋯⋯ 304

　　参考文献 ⋯⋯⋯⋯⋯⋯⋯⋯⋯⋯⋯⋯⋯⋯⋯⋯⋯⋯⋯⋯⋯⋯ 306

# 第一章 绪 论

## 第一节 研究背景

随着经济的快速发展和城市化进程的推进,人口剧增的背后,难以掩盖的事实是由于人类活动致使大量温室气体排入大气中,加剧了温室效应,最终导致全球气候变暖。全球变暖已成为全人类面临的重大挑战。世界气象组织发布的《2019 年度全球大气温室气体公报》指出,2019 年地球大气中的二氧化碳含量已上升至历史最高水平,是工业化前(1750 年前)的 1.48 倍,在过去 70 年中上升速度之快前所未有。面对现状,人类应减少二氧化碳等温室气体的排放,从而减少冰川消融、海平面上升和干旱、洪水等极端天气现象的发生,尽可能降低对生态环境和生产与生活活动造成的不可估量的影响。

碳排放是衡量温室气体排放的主要指标,对其进行研究有利于解决全球变暖问题,所以一直备受国内外社会各界的关注。化石能源的燃烧、土地利用方式的改变、森林的毁灭、草原过度放牧和人类的生产与生活活动,间接改变了大气中二氧化碳的含量,是诱发全球气候变暖的主要原因。联合国政府间气候变化专门委员会(IPCC)第 5 次报告指出,自前工业时代(1850—1900 年)以来,二氧化碳含量已经增加了 40%,主要来自化石燃料的使用,其次则来自土地的开发利用。在 1850—1998 年近 150 年间,土地利用变化引起的二氧化碳排放量占人类活动影响二氧化碳排放总量的 1/3,土地利用变化对温室效应的贡献率大约为 24%,其对碳排放的影响已经引起广泛关注。

2009 年 11 月 25 日召开的国务院会议提出了碳强度约束政策,到 2020 年我国单位国内生产总产总值(GDP)二氧化碳排放将比 2005 年下降 40% ~ 45%,并作为约束性指标纳入国民经济和社会发展中长期规划,有效控制温室气体排放。2014 年,中美达成温室气体减排协议,我国承诺到 2030 年左右达到碳排放峰值。这一承诺是对我国能否实现经济发展与低碳减排双赢的巨大考验。"十三五"规划指出,要大幅度提升能源利用效率,降低能源和水资源消耗,有效控制建设用地、碳排放总量,推动形成绿色发展方式和生活方式。2015 年,巴黎气候大会近 200 个缔约方达成全球气候协议,旨在加强对气候变化威胁的全球应对,以实现全球平均温度升高控制在 1.5℃以内;同时我国政府承诺到 2030 年单位国内生产总值二氧化碳排放量比 2005 年下降 60% ~65%。2016 年,国务院在《"十三五"控制温室气体排放工作方案》中明确提出"十三五"时期末中国碳强度的约束目标:在 2020 年末碳排放强度比 2015 年下降 18%。《中国发展报告 2017:资源的可持续利用》认为,我国要以提高资源产出率为主线,以控制资源投入总量和污染排放总量为重点,到 2030 年左右实现资源投入总量和碳排放总量达到峰值后持续下降。

由于我国城市化进程加快,人口众多,能源消费和碳排放量将持续增加,导致我国面临着经济发展和节能减排的双重压力。根据国际能源机构对各国碳排放的估算结果,我国在 2007 年已经成为碳排放大国。因此,我国在大力加强节能减排的"减法"和实现绿色低碳发展的"加法"工作的同时,也应承担国际责任和为应对全球气候变化做出积极贡献和努力。

# 第二节 研究意义

## 一、有利于推进低碳经济理论研究与实践工作的开展

目前,由于二氧化碳等温室气体排放问题涉及经济、社会、政治、生态、资源等诸多领域,相关研究也进入多学科研究的交叉边缘地带。从整体上看,有关低碳经济的理论研究是属于可持续发展理论框架下的深入探索。而从经济研究角度看,碳减排研究则涉及消费方式转变、产业结构优化、技术革新与应用、

资源开发与利用、财税金融政策支持以及环保产业发展等很多方面。因此,综合运用环境与资源经济学、产业经济学、生态经济学等理论,深入研究温室气体排放的特点、规律和趋势,以马克思自然力理论为基础,针对我国经济社会发展的实际情况,提出科学、合理及有针对性的碳减排措施和路径,对于丰富碳减排相关理论研究具有重要价值。

通过向低耗能、低污染、低排放的低碳经济转型解决气候变化的问题已经成为共识。然而,低碳的概念被热炒,但实现手段却一直缺失,其中重要的原因就是碳源/碳汇数据难以被定量化,还没有形成比较系统的区域碳收支评估的方法体系,这也是当前气候变化背景下亟待解决的问题。而通过收集大量碳源/碳汇数据,并对其进行处理、加工和运用的区域碳收支核算的理论和方法具有非常重要的意义。因此,亟须建立不同空间尺度的区域碳收支核算及其集成化的研究方法,以期为我国区域温室气体核算和低碳发展战略的制定提供有力的数据支撑和基础信息库。

## 二、区域碳收支核算是科学评估人类活动碳效应强度和区域碳循环压力的前提

一方面,我国处于快速城市化的发展进程中,人类活动对区域环境影响日益加深,并由此带来了诸多环境问题。《国家中长期科技发展规划纲要(2006—2020年)》将"全球环境变化监测与对策""人类活动对地球系统的影响机制""全球变化与区域响应"列为优先发展的主题。碳收支和碳足迹是对人类活动环境影响程度的度量,开展区域碳收支研究不仅为评估人类活动强度及其影响提供重要的方法手段,而且为加强全球环境变化背景下"自然—社会—人"耦合的碳循环压力评估提供理论基础。

另一方面,从区域发展的角度而言,我国近年来区域发展不均衡的情况日益突出。2015年10月,《中共中央关于制定国民经济和社会发展第十三个五年规划的建议》明确指出"推动区域协调发展、塑造要素有序自由流动、主体功能约束有效、基本公共服务均等、资源环境可承载的区域协调发展新格局""发挥主体功能区作为国土空间开发保护基础制度的作用,落实主体功能区规划,完

善政策"。区域碳收支可以从不同的空间尺度开展对人类活动效应的评估,为不同区域开发强度的定量评估提供了重要手段。

因此,区域碳收支核算是开展人类活动碳效应强度和区域碳循环压力评估、推动区域公平发展的前提。

## 三、区域碳收支核算是在区域层面制定应对气候变化的碳减排策略的基础

改革开放以来,我国经济取得了令世人瞩目的成绩。2010 年,我国超越日本,成为全球第二大经济体,仅次于美国。同时,我国经济发展也付出了巨大的资源和环境代价。虽然我国已经成为世界碳排放总量的第一大国,但是考虑到巨大的人口基数和现实发展阶段,我们仍要坚持"区别但负有责任"的原则。2015 年 11 月,中国气候变化事务特别代表解振华在国务院新闻办公室的发布会上表示,党的十八届五中全会提出的五大发展理念就包括绿色发展。中共中央、国务院发布的《关于加快推进生态文明建设的意见》明确了要搞绿色、低碳、循环发展,在这方面"十二五"确定的一些目标现在已经实现。这意味着要从我国实际出发,确定控制温室气体排放的目标,并通过碳减排路径的优选,统筹兼顾地协调处理好经济增长与环境保护工作,加快推动经济增长方式转变,最终实现阶段性碳减排任务的圆满完成。

2015 年 6 月 30 日,巴黎气候大会前夕,我国政府向联合国提交了《强化应对气候变化行动——中国国家自主贡献》,表示中国将在已采取行动的基础上,在国家战略、区域战略、能源体系、产业体系、建筑交通、森林碳汇、生活方式、适应能力、低碳发展模式、科技支撑、资金政策支持、碳交易市场、统计核算体系、社会参与、国际合作等 15 个方面持续不断地做出努力。这是我国政府就应对气候变化又一次向世界做出的郑重承诺。2015 年 9 月,习近平主席在出席联合国气候变化问题领导人工作午餐会上强调,"中国一直本着负责任的态度积极应对气候变化,将应对气候变化作为实现发展方式转变的重大机遇,积极探索符合我国国情的低碳发展道路。中国政府已经将应对气候变化全面融入国家经济社会发展的总战略"。由此可见,开展区域碳收支核算研究,不仅是当前气

候变化背景下区域碳减排的必然要求,而且也完全符合国家中长期科技发展的重大需求。因此,如何在应对气候变化的背景下,探索符合我国国情的低碳发展道路,走中国特色的生态文明之路,是我国在当前和今后一段时期内亟待解决的问题。

制定行之有效的低碳发展策略,需要对社会生产各领域及人类各种活动的碳排放进行精确的统计和核算。区域碳收支核算是在区域层面制定应对气候变化的碳减排策略的基础,也是地方政府开展应对气候变化能力建设,减缓和适应气候变化的关键。

## 四、区域碳收支核算是开展区域横向碳交易补偿的重要依据

随着低碳经济概念的提出,各国学术界对碳排放和补偿机制的研究越来越多,研究成果也越来越丰富。碳补偿的理念可以理解为碳排放主体以经济或非经济方式对碳吸收主体或者生态保护者给予一定的补偿。其实质就是对因保护环境而放弃经济发展机会而造成的损失和保护碳汇所需的成本给予经济上的补偿。在气候变化背景下,实施碳汇的碳补偿,对推动区域碳减排和社会低碳发展都具有重要的实践意义。近年来,国内学者从不同角度开展了碳补偿研究的探索,主要涉及森林碳补偿、旅游者碳补偿、碳汇渔业碳补偿、基于区域碳平衡测算的碳生态补偿等领域,这些研究为建立系统的碳补偿模式和方法进行了有益的探索。

我国是世界上最大的能源消费国之一和最大的碳排放国家。我国作为负责任大国,为积极应对全球气候变化问题而努力,于2007年成立了“应对气候变化国家领导小组”,并于哥本哈根世界气候大会上正式提出了我国碳减排目标。2008年,我国政府发布《中国应对气候变化的政策与行动》白皮书,作为未来中国应对气候变化行动的具体指导。2010年,国家发改委正式启动5省8市的国家低碳省区和低碳城市试点工作。2011年,国务院制定了《“十二五”控制温室气体排放工作方案》,明确提出开展低碳发展的试验试点,探索建立碳排放交易市场,并明确了我国应对气候变化的总体部署和基本立场。国家发改委在《关于开展碳排放权交易试点工作的通知》中明确在北京、天津、上海、重庆、湖

北、广东及深圳开展碳排放权交易试点工作,逐步建立国内碳排放交易市场,从而以低成本实现 2020 年我国控制温室气体排放行动的目标。至此,通过市场方式解决部分环境问题被确定为和谐包容发展的一种方式。

实现我国节能减排的目标,需要广泛应用各种相关手段,其中相关的经济手段尤为重要。有研究指出,目前我国存在的最大问题是未能建立起市场化的节能减排长效机制。因此,为应对全球温室效应,如何通过市场手段建立节能减排的市场机制,便成为政府与科学界共同关注的问题。

政府可以通过多种行政手段推动低碳经济,而碳市场是推动低碳经济的高级形式,它是通过行政手段人为地创造一个市场,其具备价格发现和资源配置功能,能够促使经济体以最低的成本完成碳减排的任务。开展碳排放权交易是优化资源配置、降低管理成本、减少权力寻租、低成本控制碳排放的有效手段,因此成为推动绿色发展的重要措施,也是调整产业结构、推动经济转型升级的重要依据。

碳生态补偿在低碳经济背景下产生,是生态补偿的新研究领域。目前学界对碳生态补偿的研究处于理论探索阶段,多集中于补偿价值的量化研究。碳交易本质上是生态补偿的一种方式,虽然是国内外研究的热点,但是目前国内的碳交易大多数是依靠企业的参与来完成的,建立于公平原则基础上的区域角度的碳交易补偿问题却很少涉及。而碳补偿是从低碳层面推动区域低碳协调发展的重要举措。

区域碳收支核算通过对数据进行处理、加工和运用,可以为碳效益补偿确定合理的补偿依据,为区域碳市场和碳交换机制的形成提供定期的数据支持,具有广阔的应用前景。

# 第三节　理论基础

从以上研究背景可以看出,在当前应对气候变化和低碳发展的背景下,区域碳收支不仅具有多学科集成的优势,而且被赋予了一定的政治内涵。建立区域碳收支核算的理论和方法体系对于建立科学的温室气体清单、区域低碳发展战略、区域公平发展和国家碳管理,以及应对气候变化的碳减排都具有广泛而深远的意义。区域碳收支研究也将成为今后跨越自然和社会学科的区域发展评估的重要工具。

## 一、低碳经济理论

低碳经济的发展模式一直被各国所认同,它主要是指以可持续为基础,采用技术、制度等创新,调整产业结构实现转型,以及开发利用新能源等手段和途径,尽力减少高碳排放能源的消耗,如煤炭、石油等,从而减少温室气体排放,最终取得经济与环境的共同发展,达到双赢目的的经济发展模式。以较低的能源消耗、较少的污染排放为基础,包括生活消费方式、观念和生产模式各个方面。

低碳经济这一概念最早是英国在2003年能源白皮书《我们能源的未来:创建低碳经济》中提出的,随后得到了许多国家的认可。2005年《京都议定书》生效以来,欧盟国家也积极引导低碳经济、环保产业的发展。2007年美国参议院也提出了《低碳经济法案》,呼吁将低碳经济作为美国未来的战略选择。2008年,欧盟全体会议通过了具有法律约束力的能源气候计划,进一步对欧盟国家推动低碳经济发展起到了重要的作用。

工业革命之后,人类经历了工业的快速发展,但发展的同时也面临着全球气候变暖和生态环境日益恶化等问题。化石燃料的燃烧是造成全球气候变暖的主要元凶,因此应对气候变化的低碳化能源战略受到各国政府重视。目前,低碳经济的概念引用最多的是由英国环境专家鲁宾斯德提出的:低碳经济是在消耗更少的自然资源和造成更小的环境污染的前提下,实现更多的经济产出。低碳经济概念种类多样,涉及诸多因素,本书将其归纳总结如下。

(1)温室气体减排。Ann指出,低碳经济是人文社会发展达到一定的水平,并与单位碳排放的经济产出同一时间达到,能够通过控制温室气体排放,实现控制气候变暖现象加剧。胡淙洋认为,低碳经济能够使温室气体排放量最小化,实现社会产出的最大化。

(2)经济方式。低碳经济是在全球气候变化的大环境下,采用节能减排措施,降低二氧化碳排放量,控制及减少碳强度,最终达到经济发展排放的二氧化碳可以再次被吸收,是一种新型的可持续发展的经济运行方式。低碳经济发展应该更多地考虑低碳生活、低碳技术、低碳产业,进而研发出"因地制宜"的低碳经济发展方式。

(3)能源利用。低碳经济的最主要任务就是提高能源利用效率,在不影响社会经济发展的基础上,改善工业基础设施和大力研发新技术,以及清洁能源的使用比例。王韬指出,低碳经济需要控制及减少使用化石燃料,尤其是煤炭的使用,并且要研发替代化石燃料的清洁能源,增加清洁能源使用率,如太阳能、风能、水能和核能。佟震认为,要实现"低碳"需研发提高能源利用率和减少温室气体排放的技术。

(4)全球性。一个区域、一个国家的"低碳"不能改善全球变暖的状况,需要全球共同合作完成。

作为最大的发展中国家和碳排放大国,我国走低碳经济之路是必然选择。2010 年 3 月,两会的重要主题即生态环保和可持续发展,全国政协的"一号提案"内容就是低碳环保。2017 年 10 月 18 日,习近平总书记在党的十九大报告中指出,"坚持人与自然和谐共生,必须树立和践行绿水青山就是金山银山的理念",这是对低碳经济发展的形象描述和概括,同时也给我们提出明确的指示和要求。我国在"十三五"规划中将生态文明建设作为重要内容,提出淘汰"三高"产业,发展绿色低碳产业,实现生态与经济建设的和谐统一。强调发展高技术、低能耗、低污染的绿色经济,还强调发展勤俭节约、绿色低碳、文明健康的消费生活方式。

## 二、可持续发展理论

随着经济社会的发展、人口增长,资源危机及环境污染问题日益严重,人们也认识到地球所提供的自然资源和环境的自净能力是有限度的。如果只为了发展经济而肆意开发、破坏有限的资源环境,那么将会面临资源枯竭、生态失衡和环境恶化等一系列问题。很多组织和学术研究机构为了保护环境,合理地利用资源,将可持续发展战略作为发展的基本战略。

随着人类对人地关系认识的不断深入,可持续发展理念也得到持续补充、不断完善。20 世纪后半叶以来的全球性生态环境危机的凸显,促使人们不得不深入思考经济发展与自然环境之间的关系。

可持续发展是在 20 世纪中期资源利用、经济增长、环境条件变化等压力环境下,对能源消耗是否与经济发展对等产生疑问而产生的。1962 年,《寂静的春天》这部环境科普著作描绘了一幅可怕的景象——农药污染事件,引起了很大轰动,人们意识到将会失去"春光明媚的春天",开始考虑发展方向。此后"发展"的观念在人们心中有了正确的认知,不正确对待环境将会失去"春天"。10年后一部享誉全球的著作《只有一个地球》,一篇著名研究报告《增长的极限》带给人们一个新境界——"持续增长"和一个可持续发展的境界——"合理的持久的均衡发展"。1972 年,联合国人类环境研讨会上,共同讨论发展一个健康和富有生机的生存环境。1980 年,国际自然保护同盟制订《世界自然资源保护大纲》。1981 年,Brown 提出控制人口、保护资源来实现可持续的发展,并出版《建设一个可持续发展的社会》。直到 1987 年,挪威首相发表的一份报告《我们共同的未来》正式提出了可持续发展概念——"既能满足当代人的需要,又不对后代人满足其需要的能力构成危害的发展"。概念虽被公认,但历程还在继续,《里约环境与发展宣言》《21 世纪议程》等文件涵盖的范围越来越广,也是我国科学发展观的基本要求之一。

Hassan 认为,可以从三个角度定义可持续发展:首先,可持续发展以满足需求为根本动机,满足自身需求的同时要充分考虑后代人的发展;其次是环境承载力,这意味着环境一旦超出了自身的限度,人类的根本需求将无法保障;最后就是发展,人类社会处于不断发展中,当前阶段需求的满足必然要带动高一层次的需求,因此要求在环境承载允许范围内保障经济—资源—环境系统的协同发展。1994 年,我国在公布的《中国 21 世纪议程——中国 21 世纪人口、环境与发展白皮书》中首次把可持续发展战略纳入我国经济和社会发展的长远规划;1996 年,可持续发展作为重要的指导方针和战略目标列入"九五"计划中,并在党的十五大确定为"现代化建设中必须实施"的战略;党的十六大把"可持续发展能力不断增强"作为全面建设小康社会的目标之一;党的十七大则把"以人为本"的科学发展观写入党章,党的十八大将其列为指导思想;《2012 年中国可持续发展报告》对科学发展观进行了重点说明;党的十九大明确提出坚定实施可持续发展战略。可见可持续发展对于我国发展的重要程度。

总之,可持续发展不是对传统发展的摒弃,而是在此基础上融入对自然的敬畏和考量,强调在发展中充分考虑自然环境,达到经济、社会、人与自然的绿色发展、和谐发展、永续发展。

### 三、碳平衡理论

随着人口数量的增长、经济的不断发展,人们生产生活过程中的碳排放量也在逐渐增多。碳排放量增多不仅导致了温室效应的增强和以变暖为特征的全球气候变化,而且也限制了有限的排放空间,一些国家将面临更加严格的碳排放约束。随着我国大力推进新型低碳城镇建设,各地区相继出台了一些碳排放标准,力图做到碳排放与碳吸收相平衡,达到较高的碳平衡水平。

某一区域的碳吸收能力是衡量该区域补偿水平和固碳效率的重要指标。碳吸收也就是"碳汇",森林、草地、农田等主要的陆地生态系统可以将大气中的二氧化碳吸收和固定,这个过程就是"碳汇"。2005 年正式生效的《京都议定书》提出,要建立清洁能源发展机制,发达国家出资在发展中国家实施造林和再造林项目,以减少温室气体排放,缓解全球气候变暖问题。区域碳平衡实际是指平衡碳的排放和碳的吸收的方法,其本质就是碳空间区域的分配差异,反映不同区域碳排放空间之间的差异。因此,区域碳平衡不仅可以用于开展对某项人类活动的评估,评价人类活动所导致的自然生态系统固碳释氧能力的变化,以定量评价其环境影响强度;也可以用于对区域内部碳平衡差异性的度量,从而为区域层面的碳补偿提供理论基础。

碳平衡交易则是激励生态功能产品可持续生产的动力机制,以"碳"要素作为硬性指标进行定量解析,利用区域间碳收支差异,通过合理的交换形式和交易价格,将生态服务从无偿享受转变成有偿享受,使生态要素的价格真正反映其对于"新常态"阶段的价值度量,从而达到节约生态资源、减少环境污染的双重效应。长期粗放式的经济模式以无节制地消耗资源、无约束地占用土地等为主要表征,造成了大量的碳排放与碳废弃,对自然碳循环造成了严重的负面影响。而区域空间碳平衡是指在一定区域范围内所有人流、物质流、能量流等共同作用,最终达到碳收支平衡的状态,以确保人类活动与自然过程所涉及的碳量出入相抵,不增加乃至减少自然环境的自净负担。

## 四、土地可持续利用理论

城市化进程的推进和社会经济的发展,造成人类对大自然资源的破坏性掠夺,当人们开始寻求有效缓解经济发展与生态环境之间矛盾的途径时,可持续发展观念应运而生。可持续发展理论的兴起推动了土地可持续利用理论的发展,促使土地资源可持续利用成为当今社会研究的热点问题。

最早关注土地可持续利用问题的联合国粮食及农业组织在 1976 年发表《土地评价纲要》,将适宜性列为土地评价因素,指出"土地适宜性的前提之一是指土地的可持续利用与稳定"。土地可持续利用的内涵在不同发展水平的国家不尽相同。考虑到我国土地利用状况和社会经济发展的实际情况,土地的可持续利用主要包括两层含义:一是在土地资源和其他社会资源相互配合下,打造生态环境与社会经济和谐共赢的局面;二是指土地资源本身的高效持续利用,不仅满足当代人需求,又不对后代人满足其需要构成威胁,这也是土地可持续利用理论的核心内容。

因此,我们需要在保证资源和环境不被破坏的前提下实现土地利用过程中的经济效益、社会效益和生态效益的协调有序发展。建设用地规模的不断扩大和耕地资源的不断减少,不仅对我国粮食安全和社会稳定产生一定影响,同时也导致环境保护受到极大威胁。所以我国需要以土地可持续发展理论为导向,合理优化土地利用结构,控制建设用地规模,最终实现节能减排、低碳经济与土地利用的契合。

## 五、环境公平理论

美国是最早将环境公平真正作为独立概念提出的国家。1988 年美国纽约州立大学出版社出版的《环境正义》一书基于约翰·罗尔斯的正义理论,提出了困扰人类社会发展的环境公平问题。1992 年美国联邦环保署发布了《环境公平:为所有社区减少风险》的报告,认为政府应该对不同经济和文化社会群体的环境权益和风险实现公平分配,并且政府实施的政策应同等对待不同的社会经济群体。2001年美国联邦环保署将环境公平的概念定义为:从环境法律条文和政策法规的制定、遵守、执行等角度来确保不同种族文化和收入水平的群体能够获得公平公正的待遇。生态环境问题备受关注,我国也有部分学者探究环境公平问题,目前尚处于探索阶段。李培超从环境伦理学角度分析环境公平问题,认为环境正义的实质是环境责任和生态利益的合理分担和分配。钟茂初认为环境公平问题的是由于经济利益的不公平导致的。田云分析了我国省域农业碳排放的公平性问题。国内对环境公平的研究角度较多,范围并不局限在对环境质量公平的追求,已经逐渐扩展到与生态环境系统相关的、影响人们身体健康的环境因素。

综合来看,环境公平理论概念丰富,是一个涉及多门学科的综合性问题。而环境公平的实质是人们享受环境权利和承担环境责任具有公平性,在开发和利用环境资源后,也必须承担补偿自然的责任,以实现环境保护与资源利用的动态平衡。

# 第四节 研究进展

## 一、碳排放核算的研究进展

### (一)从不同行业层面核算碳排放量

有学者认为,由于不同行业的能源消费量、能源结构各不相同,其碳排放量也存在差异,因此利用能源消耗相关数据对各行业能源消费碳排放量进行了系统核算,Guo等人发现我国经济体系中的关键部门不仅排放出大量的二氧化碳,而且促进了其他部门的能源消耗和二氧化碳排放。也有学者核算了城镇家庭能源消耗碳排放量,王雅楠等分析了我国和省级层面的家庭二氧化碳排放量;而胡振等人着重对比分析了我国西部地区与其他地区的差异性。还有学者关注到了交通业的碳排放量,王勇等人对我国东北三省的公路、铁路、航空、水路和管道5种不同交通运输方式的碳排放进行了细分研究。也有学者测度了我国工业碳排放,Du等人认为我国冶金行业能源集中度高、能源消耗量大,并进一步分析了该行业二氧化碳排放量与未来减排潜力;韩钰铃等人对规模以上工业企业能源消费碳排放量的排放现状及变化特征进行了分析。随着城市化进程的加快,我国建筑行业碳排放量巨大,一些学者评估了我国建筑业碳排放,Yang等人构建了我国建筑碳排放模型,估算了我国建筑行业碳排放量并预测其未来趋势。还有学者针对煤炭开采业、旅游业和农业部门碳排放进行了核算。

**(二)从不同国家和区域层面研究碳排放的空间演变**

有学者分析了不同组织和国家的碳排放变化,Bianco等人研究发现碳排放在欧盟国家集团内部和国家集团之间表现出稳定的不平等水平;Fan等人分析了"一带一路"倡议国家的碳排放总量变化,并将所有国家分为四个组比较其差异性。此外,有学者对我国省域能源消费碳排放时空演变特征进行了分析,也有学者进一步分析了我国碳排放的区域特征和时空差异,武娜等人基于夜间灯光数据对晋、陕、内蒙古三省区碳排放空间分布特征和规律进行了系统刻画;马晓君等人测算了东北三省能源消费碳排放量,并与我国同期碳排放量进行定量对比分析。还有学者将碳排放的特征差异研究精确到不同社区,王悦等人对北京市的商品房社区、老龄化社区、单位社区、平房类社区及政策性住房社区这5种典型社区家庭消费月均碳排总量及构成进行了研究,发现其存在显著的差异性。

此外,一些学者在碳排放现状分析的基础上,基于STIRPAT扩展模型、蒙特卡洛模型、标准差椭圆和ARIMA模型,运用情景分析法来进一步预测碳排放的未趋势。

## 二、碳排放影响因素的研究进展

为了有效应对气候变化,在核算能源消费碳排放量的基础上,量化碳排放的驱动因素同样至关重要。有学者在解析经济发展水平、人口规模、能源结构和能源强度对碳排放影响机理的同时,进一步纳入产业结构、城镇化水平、固定资产投资以及技术水平和对外开放程度等因素对碳排放的影响。大部分学者认为现阶段的经济发展、人口增长和能源消耗对碳排放量增加有正向驱动作用,而能源消耗强度的降低以及能源和产业结构的优化可抑制碳排放量的提高。然而,有学者研究发现某些影响因素与碳排放呈现非线性关系,王少剑等人认为经济增长与人均碳排放呈现显著的倒 U 形曲线关系;邓光耀等人认为城镇化水平与碳排放之间同样呈现倒 U 形曲线特征;而王雅楠等人认为城镇化水平对碳排放的影响机制在不同经济发展水平和能源消耗强度下各不相同。也有学者对碳排放的主要驱动因素进行了时间序列分析,发现各个影响因素对碳排放量变化的作用机理与影响机制在不同发展阶段存在差异性。还有学者在社会经济因素的基础上加入降温天数与平均气温异常等气候因素,研究自然因素和社会经济因素共同作用下的碳排放驱动机制。

### 三、碳达峰的研究进展

近年来,随着全球对于气候变暖问题的关注度不断提高,不少学者对于全球各个国家的碳达峰这一研究议题进行了深入的分析。从广义上说,碳达峰是指某一个时点,二氧化碳的排放不再增长达到峰值,之后逐步回落。但根据世界资源研究所的介绍,碳达峰是一个过程,即碳排放首先进入平台期并可以在一定范围内波动,之后进入平稳下降阶段。李俊峰等人从碳中和的目的、本质和进展分析入手,提出了在实现碳中和问题上我国的机遇与挑战。何建坤认为二氧化碳排放达峰时间越早,峰值排放量越低,越有利于实现长期碳中和目标,因此要统筹碳达峰和长期碳中和的目标和措施,协调部署,强化行动。胡鞍钢在阐释我国减排承诺及意义的基础上,提出了我国实现碳达峰的主要途径与政策建议,我国将为在 21 世纪中叶世界实现净零碳排放做出巨大贡献。据此,结合我国承诺的时间节点:从现在至 2030 年,我国的碳排放仍将处于一个爬坡期;2030—2060 年这 30 年间,碳排放要度过平台期并最终完成减排任务。

二氧化碳峰值预测方法各种各样,大致有以下几类预测方法。

第一种是通过环境库兹涅茨曲线(EKC)模型判断是否存在拐点,如若存在拐点则说明碳排放存在峰值。尹自华等人基于现有电气化与碳强度关系的研究,利用环境库兹涅茨曲线(EKC)提出碳排放强度随着电气化水平提高先上升后下降的关系假设,截至 2016 年,所有省份均已经处于 EKC 拐点右侧;方忠等人在研究经济发展与碳排放关系中,通过 EKC 空间面板模型分组检验发现经济发达地区拐点值明显高于落后地区。

第二种是先对碳排放影响因素进行分解,其中可以用到的模型有 STIRPAT 模型、IPAT 模型和对数平均迪氏分解模型(LMDI)等,再结合情景分析对未来碳排放趋势进行预测。马宇恒用 LMDI 分解法分析东北地区碳排放的影响因素,将 STIRPAT 模型与情景分析法相结合对东北地区碳排放峰值进行预测,并提出适度减少总量、控制碳强度的总体战略定位;于孟君采用广义迪氏指数法对二氧化碳排放量进行分析,并根据分解结果,结合情景分析法与蒙特卡洛模拟方法预测了 3 种情景下石化行业 2018—2030 年二氧化碳排放量的不同演化趋势;陈占明等学者将传统 STIRPAT 模型进行扩展,加入产业结构、城市化和气候差异等因素,对我国地级以上城市二氧化碳排放的影响因素进行分析,从而表明城镇化率对二氧化碳排放的影响具有不确定性;Cui 等人引入 STIRPAT 模型探讨人口、经济和技术因素对碳排放的影响,同时引入恢复力理论对低碳恢复力(LCR)的概念进行界定,认为所有省份均能在低排放情景下实现碳排放峰值目标,碳排放累积增幅较低,且在相对短期内能够得到缓解,呈现较强的 LCR。

第三种预测方法则是建造一个系统模型直接对碳排放进行预测,这类方法包括灰色预测模型和 CGE 模型等。王勇等人通过构建包含气候保护函数的七部门 CGE 模型,模拟评估我国在 2025 年、2030 年和 2035 年实现碳排放达峰的经济影响,包括对综合经济的影响和对各部门进出口及产出的影响,并验证了 2030 年是我国碳排放达峰的最佳时间点;王天洋结合 3E 系统的二层多目标特征,构建了一种新的经济—能源—碳排放二层多目标优化模型,探讨了我国未来碳达峰的可能路径,并提出合理引导产业结构升级,促进第三产业和高新技术产业的发展,才能使我国碳排放尽早达到峰值;段福梅基于粒子群优化算法的 BP 神经网络分析,在 8 种发展模式下对我国二氧化碳排放峰值进行预测研究,得出不同城市的人口规模、财富效应、技术效应都会影响二氧化碳排放峰值;高树彬运用 BP 神经网络、粒子群算法和遗传算法,构建了集成智能算法碳达峰路径研究模型,对仿真结果进行分析,得出了我国重工业及子行业的最优碳排放达峰路径,最佳达峰时间为 2025 年,同时提出了优化重工业能源消费结构、控制重工业能源消费总量等举措。

目前,国内二氧化碳达峰研究主要分为区域间的二氧化碳达峰差异和某些代性省份及城市的二氧化碳达峰问题。从区域间的二氧化碳达峰情况来看,Du 等人对二氧化碳排放趋势进行了研究,认为北京和上海的二氧化碳排放已经实现达峰。Li 等人利用产量分解法发现,我国各省份的二氧化碳驱动力和减排潜力确实存在差异,东部地区的能源强度较低,能源结构也比其他地区更清洁,能够更早达到峰值,这与在"十三五"控制温室气体排放工作方案中指出的应当支持开发地区能够在 2020 年前实现碳排放达峰,中部省区的达峰很有可能与我国总体达峰保持协同,西部省区的达峰时间将会落后于我国整体的达峰进程相吻合。除了上述研究之外,许多学者还选取了部分省份及城市作为代表进行了峰值的研究。Gao 等人预测山东省在节能情景下可以实现 2024 年达峰,重庆、内蒙古和陕西可能要到 2030 年或更晚才会达到峰值。Chen 等人应用 Mann-Kendall 趋势检验方案对福建省的"碳峰"状态进行验证,分析福建省是否进入碳达峰阶段,同时运用斜率估计方法提供了达到"碳峰"的辅助结果。王健夫以武汉市为例,基于 CCPA-WH 模型开展了武汉市城市碳排放达峰背景下的工业达峰路径研究,并提出 2025 年以前,通过提高能效、强化管理促进能源强度下降是工业部门节能低碳工作的重中之重。范德成等人通过建立 PSO-BP 神经网络模型预测我国总体碳排放达峰与强度下降目标在两种情景下均能够实现,且江浙沪等发达地区可率先实现达峰。蒋含颖等人通过构建基于条件判断函数和 Mann-Kendall 趋势分析检验法的城市二氧化碳排放达峰判断模型,判断 36 个城市排放是否达峰,并对达峰城市特征和处于不同排放阶段的典型城市进行深入分析,得出在 36 个典型大城市中,昆明、深圳与武汉 3 个城市已达峰,8 个城市处于平台期,其余 25 个城市综合来看尚未达峰。

# 第五节　研究框架、结构体系及主要特色

## 一、研究框架

本书基于对国内外碳排放及其影响因素相关前期研究的梳理,构建了区域碳排放核算及驱动机制的理论框架和方法,从不同空间尺度及不同活动(能源活动、农业生产活动、土地利用、工业生产活动)角度开展了区域碳排放的核算

研究。具体内容包括:(1)从不同空间尺度,分析了全国及省级层面碳排放状况及空间差异,并分析了其碳排放强度;分析了全国尺度、东北地区以及黑龙江省的碳排放核算及空间差异。(2)从人类活动的角度,开展了全国能源活动的碳排放分析、居民直接能源消费的碳排放、基于农业生产活动的碳排放的核算及其效率评估。(3)从碳排放的影响因素角度,分析了环境规制、城市紧凑度对碳排放量的作用路径和机制。

本书围绕区域碳排放和区域低碳发展的主题,按照"碳排放的理论基础和方法—不同空间尺度和不同对象的碳排放的核算—碳排放时空差异性分析—碳排放影响因素分析—区域碳减排潜力研究—区域低碳发展模式与路径"的思路,由浅入深地开展研究(图1-1),一方面突出基于不同空间尺度的区域碳排放核算体系的构建,另一方面体现碳收支理论与实践的结合,最终落实于区域低碳发展策略研究。

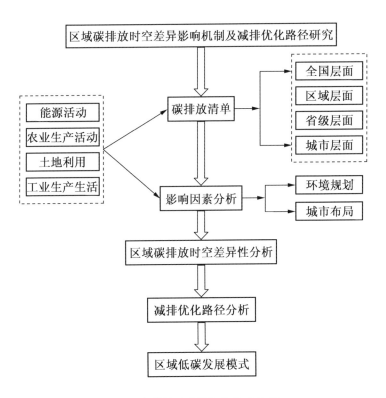

图1-1　本书的研究框架和技术路线

## 二、结构体系

全书分为七章,各章主要内容如下。

第一章是绪论。分析了当前低碳发展下区域碳收支的研究背景和意义;提出了区域碳排放的理论基础;阐述了区域碳排放和碳排放影响因素的研究进展;介绍了本书的结构体系和研究特色。

第二章是土地利用碳排放核算及低碳发展路径研究。分析我国土地利用碳排放时空演变,探讨土地利用碳排放公平性与碳补偿研究,剖析主要影响因素对土地利用碳排放影响程度的时空分布,并提出相关低碳化土地利用的策略。

第三章是居民直接生活能耗碳排放区域差异及驱动因素分析。基于我国省域的能源平衡量表,对居民直接生活能源消费二氧化碳排放量进行核算,进一步对居民人均直接生活能耗二氧化碳排放量的空间格局差异进行深入分析;纳入经济、技术等因素的同时,分析人口效应对居民人均直接生活能耗碳排放的影响;针对实现居民生活用能及消费的节能减排和低碳化提出相应的对策和建议。

第四章是省域空间碳补偿机制与模式研究。核算不同省域的碳收支,并进行时空变化分析;利用碳补偿率对省域空间的碳平衡进行分区研究;建立全国碳补偿的模型和方法,并提出空间碳补偿的总体方案,最后提出空间碳补偿的模式和政策建议。

第五章是省域农业碳排放核算及效率评价研究。在确定农业碳排放源的基础上核算省域的农业生产碳排放量。构建农业碳排放效率指标评价体系,对农业生产效率水平进行分解分析,并进行时空分解。

第六章是环境规制对区域碳排放的影响路径分析。分别以环境规制、人均国内生产总值和人均外商实际投资作为门槛变量来探究环境规制和政府晋升对碳排放的门槛效应分析。利用三种空间模型对环境规制及碳排放进行空间相关性分析,进一步分析环境规制对碳排放的空间影响。本章还介绍了我国省域碳生产率的时空演变特征;分析不同类型环境规制对碳生产率影响在不同省域的空间差异性,为区域差异化环境规制和碳减排政策的制定提供参考依据。

第七章是黑龙江省城市紧凑度对碳排放强度影响分析。基于城市层面,进行碳排放强度的时空演变特征分析。在重点分析黑龙江省各地级城市紧凑度的时空演变特征的基础上,分析黑龙江省 12 个地级及以上城市紧凑度与碳排放强度的空间差异,并提出低碳发展的城市空间布局方案。

## 三、主要特色

一是构建了区域碳收支核算的理论框架和方法,并从不同角度和不同空间尺度开展了实证研究。从活动对象角度而言,本书涉及能源活动、农业生产、土地利用、产业活动、食品消费这些不同的人类活动方式;从研究空间尺度来说,本书从全国和地区层面开展了碳排放的核算,并进行了时空差异性分析。

二是强调了理论和实践的结合,尝试性地将碳收支核算应用到区域碳补偿的实践中。作为评估全国人类活动碳效应和生态压力的方法,其对于指导省域之间差别化开发实践和区域之间横向碳补偿具有重要的创新意义,进一步拓展了碳收支核算研究的应用领域。

三是从环境规制的角度,探讨了其对碳排放量和碳生产率的作用路径和影响机制,将环境规制、经济增长和碳排放纳入同一分析框架,以考察全国及各省域不同环境规制对碳生产率的影响机制,有利于厘清环境规制与碳生产率二者之间的关系,能够最大限度地发挥环境规制对碳生产率的提升作用,对于提高各省域乃至全国的环境规制绩效和低碳经济发展等方面具有重要意义。

碳收支的核算涵盖区域自然和社会等诸多领域,构建完整的区域碳收支模型是一项相当庞大和复杂的系统工程,不仅需要多源数据的融合,也涉及诸多要素的耦合作用。本书开展了不同空间尺度的不同活动对象的碳排放核算,核算体系还不够完整,缺少小尺度的研究。另外对于人类活动还缺少诸如旅游活动、交通运输等的碳收支核算,这些将是我们下一步研究的重点。

# 参考文献

[1]　ANG B W, CHOI K H. Decomposition of aggregate energy and gas emission

intensities for industry：A refined divisia index method［J］. Energy journal，
1997，18（3）：59-73.

［2］ IGBP Terrestrial Carbon Working Group. The terrestrial carbon cycle：Impli-
cations for the Kyoto Protocol［J］. Science, 1998,280（5368）:1393-1394.

［3］ WATSON R T,VERARDO D J. Land-use change and forestry［M］. Cambridge：
Cambridge University Press, 2000

［4］ MOHAN K W, FATIH E, TRISTRAM O, et al. Assess in terrestrial ecosys-
tem sustainability：Useful nessofregional carbon and nitrogen models［J］.
Nature&Resources, 1999,35（4）:21-33.

［5］ HOUGHTON R A. The annual net flux of carbon to the atmosphere from
changes in land use 1850 – 1990［J］. Tellus, 1999（51）:298-313.

［6］ GOLDEWIJK K K, Ramankutty N. Land cover change over the last three
centuries due to human activities：The availability of new global data sets［J］.
Geojournal, 2004（61）:335-344.

［7］ 陈理浩. 中国碳减排路径选择与对策研究［D］.长春:吉林大学,2014.

［8］ 赵荣钦,刘英,丁明磊,等.区域二元碳收支的理论方法研究进展［J］. 地
理科学进展,2016,35（5）:554-568.

［9］ 中国能源编辑部.强化应对气候变化行动——我国提交应对气候变化国
家自主贡献文件［J］.中国能源,2015,37（5）:1.

［10］ 蔡志坚.森林碳补偿贸易市场及其在中国发展的相关问题研究［J］.世界
林业研究,2005（4）:7-10.

［11］ 费芩芳.旅游者碳补偿支付意愿及碳补偿模式研究——以杭州西湖风景
区为例［J］.江苏商论,2012（11）:120-122.

［12］ 于谨凯,杨志坤,邵桂兰.基于影子价格法的碳汇渔业碳补偿额度分
析——以山东海水贝类养殖业为例［J］.农业经济与管理,2011（6）:
83-90.

［13］ 余光辉,耿军军,周佩纯,等.基于碳平衡的区域生态补偿量化研究——
以长株潭绿心昭山示范区为例［J］.长江流域资源与环境,2012,21（4）:

454-458.

[14] 孙贤斌,傅先兰,倪建华,等.安徽省会经济圈碳排放强度与生态补偿研究[J].地域研究与开发,2012,31(1):135-138,155.

[15] DENG X Z, HAN J Z, YIN F. Net energy, $CO_2$ emission and land-based cost-benefit analyses of Jatropha Biodiesel: A case study of the Panzhihua region of Sichuan province in China[J]. Energies, 2012, 5(7): 2150-2164.

[16] SHAO S, YANG L L, GAN C H, et al. Using an extended LMDI model to explore techno-economic drivers of energy-related industrial $CO_2$ emission changes: A case study for Shanghai (China)[J]. Renewable & Sustainable energy reviews, 2016(55): 516-536.

[17] 蒋含颖,段祎然,张哲,等.基于统计学的中国典型大城市 $CO_2$ 排放达峰研究[J].气候变化研究进展,2021,17(2):131-139.

[18] 姚林如.区域碳收支结算的理论和方法探讨[J].财会研究,2012(13):30-34.

[19] 袁凯华,张苗,甘臣林,等.基于碳减排目标的省域碳生态补偿研究[J].长江流域资源与环境,2019,28(1):21-29.

[20] 赵济,陈传康.中国地理[M].北京:高等教育出版社,1999.

[21] 胡淙洋.低碳经济与中国发展[J].社会对科学的影响,2008(1):11-17.

[22] 王蓓蓓.辽宁省低碳经济与产业发展的实证研究[D].大连:东北财经大学,2011.

[23] 赵志凌,黄贤金,赵荣钦,等.低碳经济发展战略研究进展[J].生态学报,2010, 30(16):4493-4502.

[24] 中国科学院可持续发展战略研究组.2009 中国可持续发展战略报告——探索中国特色的低碳道路[M].北京:科学出版社,2009.

[25] 张坤民,潘家华,崔大鹏.低碳经济论[M].北京:中国环境科学出版社,2008.

[26] 佟震.基于低碳经济的东北三省碳排放区域格局[D].长春:东北师范大学,2010.

［27］ HASSAN A M，LEE H. Toward the sustainable development of urban areas：An overview of global trends in trials and policies［J］. Land use policy，2015(48)：199-212.

［28］ 欧元明.省域碳排放公平、转移与分配研究［J］.生态经济(中文版)，2016,32(6):44-47.

［29］ 郭海湘,杨钰莹,左芝鲤.中国城市群碳平衡仿真模拟研究［J］.中国地质大学学报(社会科学版),2018,18(2):114-125.

［30］ 赵荣钦,张帅,黄贤金,等.中原经济区县域碳收支空间分异及碳平衡分区［J］.地理学报,2014,69(10):1425-1437.

［31］ 赵荣钦.区域碳收支核算的理论与实证研究［M］.北京:科学出版社,2015.

［32］ 朱晓青,朱可宁,黄志豪.浅析碳平衡视角下的区域生态补偿机制［J］.建筑与文化,2019(11):52-53.

［33］ 王杨,雷国平,宋戈.煤炭枯竭型城市土地可持续利用定量评价分析［J］.中国国土资源经济,2011(8):40-43.

［34］ 王书伟.河南煤炭资源型城市可持续发展的问题与对策［J］.煤炭技术,2011,30(1):6-8.

［35］ LABALME J. A road to walk：A struggle for environmental justice［M］. Durham，NC:Regulator Press，1987.

［36］ 钟茂初,闫文娟.环境公平既有问题研究述评及研究框架思考［J］.中国人口·资源与环境,2012,22(6):1-6.

［37］ 李培超,王超.环境正义刍论［J］.吉首大学学报(社会科学版),2005,26(2):27-31.

［38］ 田云,张俊飚.中国省级区域农业碳排放公平性研究［J］.中国人口·资源与环境,2013,23(11):36-44.

［39］ 武翠芳,姚志春,李玉文,等.环境公平研究进展综述［J］.地球科学进展,2009,24(11):1268-1274.

［40］ 蔡文.环境公平视角下的地方政府环境责任研究［D］.长沙:中南大

学,2011.

[41] 谷小军.皖西大别山生态功能区生态补偿标准与机制研究[D].合肥:合肥工业大学,2015.

[42] 庇古.福利经济学[M].何玉长,丁晓钦,译.上海:上海财经大学出版社,2009.

[43] 潘昊.对生态补偿法律机制概念的认识[J].湖南行政学院学报,2011(2):109-112.

[44] 陈艳霞.深圳福田红树林自然保护区生态系统服务价值评估及其生态补偿机制研究[D].福州:福建师范大学,2012

[45] 赵荣钦,刘英,马林.基于碳收支核算的河南省县域空间横向碳补偿研究[J].自然资源学报,2016,31(10):1675-1687.

[46] 潘伟,胡程.我国不同行业能源消费碳排放分解研究[J].统计与决策,2019,35(4):141-145.

[47] 秦建成,陶辉,占明锦,等.新疆行业碳排放影响因素分析与碳减排对策研究[J].安全与环境学报,2019,19(4):1375-1382.

[48] 邓光耀,马蓉,张忠杰.中国各行业能源消费碳排放效应的分解研究[J].统计与决策,2018,34(15):124-127.

[49] 赵巧芝,闫庆友.基于投入产出的中国行业碳排放及减排效果模拟[J].自然资源学报,2017,32(9):1528-1541.

[50] GOU J, ZHANG Y, ZHANG K, et al. The key sectors for energy conservation and carbon emissions reduction in China: Evidence from the input-output method[J]. Journal of cleaner production, 2018(4): 180-190.

[51] SHI Y, HAN B, HAN L, et al. Uncovering the national and regional household carbon emissions in China using temporal and spatial decomposition analysis models[J]. Journal of cleaner production, 2019(5): 966-979.

[52] 张琼晶,田聿申,马晓明.基于结构路径分析的中国居民消费对碳排放的拉动作用研究[J].北京大学学报(自然科学版),2019,55(2):377-386.

[53] 徐丽,曲建升,李恒吉,等.西北地区居民生活碳排放现状分析及预测

［J］. 干旱区地理,2019,42(5):1166-1175.

[54] 王雅楠,谢艳琦,谢丽琴,等.基于 LMDI 模型和 Q 型聚类的中国城镇生活碳排放因素分解分析[J].环境科学研究,2019,32(4):539-546.

[55] 胡振,王玥,何晶晶,等.西部城镇家庭能源消费及其碳排放的区域特征研究——基于中国家庭追踪调查的调研数据[J].干旱区资源与环境,2019,33(4):1-8.

[56] MA H, SUN W, WANG S, et al. Structural contribution and scenario simulation of highway passenger transit carbon emissions in the Beijing-Tianjin-Hebei metropolitan region, China[J]. Resources conservation and recycling, 2019(1): 209-215.

[57] 王勇,韩舒婉,李嘉源,等.五大交通运输方式碳达峰的经验分解与情景预测——以东北三省为例[J].资源科学,2019,41(10):1824-1836.

[58] 马晓君,陈瑞敏,董碧滢,等.中国工业碳排放的因素分解与脱钩效应[J].中国环境科学,2019,39(8):3549-3557.

[59] DU Z, LIN B. Analysis of carbon emissions reduction of China's metallurgical industry[J]. Journal of cleaner production, 2018(3): 1177-1184.

[60] 韩钰铃,刘益平.基于 LMDI 的江苏省工业碳排放影响因素研究[J].环境科学与技术,2018,41(12):278-284.

[61] LAI X, LU C, LIU J, et al. A synthesized factor analysis on energy consumption, economy growth, and carbon emission of construction industry in China.[J]. Environmental science and pollution research, 2019, 26(14): 13896-13905.

[62] YANG T, PAN Y, YANG Y, et al. $CO_2$ emissions in China's building sector through 2050: A scenario analysis based on a bottom-up model[J]. Energy, 2017(6): 208-223.

[63] WANG B, CUI C, ZHAO Y, et al. Carbon emissions accounting for China's coal mining sector: Invisible sources of climate change[J]. Natural hazards, 2019, 99(3): 1345-1364.

[64] TANG C, ZHONG L, NG P T, et al. Factors that influence the tourism industry's carbon emissions: A tourism area life cycle model perspective[J]. Energy policy, 2017(10): 704-718.

[65] ZHANG L, PANG J, CHEN X, et al. Carbon emissions, energy consumption and economic growth: Evidence from the agricultural sector of China's main grain-producing areas[J]. Science of the total environment, 2019(5): 1017-1025.

[66] AKRAM R, CHEN F, KHALID F, et al. Heterogeneous effects of energy efficiency and renewable energy on carbon emissions: Evidence from developing countries[J]. Journal of cleaner production, 2020(2):119 – 122.

[67] EHIGIAMUSOE K U, LEAN H H. Effects of energy consumption, economic growth, and financial development on carbon emissions: Evidence from heterogeneous income groups. [J]. Environmental science and pollution research, 2019, 26(22): 22611-22624.

[68] GOZGOR G. Does trade matter for carbon emissions in OECD countries? Evidence from a new trade openness measure[J]. Environmental science and pollution research, 2017, 24(36): 27813-27821.

[69] BIANCO V, CASCETTA F, MARINO A, et al. Understanding energy consumption and carbon emissions in Europe: A focus on inequality issues[J]. Energy, 2019(3): 120-130.

[70] FAN J, DA Y, WAN S, et al. Determinants of carbon emissions in "Belt and Road initiative" countries: A production technology perspective[J]. Applied energy, 2019(4): 268-279.

[71] 刘玉珂,金声甜.中部六省能源消费碳排放时空演变特征及影响因素[J].经济地理,2019,39(1):182-191.

[72] 王康,李志学,周嘉.环境规制对碳排放时空格局演变的作用路径研究——基于东北三省地级市实证分析[J].自然资源学报,2020,35(2):343-357.

［73］ 龚利,屠红洲,龚存.基于 STIRPAT 模型的能源消费碳排放的影响因素研究——以长三角地区为例［J］.工业技术经济,2018,37(8):95-102.

［74］ 张馨.中国能源消费碳排放的时空差异及驱动因素研究［J］.干旱区地理,2018,41(5):1115-1122.

［75］ 王越,赵婧宇,李志学,等.东北三省碳排放脱钩效应及驱动因素研究［J］.环境科学与技术,2019,42(6):190-196.

［76］ 武娜,沈镭,钟帅.基于夜间灯光数据的晋陕蒙能源消费碳排放时空格局［J］.地球信息科学学报,2019,21(7):1040-1050.

［77］ 马晓君,董碧滢,于渊博,等.东北三省能源消费碳排放测度及影响因素［J］.中国环境科学,2018,38(8):3170-3179.

［78］ 王悦,李锋,陈新闯,等.典型社区家庭消费碳排放特征与影响因素——以北京市为例［J］.生态学报,2019,39(21):7840-7853.

［79］ 李雪梅,张庆.天津市能源消费碳排放影响因素及其情景预测［J］.干旱区研究,2019,36(4):997-1004.

［80］ WU C B, HUANG G H, XIN B, et al. Scenario analysis of carbon emissions' anti-driving effect on Qingdao's energy structure adjustment with an optimization model, Part I: Carbon emissions peak value prediction［J］. Journal of cleaner production, 2018(2): 466-474.

［81］ 徐丽,曲建升,李恒吉,等.西北地区居民生活碳排放现状分析及预测［J］.干旱区地理,2019,42(5):1166-1175.

［82］ MA X, WANG C, DONG B, et al. Carbon emissions from energy consumption in China: Its measurement and driving factors［J］. Science of the total environment, 2019(1): 1411-1420.

［83］ ZHANG X, ZHANG H, YUAN J, et al. Economic growth, energy consumption, and carbon emission nexus: Fresh evidence from developing countries［J］. Environmental science and pollution research, 2019, 26(25): 26367-26380.

［84］ 王剑,薛东前,马蓓蓓.基于 GFI 模型的西安市能源消费碳排放因素分解

研究[J].干旱区地理,2018,41(6):1388-1395.

[85] 杨武,王贲,项定先,等.武汉市能源消费碳排放因素分解与低碳发展研究[J].中国人口·资源与环境,2018,28(S1):13-16.

[86] YU Y, KONG Q. Analysis on the influencing factors of carbon emissions from energy consumption in China based on LMDI method[J]. Natural hazards, 2017, 88(3): 1691-1707.

[87] 苏凯,陈毅辉,范水生,等.市域能源碳排放影响因素分析及减碳机制研究——以福建省为例[J].中国环境科学,2019,39(2):859-867.

[88] WANG S, MA Y. Influencing factors and regional discrepancies of the efficiency of carbon dioxide emissions in Jiangsu, China[J]. Ecological indicators, 2018(7): 460-468.

[89] 邓光耀,任苏灵.中国能源消费碳排放的动态演进及驱动因素分析[J].统计与决策,2017(18):141-143.

[90] 王雅楠,马明义,陈伟,等.城镇化对碳排放的门槛效应及区域空间分布[J].环境科学与技术,2018,41(11):165-172.

[91] 汪菲,王长建.新疆能源消费碳排放的多变量驱动因素分析——基于扩展的STIRPAT模型[J].干旱区地理,2017,40(2):441-452.

[92] 王少剑,苏泳娴,赵亚博.中国城市能源消费碳排放的区域差异、空间溢出效应及影响因素[J].地理学报,2018,73(3):414-428.

[93] 王长建,张虹鸥,汪菲,等.城市能源消费碳排放特征及其机理分析——以广州市为例[J].热带地理,2018,38(6):759-770.

[94] YANG L, XIA H, ZHANG X, et al. What matters for carbon emissions in regional sectors? A China study of extended STIRPAT model[J]. Journal of cleaner production, 2018(4): 595-602.

[95] 李俊峰,李广.碳中和——中国发展转型的机遇与挑战[J].环境与可持续发展,2021,46(1):50-57.

[96] 何建坤.碳达峰碳中和目标导向下能源和经济的低碳转型[J].环境经济研究,2021,6(1):1-9.

［97］ 胡鞍钢.中国实现2030年前碳达峰目标及主要途径［J］.北京工业大学学报（社会科学版），2021，23（2）：1-3，9.

［98］ 林伯强，蒋竺均.中国二氧化碳的环境库兹涅茨曲线预测及影响因素分析［J］.管理世界，2009（4）：33-42.

［99］ 尹自华，成金华，陈文会，等.我国低碳转型进程中碳强度与电气化环境库兹涅茨倒U形关联的检验与政策启示［J］.中国环境管理，2021，13（3）：40-47.

［100］ 方忠，张华荣.中国碳排放EKC的省域门限分组及其异质性检验［J］.经济研究参考，2019（21）：89-98.

［101］ 柴麒敏，徐华清.基于IAMC模型的中国碳排放峰值目标实现路径研究［J］.中国人口·资源与环境，2015，25（6）：37-46.

［102］ NIU S, LIU Y, DING Y, et al. China's energy systems transformation and emissions peak［J］. Renewable and sustainable energy reviews, 2016（58）：782-795.

［103］ 马宇恒.东北地区2030年碳排放达峰路径研究［D］.长春:吉林大学,2018.

［104］ 于孟君.中国石化行业二氧化碳排放量因素分解及达峰路径研究［D］.哈尔滨:哈尔滨理工大学,2020.

［105］ 陈占明，吴施美，马文博，等.中国地级以上城市二氧化碳排放的影响因素分析:基于扩展的STIRPAT模型［J］.中国人口·资源与环境,2018,28（10）：45-54.

［106］ 张楠.基于CGE模型的全国碳排放峰值目标区域分配方法研究［D］.天津:天津科技大学,2017.

［107］ LIN S, WANG S, MARINOVA D, et al. Impacts of urbanization and real economic development on $CO_2$ emissions in non-high income countries: Empirical research based on the extended STIRPAT model［J］. Journal of cleaner production, 2017（166）：952-966.

［108］ 王勇，王恩东，毕莹.不同情景下碳排放达峰对中国经济的影响——基

于 CGE 模型的分析[J].资源科学,2017,39(10):1896-1908.

[109] 王天洋.中国碳排放达峰的可能路径[D].大连:大连理工大学,2021.

[110] 段福梅.中国二氧化碳排放峰值的情景预测及达峰特征——基于粒子群优化算法的 BP 神经网络分析[J].东北财经大学学报,2018(5):19-27.

[111] 高树彬.基于集成智能算法中国重工业碳排放达峰路径优化研究[D].北京:华北电力大学,2019.

[112] 唐祎祺.中国及各省区能源碳排放达峰路径分析[D].杭州:浙江大学,2020.

[113] DU K R, XIE C P, OUYANG X L. A comparison of carbon dioxide (CO$_2$) emission trends among provinces in China[J]. Renewable and sustainable energy reviews,2017(73):19-25.

[114] LI A, ZHANG A, YAO X, et al. Decomposition analysis of factors affecting carbon dioxide emissions across provinces in China [J]. Journal of cleaner production,2017(141): 1428-1444.

[115] YANG Y, LIU J, ZHANG Y. An analysis of the implications of China's urbanization policy for economic growth and energy consumption[J]. Journal of cleaner production,2017(161):1251-1262.

[116] FANG K,ZHANG Q,LONG Y,et al. How can China achieve its intended nationally determined contributions by 2030? A multi-criteria allocation of China's carbon emission allowance [J]. Applied energy, 2019 (241): 380-389.

[117] GAO C, LIU Y, JIN J,et al. Driving forces in energy-related carbon dioxide emissions in east and south coastal China: Commonality and variations [J]. Journal of cleaner production,2016(135):240-250.

[118] LIANG M, WANG Y,WANG G. China's low-carbon-city development with ETS: Forecast on the energy consumption and carbon emission of Chongqing[J].Energy procedia,2014(61):2596-2599.

［119］ 王晓磊.内蒙古自治区碳排放峰值预测及综合控制策略研究［D］.北京:中国地质大学,2017.

［120］ 冯宗宪,王安静.陕西省碳排放因素分解与碳峰值预测研究［J］.西南民族大学学报(人文社科版),2016,37(8):112-119.

［121］ CHEN K,CAI Q Y,ZHENG N,et al. Regional carbon peak detection and prediction—A case study on Fujian province［J］. IOP conference series:Earth and environmental science,2021,811(1):60-66.

［122］ 王健夫.武汉市 $CO_2$ 排放峰值目标下工业部门减排路径研究［D］.武汉:华中科技大学,2019.

［123］ 范德成,张修凡.基于 PSO-BP 神经网络模型的中国碳排放情景预测及低碳发展路径研究［J］.中外能源,2021,26(8):11-19.

# 第二章　土地利用碳排放核算及低碳发展路径研究

人类社会的工农业生产、能源消费等都以土地为载体。由于我国城市化进程加快，人口众多，能源消费和碳排放量将持续增加，导致我国面临着经济发展和节能减排的双重压力。控制因土地利用变化所导致的碳排放量已经成为不容忽视的问题。我国在发展低碳经济的同时，必须遏制无效低效的建设用地盲目扩张，实现土地资源的可持续利用。还要加快经济转型的步伐，进一步推动节能减排，积极践行低碳减排的发展路径，建设经济发展与生态文明和谐发展的道路。土地利用低碳化能够有效地促进社会经济与生态环境的协调发展，推进土地利用低碳化发展是必然趋势。

根据国际能源机构对各国碳排放的估算结果，我国在 2007 年已经成为碳排放大国。我国在大力加强节能减排的"减法"和实现绿色低碳发展的"加法"工作的同时，也应承担国际责任和为应对全球气候变化做出积极贡献和努力。党的十八大首次提出了"建设美丽中国"；党的十九大明确提出了"建设富强民主文明和谐美丽的社会主义"，加快生态文明体制改革，建设美丽中国。我国正处在加快转变经济发展方式的攻坚时期，以低碳经济模式为大背景，从土地利用的角度进行碳排放的研究，能够从与土地利用相关的不同领域更深入、更全面地推进生态文明建设和促进社会经济的可持续发展。

# 第一节 土地利用碳排放研究思路与框架

## 一、土地利用碳排放效应研究进展

Malhi 通过分析 1990—2005 年热带雨林地区的碳平衡,发现热带雨林所处地理位置的不同导致热带雨林碳源和碳汇的不同。例如亚洲的热带雨林就是一个碳源,而非洲的热带雨林却是一个碳汇。Gomiero 通过研究发现,相比传统农业,发展有机农业能够实现单位面积 40% ~52% 的碳减排,充分发挥大幅度降低碳排放量的作用。

国内学者针对土地利用碳排放效应问题也展开了深入且系统的研究。彭文甫等人通过构建碳排放模型、碳足迹及其压力指数模型,对四川省 1990—2010 年的土地利用碳排放及碳足迹进行了定量分析。王胜蓝等人采用碳排放计算模型和空间自相关模型,对重庆各区县的土地利用碳排放进行时空分析和空间自相关分析,结果表明:重庆市土地利用碳排放总量和碳排放强度均存在明显的正相关性,局部空间自相关形成了以主城核心区为主的高高集聚区和以渝东北、渝东南为主的低低集聚区,以主城周边为主的低高集聚区的空间格局。苑韶峰等人利用 Landsat TM 影像解译数据,将长江经济带土地利用类型划分为耕地、林地、草地、水域、建设用地及未利用地 6 种类型,对所得土地利用类型图进行分区统计和分析,结果显示:2000—2015 年长江经济带区域碳排放差异较为显著,土地利用碳排放总体呈现正相关性。裴杰等人利用 RS 和 GIS 技术分析了 2005—2013 年深圳市土地利用/覆被变化情况及其导致的碳效应变化。李玉玲等人分析了陕西省土地利用碳排放影响因素,结果发现能源强度对土地利用碳排放发挥起抑制作用,发挥提升作用的因素从大到小依次为经济规模 > 能源碳排放强度 > 人口规模 > 土地规模。王刚等人对成都市碳收支、土地利用和经济发展的协同关系进行研究,结果表明:成都市区域碳源/碳汇用地空间差异明显,土地利用强度和净碳排放量呈现"东高西低、中心最高"的空间分布特征,区域经济发展提高了碳排放经济效益和土地利用强度的耦合协调度。唐洪松等人借助碳排放与碳吸收的估算公式,以统计年鉴数据为依据,从不同土地利用类型的视角出发,估算了 1995—2011 年新疆土地利用的碳排放量与碳吸收量,同时分析了碳排放与经济增长的环境库兹涅茨曲线(EKC)关系,结果显示:建设用地是主要的碳排放土地利用类型,林地、耕地和草地是主要的碳吸收土地利用类型。

目前国内关于土地利用碳排放的研究成果颇丰,但大多数是从时间序列角度考虑各省市的碳排放问题,较少研究全国尺度的土地利用碳排放。从时空交互的角度出发,探究我国省域土地利用碳排放时空差异和影响因素,进一步研究碳排放公平性与碳补偿,剖析主要影响因素对土地利用碳排放影响程度的时空分布,能够从整体上了解我国土地利用碳源/汇的格局。研究目的不仅在于为中国的节能减排、区域低碳经济和碳补偿理论的发展提供参考依据,还为相关部门调整土地利用政策提供理论依据,对公平分配各省的碳减排任务具有理论意义。同时可以将研究成果应用到国土资源部门,以期为国家促进土地利用结构的优化、土地集约节约利用提供合理建议,有利于推进生态文明建设,建设美丽中国。鉴于我国各地区的经济发展水平、产业结构和资源禀赋等空间差异明显,各地区对于调控碳排放的手段和措施不尽相同,因此本研究对于政府制定差别化的符合可持续发展的经济发展目标和土地调控政策具有重大战略意义。

## 二、低碳土地利用结构优化研究

对于低碳土地利用结构一般从国家、省区、城市、县域等几个范围进行研究。Fong 等人运用系统动力学模型模拟分析了马来西亚不同城市政策方案下的碳排放增长趋势,并依据城市政策方案的碳减排潜力,提出了减缓气候变化的政策建议。Cantarello 等人分析了英格兰西南地区改变土地利用方式对碳存量的影响,并采用空间分析方法探究哪种土地利用类型的变化将最有助于英格兰西南地区碳固存,研究表明:合理的土地利用变化能够增加碳汇,实现碳减排的目的。

刘慧灵等人通过灰色多目标线性规划法,获取福州市土地利用结构优化方案,通过与土地规划方案对比,发现中碳排放型的优化方案最佳,低碳经济导向的土地利用结构优化方案有利于福州市经济效益的发挥和生态环境的改善,实现碳减排目标。吴萌等人从系统动力学角度分析土地、人口、社会、经济、能源对碳排放的影响作用,并对武汉市 2017—2030 年不同政策情景下的土地利用碳排放进行模拟分析,发现调整土地利用结构、调整产业结构以及提高能源利用效率都能够有效地减少武汉市土地利用碳排放量。曾永年等人以海东市为例探讨了青海高原东部农业区低碳导向的土地利用结构优化方案。赵荣钦等人以南京市为例,建立了土地利用碳效应评估参数,在总体规划方案的基础上,提出三种土地利用结构优化方案,并对每种方案的碳减排潜力进行分析,最后对南京市土地利用方面提出相应的政策建议。余德贵等人通过集成 Markov 模型和结构优化方法,建立了区域土地利用结构的低碳优化动态调控模型(LUS-CC)及其求解方法。以江苏泰兴市为例,综合考虑发展战略及政策,得出三种土地利用结构优化方案,并进行对比分析,最后发现建立的基于碳排放约束的动态优化调控模型,能够满足土地资源配置效率的最大化及其可持续利用要求。路昌等人以松嫩平原区肇源县为研究对象,对肇源县土地利用结构低碳优化方案进行对比分析,结果表明:以经济效益最大化和土地利用碳排放最小化的土地利用结构低碳优化方案能够有效减少城市碳排放量。

# 第二节　土地利用碳排放的核算方法

## 一、数据来源

采用的数据主要包括我国省域的土地利用、GDP、人口、能源消费、农业生产活动、外商直接投资等。土地利用数据主要来源于自然资源部网站的土地调查成果、《中国统计年鉴》《国土资源统计年鉴》《中国环境统计年鉴》和《全国土地利用总体规划纲要(2006—2020 年)》;能源消费数据来源于《中国能源统计年鉴》;农业生产活动中的数据来源于《中国农村统计年鉴》《中国农业统计资料》《改革开放 30 年农业统计资料汇编》等;人口、GDP 等数据来源于《中国统计年鉴》;外商直接投资等数据来源于 Wind 数据库和各省统计年鉴。

## 二、碳收支的核算方法

### (一)碳吸收计算方法

1. 林地、草地碳吸收

$$C_i = S_i \times \beta_i \qquad (2-1)$$

其中,$C_i$ 为第 $i$ 种土地类型的碳吸收量;$S_i$ 为第 $i$ 种土地类型的面积;$\beta_i$ 为第 $i$ 种土地类型的碳吸收系数。林地、草地的碳吸收系数分别为 3.81 t/hm$^2$、0.91 t/hm$^2$。

2. 耕地碳吸收

对于耕地的碳吸收,借鉴赵荣钦等人的研究成果,采用公式计算为

$$CI_{crop} = \sum_i CI_{crop-i} = \sum_i C_{crop-i} \times (1 - P_{water-i}) \times \frac{Y_{eco-i}}{H_{crop-i}} \qquad (2-2)$$

其中,$CI_{crop}$ 为作物生育期光合作用碳吸收量;$CI_{crop-i}$ 为第 $i$ 种作物的碳吸收量;$C_{crop-i}$ 为第 $i$ 种作物通过光合作用合成单位有机质(干重)的碳吸收率;$P_{water-i}$ 为第 $i$ 种农作物的含水率;$Y_{eco-i}$ 为第 $i$ 种农作物的经济产量;$H_{crop-i}$ 为第 $i$ 种农作物的经济系数。主要计算表 2-1 中所列的农作物的碳吸收量。目前,学界普遍使用的农作物经济系数和碳吸收率一般来自王修兰、李克让的研究结果,平均含水率来自方精云等人的成果,相关数值见表 2-1。

表 2-1　主要农作物的经济系数、含水率和碳吸收率

| 农作物 | 经济系数 | 含水率 | 碳吸收率 | 农作物 | 经济系数 | 含水率 | 碳吸收率 |
|---|---|---|---|---|---|---|---|
| 水稻 | 0.45 | 0.1375 | 0.414 4 | 麻类 | 0.39 | 0.133 | 0.45 |
| 小麦 | 0.40 | 0.125 | 0.485 3 | 甜菜 | 0.70 | 0.133 | 0.407 2 |
| 玉米 | 0.40 | 0.135 | 0.470 9 | 烤烟 | 0.55 | 0.082 | 0.45 |
| 豆类 | 0.34 | 0.125 | 0.45 | 高粱 | 0.35 | 0.145 | 0.45 |
| 薯类 | 0.70 | 0.133 | 0.422 6 | 谷子 | 0.40 | 0.1375 | 0.45 |

**（二）碳排放计算方法**

**1. 耕地碳排放**

耕地在人类进行农作物耕作活动中表现为碳源,主要包括化肥施用、农业灌溉、农业机械的使用、农药和农膜的耗用等导致的碳排放。公式为

$$E_t = G_f A + T_p B + (S_m C + P_m D) + F_a E + A_i F \qquad (2-3)$$

其中,$E_t$ 为耕地碳排放;$G_f$、$T_p$、$S_m$、$P_m$、$F_a$、$A_i$ 分别为化肥使用量、农业灌溉面积、农作物种植面积、农业机械总动力、农药使用量、农膜使用量;$A$、$B$、$C$、$D$、$E$、$F$ 为转换系数,碳排放系数见表 2-2。

表 2-2　耕地碳排放系数

| 碳源 | 碳排放系数 | 资料来源 |
|---|---|---|
| 化肥 | 0.895 6 kg/kg | 美国橡树岭国家实验室（ORNL） |
| 农业灌溉面积 | 266.48 kg/hm² | West |
| 农业机械总动力 | 0.18 kg/kW | West |
| 农作物种植面积 | 16.47 kg/hm² | West |
| 农药 | 4.934 1 kg/kg | 美国橡树岭国家实验室（ORNL） |
| 农膜 | 5.18 kg/hm² | 南京农业大学农业资源与生态环境研究所（IREEA） |

**2. 建设用地碳排放**

建设用地承载的人类生产和生活活动消耗了大量能源,对其碳排放的计算采用间接估算的方式,即利用生产和生活过程中的煤炭、石油和天然气等能源消费量,将其转换为标准煤,再根据各类能源的碳排放系数计算建设用地碳排放量(表 2-3)。

表 2-3　各类能源的标准煤转换系数和碳排放系数

| 能源类型 | 标准煤转换系数 | 碳排放系数 | 能源类型 | 标准煤转换系数 | 碳排放系数 |
|---|---|---|---|---|---|
| 原煤 | 0.714 3 kg/kg | 0.755 9 kg/kg | 汽油 | 1.474 1 kg/kg | 0.553 8 kg/kg |
| 焦炭 | 0.971 4 kg/kg | 0.855 0 kg/kg | 煤油 | 0.571 4 kg/kg | 0.571 4 kg/kg |

| 能源类型 | 标准煤转换系数 | 碳排放系数 | 能源类型 | 标准煤转换系数 | 碳排放系数 |
|---|---|---|---|---|---|
| 原油 | 1.428 6 kg/kg | 0.585 7 kg/kg | 柴油 | 1.457 1 kg/kg | 0.592 1 kg/kg |
| 燃料油 | 1.428 6 kg/kg | 0.618 5 kg/kg | 天然气 | 1.33 kg/m³ | 0.448 3 kg/m³ |

根据实际情况,选取原煤、焦炭、原油、燃料油、汽油、煤油、柴油和天然气 8 种主要能源进行计算,公式为

$$E_p = \sum e_i = \sum E_i \times \theta_i \times \beta_i \qquad (2-4)$$

其中,$E_P$ 为建设用地碳排放量;$e_i$ 为各种化石能源的碳排放量;$E_i$ 为各种化石能源消费量;$\theta_i$ 为《中国能源统计年鉴》附录中各种化石能源转化为标准煤的系数;$\beta_i$ 为 IPCC《国家温室气体排放清单指南》中各种化石能源的碳排放系数。

结合 IPCC《国家温室气体排放清单指南》和国内外相关研究计算中国省域层面的碳排放和碳吸收。产业结构、土地利用、能源消费、城市空间布局等都是区域碳排放的影响因素。其中,化石能源的消费是最主要的碳排放途径,土地利用活动是第二大排放源。本书从全国的尺度对土地利用碳排放效应进行研究,并未考虑同一土地利用方式在不同区域的碳排放(吸收)系数的差异,主要对林地、草地、耕地和建设用地四种主要的土地利用类型进行研究。碳吸收主要计算林地、草地和耕地等土地利用类型。土地利用碳排放主要包括建设用地和耕地碳排放两类。建设用地碳排放量主要是通过间接估算化石能源消费量的方式获取。化肥的使用、土地灌溉过程、农业机械的使用以及农药和农膜的使用是耕地主要的碳排放来源。其中,耕地既是碳源也是碳汇。

# 第三节　土地利用碳收支时空演变分析

## 一、土地利用碳排放总体特征分析

根据碳排放核算结果,对 2003—2016 年我国省域土地利用碳排放进行分

析,发现研究期内碳排放总量除在 2015 年出现轻微下降现象外,总体呈现不断增加趋势。碳吸收总量呈现稳中有升趋势,碳排放量与碳吸收量差值即净碳排放量,除 2015 年较 2014 年降低 2 779.72 万 t,其余年份均呈现稳定上升趋势。碳排放/碳吸收量的变化导致土地利用净碳排放量变化趋势与碳排放量一致。

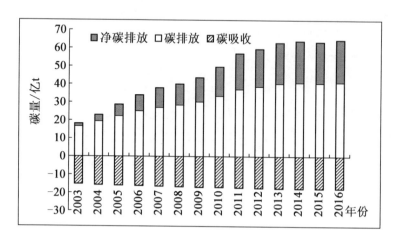

**图 2 - 1　2003—2016 年土地利用碳排放/碳吸收及净碳排放变化趋势**

就碳吸收来看,耕地碳吸收量逐年增加,林地碳吸收量缓慢增长,增幅较小,草地碳吸收量持续减少。研究期间,碳吸收总量为 235.54 亿 t,其中林地碳吸收总量为 123.26 亿 t,对固碳总量的贡献率高达 52.33%;其次是耕地碳吸收总量为 89.74 亿 t,固碳贡献率为 38.10%;草地固碳贡献率仅为 9.57%。2003—2016 年林地年均碳吸收量达 8.80 亿 t,耕地年均碳吸收量为 6.41 亿 t,草地年均碳吸收量较低,为 1.61 亿 t。因此耕地和林地是土地利用碳吸收的主要载体。

2003—2016 年碳吸收总量呈现稳中有升的缓慢增长趋势,主要是由于研究期间林地增长面积较小,草地面积在逐渐减少;同时随着农业生产的发展,科学技术的进步,农作物的单位面积产量显著提升,因此,农作物生育期的固碳能力也在不断提升。

表2－4　2003—2016年我国土地利用碳排放/碳吸收状况（单位：万t）

| 年份 | 碳汇 | | | | 碳源 | | | 净碳排放 |
|---|---|---|---|---|---|---|---|---|
| | 林地 | 草地 | 耕地 | 总碳吸收 | 建设用地 | 耕地 | 总碳排放 | |
| 2003 | －84 311 | －18 834 | －50 029 | －153 174 | 159 672 | 7 123 | 166 795 | 13 621 |
| 2004 | －84 722 | －18 795 | －54 761 | －158 278 | 185 648 | 7 414 | 193 062 | 34 784 |
| 2005 | －84 986 | －18 742 | －55 827 | －159 555 | 216 222 | 7 627 | 223 850 | 64 295 |
| 2006 | －84 986 | －18 722 | －58 710 | －162 418 | 240 465 | 9 879 | 250 344 | 87 926 |
| 2007 | －85 128 | －18 716 | －60 385 | －164 229 | 262 489 | 8 142 | 270 632 | 106 403 |
| 2008 | －85 120 | －18 713 | －64 248 | －168 081 | 275 146 | 8 376 | 283 522 | 115 441 |
| 2009 | －90 647 | －14 127 | －63 549 | －168 322 | 292 967 | 8 788 | 301 755 | 133 433 |
| 2010 | －90 577 | －14 123 | －64 576 | －169 276 | 323 689 | 8 852 | 332 541 | 163 265 |
| 2011 | －90 498 | －14 117 | －67 543 | －172 158 | 361 301 | 9 095 | 370 396 | 198 238 |
| 2012 | －90 437 | －14 113 | －70 345 | －174 894 | 374 711 | 9 310 | 384 021 | 209 127 |
| 2013 | －90 383 | －14 108 | －71 744 | －176 235 | 393 218 | 9 443 | 402 661 | 226 426 |
| 2014 | －90 314 | －14 103 | －71 827 | －176 244 | 397 732 | 9 597 | 407 329 | 231 085 |
| 2015 | －90 284 | －14 099 | －72 353 | －176 737 | 395 384 | 9 658 | 405 042 | 228 305 |
| 2016 | －90 252 | －14 094 | －71 487 | －175 834 | 400 573 | 9 633 | 410 206 | 234 373 |

注：表中正值代表碳排放，负值代表碳吸收。

从总体情况来看，2003—2014年建设用地碳排放呈现不断增加的趋势，2015年较上一年降低2 348.14万t，2016年达到最高值40.06亿t；耕地碳排放持续呈现小幅增加的趋势，年均增长率2.34％。碳排放总量由2003年的16.68亿t上升到2016年的41.02亿t，增幅为146％，年均增长率为7.17％；将2003年碳排放总量作为基数，2007年、2011年和2016年的碳排放总量分别为2003年的1.62倍、2.30倍、2.46倍。研究期间建设用地碳排放达427.92亿t，占碳排放总量的97.21％，农业碳排放量所占比例较低。因此，建设用地是碳排放总量的主要来源。

从图2－2可以发现，土地利用碳排放的变化趋近于线性方程，在国内生产总值不断增加的前提下，我国省域土地利用碳排放量呈现明显的先快速增长后平稳波动的趋势，年变化趋势明显，主要分为两个阶段。

一是快速增长阶段(2003—2011年)。上涨趋势尤为明显,处于碳排放量的低水平阶段,年均增长速度达10.49%,平均年碳排放量为26.59亿t。

二是平稳波动阶段(2012—2016年)。增长趋势较为平缓,此阶段城市化进程和经济发展速度加快,能源需求量大,2016年碳排放达41.02亿t,为研究期间的顶峰时期。此阶段年均增长率为1.6%,年均排放量为40.19亿t,与上一阶段相比年均碳排放量有很大幅度提升。

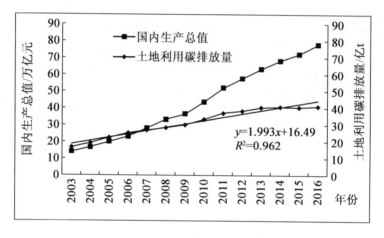

图2-2 土地利用碳排放量和GDP的时间序列曲线

## 二、土地利用碳排放强度变化分析

碳排放量是一个绝对量指标,只有结合GDP、人口等指标才具有横向比较的意义。因此对我国省域地均碳排放强度、单位GDP碳排放强度、人均碳排放强度和单位GDP能源消耗强度的变化进行分析(图2-3)。

地均碳排放强度是指单位土地面积的碳排放量,与碳排放量和人均碳排放强度变化趋势相同,2003—2014年稳定增加,2015年出现轻微下降现象。地均碳排放强度在2016年达到最高值4.94,研究期间年均增长率为7.17%;人均碳排放强度在2014年达到最高值3.00,年均增长率为6.56%。

单位GDP碳排放强度是指单位国内生产总值的碳排放量,其值越小越好,它从侧面反映了经济结构的合理性和科技水平。从图2-3可以发现,单位

GDP碳排放强度和单位GDP能源消耗强度均呈现持续稳定下降态势,后者年均下降率为6.14%。主要原因是随着工业化和城市化的发展,国家加大产业结构调整力度,逐步淘汰落后的高耗能、高污染、高排放产业。碳排放强度的下降率大于GDP的增长率,才能实现二氧化碳的绝对量减排。2003—2016年我国省域GDP总和从13.90万亿元增加至77.89万亿元,年均增速为14.17%,明显大于碳排放强度的下降率。因此当前碳排放强度的下降程度还远远不足以使碳排放总量减少,亟待通过优化能源结构、提高能源利用效率等方式促使能源消耗强度和单位GDP碳排放强度大幅下降。

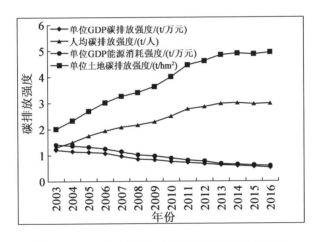

图2-3 2003—2016年土地利用碳排放强度变化

## 三、土地利用碳吸收时空分布特征

### (一)时间变化分析

从表2-5可以发现,从时间变化特征来看,部分省份碳吸收呈波动上升趋势;少数省份呈现下降趋势,如福建、浙江、海南等省份波动下降,海南年均下降率最高,为2.10%,年均下降量为17.81万t;北京、河北等省份呈现直线上升趋势至2013年到峰值后下降;黑龙江、山东、河南、湖南、湖北等省份基本呈现上升趋势。与其他省份相比,河南在保持年均增长率为3.34%的最高水平的同时,年均增长量最高,达 213.55 万 t。

下面选取 2003 年、2007 年、2011 年和 2016 年数据分析碳吸收的构成。

林地碳吸收和耕地碳吸收是碳汇量的主要组成部分。2003 年,林地碳汇量占当年碳汇量 70%以上的省份包括北京、黑龙江、浙江、福建、江西、贵州、云南、陕西,林地所占比例过半的省份有山西、内蒙古、辽宁、吉林、湖北、湖南、广东、海南、重庆、四川。内蒙古、黑龙江、四川、云南等地林地资源丰富,均超过 7 400 万 t,4 个省份林地碳汇量占当年林地碳汇量的 38.70%。内蒙古、甘肃、青海、宁夏、新疆等省份草地所占比例超过 30%,其中青海、新疆、内蒙古等地比例较高,分别为 78.07%、53.68%、40.13%,这 3 个省份均为我国牧区,草场面积广阔,草地碳汇量丰富,3 个省份草地碳汇量占当年草地碳汇量的 79.49%。其余省份草地面积较少,因此草地碳汇量较低。耕地碳汇量占当年碳汇量 70%以上的省份有天津、上海、江苏、山东、河南。山东、河南、广西等省份耕地碳汇量较高,3 个省份耕地碳汇量之和占当年耕地碳汇量的 26.40%。河北、江苏、黑龙江、安徽、湖南、四川、云南等次之,其耕地碳汇量主要介于 2 310 万 t～2 910 万 t;北京、天津、上海、青海、宁夏等地耕地碳汇量较低。

2007 年各土地利用类型碳汇比例状况与 2003 年类似。2007 年较 2003 年碳汇量增长 1.11 亿 t,年均增长率为 1.76%。林地碳汇量增长 816.82 万 t;草地碳汇量减少 117.90 万 t;耕地碳汇量大幅度增加了 1.04 亿 t,增幅为 20.70%,年均增长率为 4.82%。

表2-5　2003—2016年我国省域土地利用碳吸收量（单位：百万 t）

| 地区 | 2003 | 2004 | 2005 | 2006 | 2007 | 2008 | 2009 | 2010 | 2011 | 2012 | 2013 | 2014 | 2015 | 2016 |
|---|---|---|---|---|---|---|---|---|---|---|---|---|---|---|
| 北京 | 3.23 | 3.40 | 3.63 | 3.77 | 3.69 | 3.92 | 4.12 | 4.02 | 4.08 | 3.99 | 3.80 | 3.47 | 3.45 | 3.37 |
| 天津 | 1.70 | 1.88 | 1.88 | 2.04 | 2.02 | 2.00 | 2.10 | 2.10 | 2.16 | 2.10 | 2.18 | 2.14 | 2.15 | 2.55 |
| 河北 | 44.10 | 46.03 | 47.28 | 48.53 | 50.57 | 51.40 | 51.15 | 51.57 | 53.79 | 54.12 | 54.92 | 54.81 | 54.65 | 55.23 |
| 山西 | 25.81 | 27.53 | 26.88 | 27.85 | 27.51 | 28.20 | 28.25 | 29.60 | 30.64 | 31.34 | 31.44 | 31.46 | 30.75 | 31.97 |
| 内蒙古 | 156.44 | 158.87 | 161.32 | 161.83 | 162.55 | 165.47 | 154.91 | 156.66 | 158.62 | 160.16 | 162.98 | 163.13 | 164.19 | 162.81 |
| 辽宁 | 35.86 | 37.56 | 38.00 | 38.15 | 38.92 | 39.52 | 36.47 | 38.46 | 41.24 | 41.79 | 43.10 | 38.15 | 40.44 | 41.74 |
| 吉林 | 57.55 | 60.43 | 60.57 | 61.86 | 59.80 | 63.74 | 57.90 | 60.77 | 64.47 | 65.93 | 68.11 | 67.78 | 68.75 | 74.62 |
| 黑龙江 | 112.38 | 117.41 | 118.62 | 121.49 | 122.26 | 129.71 | 125.41 | 131.80 | 137.26 | 139.05 | 140.69 | 142.70 | 143.48 | 134.99 |
| 上海 | 1.05 | 1.15 | 1.15 | 1.13 | 1.05 | 1.11 | 1.26 | 1.23 | 1.25 | 1.22 | 1.14 | 1.10 | 1.11 | 1.53 |
| 江苏 | 26.25 | 30.76 | 29.80 | 31.88 | 32.03 | 32.47 | 32.61 | 32.52 | 32.99 | 33.50 | 34.01 | 34.51 | 34.87 | 33.26 |
| 浙江 | 29.12 | 29.38 | 29.26 | 29.53 | 28.12 | 28.80 | 29.11 | 28.84 | 28.90 | 28.84 | 28.46 | 28.49 | 28.41 | 29.51 |
| 安徽 | 37.13 | 43.72 | 41.90 | 44.94 | 44.89 | 46.53 | 47.76 | 47.51 | 48.03 | 49.47 | 49.26 | 50.67 | 51.66 | 48.92 |
| 福建 | 38.28 | 38.36 | 38.12 | 37.94 | 37.22 | 37.48 | 37.83 | 37.69 | 37.72 | 37.63 | 37.67 | 37.61 | 37.47 | 37.39 |
| 江西 | 52.85 | 54.39 | 55.09 | 55.86 | 56.28 | 56.91 | 57.88 | 57.52 | 58.38 | 58.62 | 58.81 | 59.01 | 58.97 | 58.76 |
| 山东 | 46.09 | 48.21 | 51.53 | 53.33 | 54.49 | 55.90 | 56.56 | 55.93 | 57.10 | 57.73 | 57.52 | 58.20 | 58.88 | 59.08 |
| 河南 | 52.13 | 60.98 | 64.72 | 70.15 | 72.79 | 73.96 | 75.78 | 75.97 | 76.64 | 77.54 | 78.34 | 78.58 | 81.62 | 79.89 |
| 湖北 | 51.40 | 53.71 | 54.17 | 54.50 | 54.78 | 55.51 | 59.27 | 59.19 | 59.86 | 60.64 | 61.06 | 61.44 | 62.16 | 60.31 |
| 湖南 | 68.39 | 70.25 | 70.46 | 70.80 | 70.23 | 71.54 | 74.35 | 74.13 | 75.13 | 75.60 | 74.94 | 75.27 | 75.48 | 74.91 |

续表 2－5

| 地区 | 2003 | 2004 | 2005 | 2006 | 2007 | 2008 | 2009 | 2010 | 2011 | 2012 | 2013 | 2014 | 2015 | 2016 |
|---|---|---|---|---|---|---|---|---|---|---|---|---|---|---|
| 广东 | 59.47 | 58.91 | 58.91 | 60.34 | 58.50 | 58.37 | 59.39 | 59.71 | 60.71 | 61.60 | 61.62 | 61.56 | 61.17 | 61.38 |
| 广西 | 95.19 | 95.86 | 97.98 | 103.60 | 116.99 | 120.74 | 121.83 | 118.39 | 119.74 | 124.59 | 127.01 | 125.95 | 122.41 | 121.91 |
| 海南 | 10.35 | 10.42 | 9.05 | 10.15 | 10.22 | 11.17 | 9.87 | 9.07 | 9.15 | 9.46 | 9.60 | 9.40 | 8.13 | 7.86 |
| 重庆 | 21.49 | 22.22 | 22.50 | 20.53 | 21.83 | 22.39 | 24.04 | 24.19 | 24.00 | 24.10 | 24.15 | 24.13 | 24.33 | 24.99 |
| 四川 | 116.44 | 117.49 | 118.09 | 115.59 | 116.84 | 118.47 | 125.99 | 126.34 | 126.76 | 127.01 | 127.53 | 127.43 | 128.00 | 127.86 |
| 贵州 | 42.34 | 43.02 | 43.17 | 42.91 | 42.47 | 42.97 | 45.89 | 45.10 | 42.86 | 45.43 | 45.10 | 45.96 | 46.18 | 46.13 |
| 云南 | 110.44 | 111.23 | 109.34 | 111.51 | 109.42 | 113.43 | 116.02 | 115.76 | 118.19 | 120.19 | 121.51 | 121.19 | 119.78 | 118.33 |
| 陕西 | 51.52 | 52.77 | 53.22 | 53.37 | 53.41 | 54.14 | 56.90 | 57.09 | 57.37 | 57.81 | 57.37 | 57.05 | 57.44 | 57.22 |
| 甘肃 | 38.38 | 38.82 | 39.06 | 38.77 | 38.92 | 39.54 | 37.08 | 37.69 | 38.18 | 39.46 | 39.69 | 39.93 | 39.94 | 39.37 |
| 青海 | 49.04 | 49.21 | 49.43 | 49.32 | 49.59 | 49.63 | 53.48 | 53.47 | 53.47 | 53.49 | 53.45 | 53.45 | 53.41 | 53.55 |
| 宁夏 | 6.70 | 7.06 | 7.18 | 7.24 | 7.31 | 7.42 | 7.48 | 7.60 | 7.63 | 7.77 | 7.73 | 7.79 | 7.77 | 7.69 |
| 新疆 | 90.62 | 91.75 | 93.25 | 95.25 | 97.58 | 98.39 | 92.53 | 92.82 | 95.29 | 98.77 | 99.18 | 100.07 | 100.35 | 101.22 |
| 西藏 | — | — | — | — | — | — | — | — | — | — | — | 242.09 | — | — |

2011 年北京和黑龙江的林地碳汇比例未能超过 70%,较 2007 年有所下降,分别降至 69.16%、60.60%,与之相随的是当年耕地碳汇比例的提升。内蒙古、宁夏、甘肃等地草地碳汇比例有所降低,未能超过 30%,分别降至 29.66%、18.69%、14.71%,与 2011 年草地面积减少有密切关系。3 省区草地碳汇量较 2007 年分别降低 1 517.31 万 t、72.38 万 t、634.20 万 t。其中内蒙古草地碳汇量降低尤为明显,主要由于内蒙古草场退化严重,草地产量下降。值得注意的是,东北三省和甘肃的耕地碳汇比例变化趋势与 2007 年相比均呈现上升趋势,且变化较为明显。广西、黑龙江、河南、山东等地耕地碳汇资源丰富,4 省区耕地碳汇量达 2.36 亿 t,占当年耕地碳汇量的 35.03%。

2016 年北京林地碳汇比例明显提升,增至 83.60%,其余各土地利用类型碳汇比例与 2011 年类似。内蒙古、云南、四川、黑龙江位列林地碳汇量前 4 位,均超过 8 000 万 t,上述省份林地碳汇量占当年林地总碳汇量的 38.08%。2016 年研究区林地碳汇量比例达 51.33%,对碳吸收量贡献率最大。草地碳吸收比例由 2003 年的 12.30% 降至 8.02%,贡献率较低。且草地碳吸收量由 2003 年的 1.88 亿 t 降至 1.41 亿 t,降幅达 25.16%,年均减少率为 2.21%。耕地碳吸收量较 2011 年增加 3 944.25 万 t,较 2015 年降低 24.35 万 t,基本呈现持续增长的态势。

**(二)空间格局分析**

结合土地利用碳汇量的实际情况,借鉴肖刚等人的研究方法,将碳汇量分为 4 个类型:①低于全国碳汇量平均值 50% 的低水平类型;②介于全国碳汇量平均值 50% ~ 100% 的中低水平类型;③介于全国碳汇量平均值 100% ~ 150% 的中高水平类型;④高于全国碳汇量平均值 150% 的高水平类型。依据 ArcGIS 软件绘制碳吸收的空间分布图。选取 2003 年、2007 年、2011 年和 2016 年数据进行分地区的碳汇量分析。从空间分布来看,基本呈现西高东低的分布特征,分布差异明显。形成以西北、东北、西南为中心的高碳汇区并向周围扩散的空间结构,东部和中部区域碳汇量相对较低,从西部向东部地区呈现逐渐减少的趋势。

由表 2-6 可以发现,研究期间多数省份稳定保持所属的碳吸收类型,部分省份产生变动。2003 年,位列碳汇量前 6 位的省份依次是内蒙古、四川、黑龙江、云南、广西、新疆,分别达 1.56 亿 t、1.16 亿 t、1.12 亿 t、1.10 亿 t、0.95 亿 t、0.90 亿 t,上述省份碳汇量占当年碳汇总量的 44.49%。内蒙古、黑龙江、四川、云南、广西林地资源丰富,内蒙古和新疆草地资源丰富,广西耕地碳汇量丰富,上述省份属于碳汇量的高水平类型。4 个直辖市、宁夏、海南等地属于低水平类型。2007 年除陕西由中高水平类型转变为中低水平类型外,其余省份基本保持不变。2011 年碳汇量较 2007 年增长 7 929 万 t,年均增长率为 1.19%。碳汇量类型划分与 2007 年保持一致。2016 年内蒙古碳吸收量最高,达 1.63 亿 t,北京、天津、上海等地碳汇量较低,内蒙古的碳吸收量分别是北京的 48 倍、天津的 64 倍、上海的 107 倍。在 2011 年基础上,山东由中低水平类型转变为中高水平类型。

表 2 - 6　我国省域土地利用碳吸收分类

| | 低水平类型 | 中低水平类型 | 中高水平类型 | 高水平类型 |
|---|---|---|---|---|
| 2003 | 京、津、沪、宁、渝、琼 | 辽、冀、晋、苏、浙、甘、青、皖、闽、贵、鲁 | 吉、豫、鄂、湘、赣、粤、陕 | 黑、内蒙古、新、川、滇、桂 |
| 2007 | 京、津、沪、宁、渝、琼 | 辽、冀、晋、苏、浙、甘、青、皖、闽、贵、鲁、陕 | 吉、豫、鄂、湘、赣、粤 | 黑、内蒙古、新、川、滇、桂 |
| 2011 | 京、津、沪、宁、渝、琼 | 辽、冀、晋、苏、浙、甘、青、皖、闽、贵、鲁、陕 | 吉、豫、鄂、湘、赣、粤 | 黑、内蒙古、新、川、滇、桂 |
| 2016 | 京、津、沪、宁、渝、琼 | 辽、冀、晋、苏、浙、甘、青、皖、闽、贵、陕 | 吉、豫、鄂、湘、赣、粤、鲁 | 黑、内蒙古、新、川、滇、桂 |

注:西藏数据不可获取,未计入此表统计。

综合来看,研究期间碳汇资源空间分布差异明显,多数省份稳定保持所属的碳吸收类型;内蒙古、黑龙江、四川、云南等地林地碳汇资源丰富,内蒙古、青海、新疆等地草地碳汇资源较为丰富,广西、河南、黑龙江、山东等地耕地碳汇资源丰富;研究期间内蒙古、黑龙江、四川、云南、广西、新疆等地碳汇资源丰富,上述地区碳吸收贡献率达 43.99%。

## 四、土地利用碳排放时空分布特征

### (一)时间变化分析

由表 2-7 可知,从时间变化特征来看,许多省份土地利用碳排放呈现上升趋势。部分省份呈倒 U 形曲线,上升到顶点后开始下降,如北京、天津、河北等。少数地区如山西、福建等地呈现 M 形波动态势。各地区碳排放量年均增长率差异较大,其中陕西年均增长率最高为 14.44%,其次内蒙古为 12.64%,新疆和海南也较高,北京碳排放年均增长率仅为 1.16%。从碳排放比例构成图来看,煤炭和石油是碳排放的主要来源。

2003 年,河北、山东、山西等省份煤炭导致碳排放量较高,均超过 1 亿 t,占整个研究区煤炭导致的碳排放量的 30.10%。当年煤炭导致的碳排放占建设用地碳排放的 77.39%,占碳排放总量的 74.08%。可见煤炭消费是导致碳排放的主力军。辽宁、广东等地石油导致的碳排放量较高,均超过 4 000 万 t,占当年石油导致的碳排放的 24.93%。四川、新疆、重庆等地天然气导致的碳排放较高,但当年天然气导致的碳排放总量较低,占建设用地碳排放的 1.30%,占碳排放总量的 1.25%。由此可知,天然气对碳排放的贡献率较低。河北、山东、河南等省份是农业大省,以山东为首,农业碳排放达 776.42 万 t,三省农业碳排放之和占当年农业碳排放总量的 26.91%。2003 年建设用地碳排放量占比达 95.73%;农业碳排放量较低,占碳排放总量的 4.27%。

2003 年,除海南外所有省份煤炭导致的碳排放比例均过半,特别是山西、内蒙古、贵州等省份已经超过 90%,河北、河南、安徽、云南、宁夏等省份介于 80% ~ 90%。上海、广东等地石油所占比例超过 45%,海南、青海等地天然气导致的碳排放比例较高。除广西的农业碳排放比例达 11.57%,因此建设用地碳排放比例低于 90%,其他所有省份建设用地碳排放比例均超过 91%。

表 2-7 2003—2016 年我国省域土地利用碳排放量（单位：百万 t）

| 地区 | 2003 | 2004 | 2005 | 2006 | 2007 | 2008 | 2009 | 2010 | 2011 | 2012 | 2013 | 2014 | 2015 | 2016 |
|---|---|---|---|---|---|---|---|---|---|---|---|---|---|---|
| 北京 | 27.58 | 31.10 | 32.29 | 33.79 | 36.58 | 37.16 | 38.18 | 38.60 | 37.04 | 37.57 | 34.07 | 35.09 | 33.78 | 31.88 |
| 天津 | 26.22 | 31.46 | 33.63 | 35.68 | 38.35 | 38.50 | 41.58 | 51.21 | 56.26 | 56.86 | 58.55 | 56.50 | 55.52 | 52.66 |
| 河北 | 123.78 | 140.33 | 168.47 | 179.38 | 192.55 | 204.61 | 213.43 | 239.52 | 263.59 | 272.77 | 277.66 | 266.76 | 270.16 | 266.16 |
| 山西 | 160.79 | 170.85 | 181.43 | 204.67 | 215.22 | 213.21 | 212.69 | 231.91 | 266.52 | 296.59 | 490.36 | 507.01 | 483.15 | 471.57 |
| 内蒙古 | 56.47 | 78.23 | 94.55 | 117.79 | 127.83 | 156.25 | 168.46 | 197.52 | 254.85 | 263.73 | 268.11 | 272.51 | 259.00 | 260.59 |
| 辽宁 | 110.77 | 125.36 | 140.28 | 150.12 | 159.10 | 163.13 | 172.10 | 188.55 | 201.13 | 208.47 | 200.88 | 200.01 | 192.63 | 192.04 |
| 吉林 | 41.30 | 44.66 | 53.36 | 60.01 | 63.02 | 67.15 | 70.56 | 79.37 | 92.33 | 92.83 | 83.55 | 82.95 | 76.87 | 74.95 |
| 黑龙江 | 68.47 | 76.08 | 84.10 | 89.86 | 94.93 | 101.58 | 106.58 | 119.84 | 129.44 | 134.67 | 122.05 | 117.81 | 118.00 | 120.91 |
| 上海 | 52.14 | 56.12 | 59.83 | 59.89 | 61.23 | 64.80 | 64.88 | 71.72 | 73.56 | 72.79 | 77.40 | 70.39 | 72.07 | 72.44 |
| 江苏 | 92.10 | 111.38 | 138.31 | 152.36 | 161.25 | 164.04 | 172.87 | 194.41 | 221.63 | 223.69 | 227.33 | 223.81 | 231.41 | 240.38 |
| 浙江 | 61.40 | 76.06 | 88.45 | 100.28 | 111.42 | 113.11 | 117.44 | 125.05 | 132.21 | 128.16 | 128.51 | 127.26 | 128.63 | 128.33 |
| 安徽 | 56.85 | 59.60 | 63.61 | 70.38 | 74.71 | 84.38 | 94.45 | 99.79 | 109.98 | 122.63 | 132.67 | 137.11 | 135.85 | 131.83 |
| 福建 | 28.62 | 33.26 | 40.56 | 44.73 | 49.86 | 51.74 | 60.63 | 66.84 | 76.89 | 75.73 | 73.94 | 83.58 | 80.54 | 75.73 |
| 江西 | 25.59 | 31.73 | 34.34 | 38.69 | 41.00 | 42.29 | 42.90 | 50.32 | 54.63 | 54.72 | 59.04 | 59.97 | 62.60 | 62.71 |
| 山东 | 141.84 | 173.81 | 229.77 | 259.15 | 278.69 | 289.12 | 308.10 | 332.94 | 352.64 | 366.52 | 349.62 | 367.76 | 392.89 | 415.41 |
| 河南 | 89.13 | 119.43 | 143.02 | 168.03 | 185.24 | 189.41 | 203.47 | 210.33 | 235.98 | 226.07 | 209.00 | 208.72 | 205.58 | 207.80 |
| 湖北 | 57.96 | 63.64 | 68.36 | 77.37 | 83.60 | 83.53 | 89.45 | 102.20 | 116.11 | 116.78 | 99.07 | 100.48 | 99.53 | 100.61 |
| 湖南 | 40.87 | 49.21 | 63.86 | 69.38 | 78.31 | 74.64 | 78.60 | 85.43 | 95.22 | 96.17 | 94.03 | 90.35 | 92.69 | 94.70 |

续表 2 - 7

| 地区 | 2003 | 2004 | 2005 | 2006 | 2007 | 2008 | 2009 | 2010 | 2011 | 2012 | 2013 | 2014 | 2015 | 2016 |
|---|---|---|---|---|---|---|---|---|---|---|---|---|---|---|
| 广东 | 89.90 | 101.44 | 113.00 | 126.01 | 135.10 | 139.08 | 146.68 | 163.49 | 178.07 | 174.95 | 174.15 | 175.27 | 175.40 | 182.63 |
| 广西 | 21.67 | 27.66 | 30.44 | 34.39 | 38.08 | 37.73 | 41.48 | 50.41 | 61.41 | 67.51 | 66.49 | 65.98 | 62.93 | 66.41 |
| 海南 | 5.22 | 6.06 | 5.27 | 7.62 | 13.24 | 13.79 | 14.59 | 16.06 | 18.87 | 19.62 | 18.25 | 19.99 | 21.94 | 21.29 |
| 重庆 | 18.81 | 22.98 | 27.20 | 30.44 | 33.14 | 41.55 | 46.36 | 48.21 | 53.20 | 52.38 | 46.37 | 48.53 | 48.95 | 51.45 |
| 四川 | 57.91 | 66.97 | 65.61 | 75.13 | 84.01 | 92.34 | 102.48 | 104.98 | 105.75 | 110.31 | 112.64 | 115.93 | 104.94 | 101.20 |
| 贵州 | 44.80 | 51.79 | 57.66 | 66.80 | 72.00 | 70.06 | 78.03 | 82.22 | 87.06 | 93.99 | 103.46 | 103.24 | 103.64 | 110.45 |
| 云南 | 35.54 | 31.58 | 53.77 | 60.06 | 61.54 | 64.01 | 67.91 | 71.82 | 75.39 | 79.04 | 77.51 | 73.05 | 69.84 | 70.22 |
| 陕西 | 35.61 | 44.63 | 51.27 | 64.37 | 70.10 | 79.72 | 88.53 | 105.09 | 115.23 | 134.71 | 160.13 | 167.03 | 178.11 | 197.71 |
| 甘肃 | 31.01 | 35.14 | 37.26 | 39.85 | 45.18 | 45.27 | 44.78 | 50.70 | 58.75 | 60.79 | 63.90 | 63.84 | 61.89 | 59.19 |
| 青海 | 6.04 | 6.42 | 6.56 | 8.26 | 9.40 | 11.97 | 13.15 | 13.28 | 17.32 | 20.31 | 24.02 | 21.61 | 16.17 | 18.48 |
| 宁夏 | 23.31 | 22.38 | 25.52 | 28.56 | 33.78 | 37.20 | 42.12 | 50.03 | 63.73 | 62.73 | 64.53 | 66.05 | 67.10 | 65.60 |
| 新疆 | 36.27 | 41.24 | 46.71 | 53.60 | 57.86 | 63.85 | 75.06 | 83.58 | 99.16 | 117.12 | 129.31 | 144.68 | 148.61 | 156.73 |

注：西藏数据不可获取，此表不包含西藏数据。

2007 年多数省份煤炭、石油、天然气导致的碳排放较 2003 年均有所增加,其中天然气增幅最大为 105.12%。煤炭、石油、天然气导致的碳排放年均增长率分别为 13.72%、10.94%、19.67%,天然气消费的增加导致其在碳排放量构成比例中有所增加,其中北京天然气导致的碳排放比例在 2003 年基础上增加 3.02%。与 2003 年相比,所有省份建设用地碳排放均有所增加,其中山东和河南碳排放增量较高,分别为 1.36 亿 t、0.94 亿 t;青海增量最低,为 335.17 万 t。上海和北京农业碳排放有所降低,分别降低 3.87 万 t、1.11 万 t,其他省份均有所增加。河南增量达 120.44 万 t,农业碳排放依旧为山东最高。

2008—2011 年这一阶段,年均碳排放总量达 32.21 亿 t,比 2003—2007 这一阶段增长 10.11 亿 t,建设用地碳排放和农业碳排放在持续增加。与 2007 年相比,煤炭、石油、天然气导致的碳排放年均增长率分别为 8.37%、7.33%、16.57%,海南、北京、青海等地天然气消费导致的碳排放比例较高,分别为 15.44%、11.84%、11.03%。2011 年山东建设用地碳排放量最高达 3.44 亿 t,年均增长率为 6.26%;河南农业碳排放量最高为 908.05 万 t,碳排放总量最高的省份依旧为山东。

2016 年碳排放总量达 41.02 亿 t,其中建设用地碳排放是碳排放总量的主要来源,广西建设用地碳排放比例最低,为 94.63%,其余省份比例均高于此。多数省份天然气导致的碳排放比例较 2011 年有所增长,北京尤为显著,其比例达到 30.35%,可见北京在调节能源消费结构、推动天然气等清洁能源的消费方面做出了巨大努力。变化明显的是山西,由于其是煤炭资源大省,煤炭消耗导致的碳排放在 2013 年开始剧增,2016 年建设用地碳排放量最高达 4.70 亿 t,占全国建设用地碳排放的 11.72%。河南农业碳排放量最高为 952.90 万 t,碳排放总量较高的省份是山西、山东,最低的省份是青海。

### (二)空间格局分析

同理,参照碳汇量的划分类型方法,将碳排放划分为低水平类型、中低水平类型、中高水平类型、高水平类型。选取 2003 年、2007 年、2011 年和 2016 年数据进行分地区的碳排放量分析。从碳排放量的空间分布来看,基本呈现东高西低的特点,特别是河南、江苏、环渤海经济区,但不包括京津地区的碳排放量较高,以河北为中心,向西北、西南、东南、东北4个方向逐渐递减。高水平区和中低水平区集中成片分布,高值聚集在华北地区,低值聚集在甘肃、青海、宁夏等西北地区。

研究我国省域土地利用碳排放格局变化可以发现,碳排放量空间分布差异较大。对碳排放量类型的划分变动较大,仅部分省份在研究期能够稳定保持同一碳排放类型。2003年属于高水平碳排放类型的省份有辽宁、河北、山西、河南、山东、江苏,基本上是经济和工业发达地区;属于低水平碳排放类型的省份有北京、天津、上海、宁夏、青海、重庆、广西、江西和海南,多数为直辖市和西部省份。2007年碳排放总量达27.06亿t,年均增长率为12.86%。其中山东碳排放总量最高为2.79亿t,年均增加率为18.39%。四川、湖北、安徽由中高水平类型转变为中低水平类型,广东由高水平类型转变为中高水平类型。2011年山东碳排放居全国首位,年均增长率为6.06%,碳排放总量达3.53亿t,是最低省份青海的20.36倍。甘肃由中低水平类型降为低水平类型,宁夏升至中低水平类型,内蒙古转变为高水平类型。2016年属于高水平碳排放类型的省份主要包括内蒙古、河北、山西、山东、江苏。发生转变的区域主要有:新疆由中低水平类型转变为中高水平类型,宁夏由中低水平类型转变为低水平类型,陕西和河南由高水平类型转变为中高水平类型。通过表2-8可以发现,稳定属于低水平类型的省份有北京、天津、青海、重庆、广西、海南、江西,多为直辖市和西部省份。稳定属于中低水平类型的省份有吉林、云南、贵州、湖南、福建、上海;稳定属于高水平类型的省份有山西、河北、山东、江苏,多为东部沿海省份。

表2-8　我国省域土地利用碳排放分类状况

|  | 低水平类型 | 中低水平类型 | 中高水平类型 | 高水平类型 |
|---|---|---|---|---|
| 2003 | 京、津、青、渝、桂、琼、赣、宁 | 吉、滇、贵、湘、闽、沪、新、甘、陕 | 黑、内蒙古、川、鄂、皖、浙 | 晋、冀、鲁、苏、辽、豫、粤 |
| 2007 | 京、津、青、渝、桂、琼、赣、宁 | 吉、滇、贵、湘、闽、沪、新、甘、陕、川、鄂、皖 | 黑、内蒙古、浙、粤 | 晋、冀、鲁、苏、辽、豫 |

续表 2 - 8

| | 低水平类型 | 中低水平类型 | 中高水平类型 | 高水平类型 |
|---|---|---|---|---|
| 2011 | 京、津、青、渝、桂、琼、赣、甘 | 吉、滇、贵、湘、闽、沪、新、甘、陕、川、鄂、皖、宁 | 黑、浙、粤 | 晋、冀、鲁、苏、辽、豫、内蒙古 |
| 2016 | 京、津、青、渝、桂、琼、赣、甘、宁 | 吉、滇、贵、湘、闽、沪、川、鄂、皖、黑、浙 | 辽、豫、陕、新、粤 | 晋、冀、鲁、苏、内蒙古 |

注:西藏数据不可获取,未计入此表统计。

综合来看,土地利用碳排放量空间差异显著,对碳排放量类型的划分变动较大,仅部分省份在研究期间能够稳定保持同一碳排放类型。研究期间山东、山西、河北、内蒙古、江苏、河南等地建设用地碳排放总量较高,均超过 23 亿 t,上述省份的贡献率达 43.76%,因此节能减排工作应重点放在这些省份。研究期间河南、山东、河北、江苏等地农业碳排放总量较高,上述省份贡献率为31.14%。碳排放总量较高的省份是山东、山西。

## 第四节  土地利用碳排放分布特征及公平性分析

各省份土地利用碳吸收和碳排放存在较大的空间分布差异,为深入了解各省份土地利用碳排放的公平性与差异性,本节拟以碳盈亏时空分布特征分析为基础,引入洛伦兹曲线,通过土地利用碳排放基尼系数、生态承载系数和经济贡献系数分析碳排放的公平性与差异性,划分碳平衡分区,确定碳补偿基准,进而核算分析碳补偿价值,以期为我国制定差别化的区域碳减排政策提供依据。

### 一、土地利用净碳排放时空分布特征

本节利用碳排放量与碳汇量的差值计算出净碳排放量。数值大于 0 表示区域对外显示为碳源,数值小于 0 表示区域对外显示为碳汇,数值等于 0 表示区域碳平衡。

#### (一)时间变化分析

由表 2 - 9 可知,研究期间大部分省份显示为碳源区且净碳排放呈现上升趋势;少数省份呈现稳定增长态势,如山东。有些省份则呈现波动增长态势,如广

东、江苏等。部分省份呈现倒 U 形态势,如北京、天津、山西等在 2014 年到达顶点后开始下降。甘肃、吉林、陕西、福建、湖南、海南、重庆、新疆等省份由碳汇区转为碳源区。部分地区始终表现为碳汇区,碳汇资源相对丰富且稳定,产生的碳排放量能够被完全抵消,如黑龙江、广西、四川、云南、青海等地。

### (二)空间格局分析

研究我国省域净碳排放量格局变化可知,净碳排放量有明显的空间分布差异,呈现东高西低的特点。碳汇区多分布在西北地区和西南地区。净碳排放量高值区与碳排放高值区趋同,主要分布在河南、华东北部地区、环渤海经济区但不包括京津地区,呈明显的片状分布,以河北为中心,向西北、西南、东南、东北方向逐渐递减。碳汇区数量逐渐递减,从东北、西南、西北地区缩减为西南地区和黑龙江。

根据我国净碳排放量特征,将净碳排放量分为碳汇区(净碳排放量<0)、低排放区(净碳排放量在 0 ~ 5 000 万 t)、一般排放区(净碳排放量在 5 000 ~ 15 000万 t)和高排放区(净碳排放量高于 15 000 万 t)4 类。2003 年,包括内蒙古、黑龙江、江西等在内的 15 个省份显示为碳汇区,数量占研究区域的一半。其中,内蒙古、广西、四川等地净碳汇量较高。碳源区集中分布在京津冀、山西、山东和长三角等地。与 2003 年相比,2007 年空间格局变化明显,甘肃、吉林、陕西、福建、湖南、海南、重庆由碳汇区转变为碳源区,碳汇区数量下降为 8 个。内蒙古、四川、黑龙江、云南等地下降幅度较大,年均下降率分别为 23.23%、13.46%、11.18%、10.58%。高排放区包括山西和山东。2011 年净碳排放区域划分呈现带状分布,净碳排放量由华北地区向西南和东北方向逐渐递减。2011年碳汇区数量持续下降为 6 个,新疆和内蒙古已经完全转变为碳源区,广西、云南、青海等地净碳汇量较高。净碳排放量超过 1 亿 t 的省份主要包括河北、山东、辽宁、江苏、浙江、河南、广东,上述省份从研究开始阶段净碳排放量就明显较高,且一直呈现持续增加态势。高碳排放区主要分布在河南、华东北部地区、环渤海地区但不包括京津地区,由于河北、山东、辽宁、河南、山西等地重工业发达,能源消费量巨大,导致碳排放量较高。2016 年净碳排放量呈现条带状分布趋势更加明显,高碳排放区分布与 2011 年类似。碳汇区主要包括黑龙江、广西、四川、云南、青海等地;山西、山东等地净碳排放量较高,在 2012—2016 年这一阶段,山西以年均 13.26% 的速度快速增长,增长速度尤为显著。

表 2 - 9 2003—2016 年我国省域土地利用净碳排放量（单位：百万 t）

| 地区 | 2003 | 2004 | 2005 | 2006 | 2007 | 2008 | 2009 | 2010 | 2011 | 2012 | 2013 | 2014 | 2015 | 2016 |
|---|---|---|---|---|---|---|---|---|---|---|---|---|---|---|
| 北京 | 24.35 | 27.70 | 28.66 | 30.02 | 32.89 | 33.24 | 34.05 | 34.58 | 32.96 | 33.58 | 30.27 | 31.62 | 30.34 | 28.51 |
| 天津 | 24.52 | 29.57 | 31.74 | 33.64 | 36.33 | 36.50 | 39.49 | 49.11 | 54.10 | 54.76 | 56.37 | 54.36 | 53.37 | 50.11 |
| 河北 | 79.68 | 94.31 | 121.20 | 130.84 | 141.98 | 153.21 | 162.28 | 187.95 | 209.80 | 218.65 | 222.74 | 211.95 | 215.52 | 210.92 |
| 山西 | 134.97 | 143.32 | 154.56 | 176.82 | 187.71 | 185.01 | 184.43 | 202.31 | 235.88 | 265.25 | 458.92 | 475.55 | 452.41 | 439.60 |
| 内蒙古 | -99.97 | -80.64 | -66.77 | -44.04 | -34.72 | -9.22 | 13.55 | 40.85 | 96.24 | 103.57 | 105.14 | 109.38 | 94.81 | 97.78 |
| 辽宁 | 74.92 | 87.81 | 102.28 | 111.97 | 120.18 | 123.61 | 135.63 | 150.09 | 159.89 | 166.68 | 157.78 | 161.87 | 152.20 | 150.30 |
| 吉林 | -16.26 | -15.76 | -7.20 | -1.85 | 3.22 | 3.41 | 12.66 | 18.60 | 27.85 | 26.90 | 15.44 | 15.17 | 8.12 | 0.33 |
| 黑龙江 | -43.91 | -41.34 | -34.52 | -31.63 | -27.33 | -28.13 | -18.83 | -11.96 | -7.82 | -4.38 | -18.64 | -24.89 | -25.48 | -14.08 |
| 上海 | 51.09 | 54.98 | 58.68 | 58.76 | 60.18 | 63.70 | 63.62 | 70.49 | 72.31 | 71.57 | 76.26 | 69.29 | 70.96 | 70.92 |
| 江苏 | 65.84 | 80.62 | 108.51 | 120.47 | 129.22 | 131.58 | 140.26 | 161.89 | 188.65 | 190.19 | 193.33 | 189.30 | 196.54 | 207.12 |
| 浙江 | 32.28 | 46.68 | 59.19 | 70.75 | 83.30 | 84.32 | 88.33 | 96.21 | 103.31 | 99.32 | 100.05 | 98.77 | 100.22 | 98.81 |
| 安徽 | 19.71 | 15.87 | 21.71 | 25.44 | 29.82 | 37.85 | 46.69 | 52.28 | 61.95 | 73.17 | 83.41 | 86.44 | 84.19 | 82.91 |
| 福建 | -9.67 | -5.10 | 2.44 | 6.78 | 12.63 | 14.27 | 22.80 | 29.15 | 39.17 | 38.10 | 36.27 | 45.96 | 43.08 | 38.34 |
| 江西 | -27.26 | -22.67 | -20.75 | -17.17 | -15.28 | -14.62 | -14.98 | -7.20 | -3.75 | -3.90 | 0.23 | 0.96 | 3.63 | 3.94 |
| 山东 | 95.74 | 125.59 | 178.24 | 205.81 | 224.19 | 233.21 | 251.54 | 277.01 | 295.54 | 308.79 | 292.10 | 309.56 | 334.01 | 356.33 |
| 河南 | 37.00 | 58.46 | 78.30 | 97.88 | 112.45 | 115.45 | 127.68 | 134.36 | 159.34 | 148.52 | 130.66 | 130.14 | 123.96 | 127.91 |
| 湖北 | 6.56 | 9.93 | 14.19 | 22.87 | 28.82 | 28.02 | 30.18 | 43.00 | 56.25 | 56.14 | 38.01 | 39.04 | 37.36 | 40.29 |
| 湖南 | -27.52 | -21.03 | -6.60 | -1.42 | 8.08 | 3.10 | 4.24 | 11.29 | 20.09 | 20.57 | 19.09 | 15.08 | 17.21 | 19.79 |

续表 2 - 9

| 地区 | 2003 | 2004 | 2005 | 2006 | 2007 | 2008 | 2009 | 2010 | 2011 | 2012 | 2013 | 2014 | 2015 | 2016 |
|------|------|------|------|------|------|------|------|------|------|------|------|------|------|------|
| 广东 | 30.43 | 42.53 | 54.09 | 65.66 | 76.59 | 80.71 | 87.29 | 103.78 | 117.37 | 113.35 | 112.54 | 113.72 | 114.23 | 121.25 |
| 广西 | -73.52 | -68.20 | -67.54 | -69.21 | -78.91 | -83.00 | -80.35 | -67.98 | -58.33 | -57.07 | -60.52 | -59.96 | -59.48 | -55.50 |
| 海南 | -5.14 | -4.36 | -3.78 | -2.52 | 3.02 | 2.62 | 4.72 | 6.99 | 9.72 | 10.16 | 8.66 | 10.58 | 13.81 | 13.43 |
| 重庆 | -2.68 | 0.76 | 4.70 | 9.91 | 11.31 | 19.16 | 22.33 | 24.02 | 29.20 | 28.28 | 22.22 | 24.41 | 24.62 | 26.47 |
| 四川 | -58.52 | -50.52 | -52.49 | -40.47 | -32.83 | -26.13 | -23.50 | -21.36 | -21.01 | -16.70 | -14.89 | -11.50 | -23.06 | -26.66 |
| 贵州 | 2.45 | 8.77 | 14.49 | 23.89 | 29.53 | 27.08 | 32.14 | 37.12 | 44.20 | 48.56 | 58.36 | 57.28 | 57.46 | 64.33 |
| 云南 | -74.90 | -79.65 | -55.56 | -51.45 | -47.88 | -49.42 | -48.11 | -43.94 | -42.80 | -41.15 | -44.00 | -48.14 | -49.93 | -48.11 |
| 陕西 | -15.91 | -8.14 | -1.96 | 11.01 | 16.69 | 25.59 | 31.63 | 48.00 | 57.87 | 76.90 | 102.76 | 109.98 | 120.66 | 140.49 |
| 甘肃 | -7.37 | -3.68 | -1.80 | 1.08 | 6.26 | 5.73 | 7.70 | 13.01 | 20.58 | 21.33 | 24.21 | 23.91 | 21.96 | 19.81 |
| 青海 | -43.00 | -42.79 | -42.87 | -41.06 | -40.19 | -37.66 | -40.33 | -40.19 | -36.15 | -33.18 | -29.43 | -31.84 | -37.24 | -35.07 |
| 宁夏 | 16.61 | 15.32 | 18.34 | 21.32 | 26.47 | 29.77 | 34.64 | 42.43 | 56.10 | 54.97 | 56.80 | 58.26 | 59.33 | 57.92 |
| 新疆 | -54.36 | -50.51 | -46.53 | -41.66 | -39.72 | -34.53 | -17.47 | -9.24 | 3.88 | 18.35 | 30.13 | 44.61 | 48.26 | 55.52 |

注:西藏数据不可获取,此表不包含西藏数据。

通过表2-10可以发现,研究期间稳定在碳汇区的省份有黑龙江、青海、四川、云南、广西等地;稳定在低碳排放区的为北京;稳定在一般碳排放区的是上海,其余省份均发生类型转变。

表2-10　我国省域土地利用净碳排放量类型划分

| | 碳汇区 | 低碳排放区 | 一般碳排放区 | 高碳排放区 |
|---|---|---|---|---|
| 2003 | 黑、青、川、滇、桂、赣、内蒙古、新、渝、湘、闽、吉、琼、甘、陕 | 京、津、鄂、皖、宁、贵、豫、浙、粤 | 沪、辽、冀、鲁、苏、晋 | |
| 2007 | 黑、青、川、滇、桂、赣、内蒙古、新、 | 京、津、鄂、皖、宁、贵、吉、湘、闽、琼、陕、甘、渝 | 沪、辽、冀、鲁、苏、豫、粤 | 浙、晋 |
| 2011 | 黑、青、川、滇、桂、赣 | 京、贵、吉、湘、闽、琼、甘、渝、新 | 沪、内蒙古、宁、陕、皖、浙、粤、津、鄂 | 晋、冀、辽、鲁、苏、豫 |
| 2016 | 黑、青、川、滇、桂 | 京、吉、湘、闽、琼、甘、渝、鄂、赣 | 沪、内蒙古、宁、陕、皖、浙、粤、津、新、豫、贵 | 晋、冀、辽、鲁、苏 |

注:西藏数据不可获取,未计入此表统计。

## 二、土地利用碳排放公平性分析

### (一)土地利用碳排放基尼系数计算与分析

结合土地利用碳排放特征,以我国省域为评价单元,定义洛伦兹曲线为不同单元土地利用碳排放曲线,即土地利用碳排放实际分配曲线,连接45°对角线为土地利用碳排放的绝对公平曲线,利用2016年数据绘制出我国省域碳源分布的洛伦兹曲线,如图2-4所示。

借鉴基尼系数的内涵,假设在我国省域内产生一定比例的碳源需要相同比例的碳汇均衡其对气候的影响,此时碳源的排放分配达到绝对公平。设土地利用碳排放绝对公平曲线与实际分配曲线之间的面积为A,土地利用实际分配曲

线与 $X$ 轴之间的面积为 $B$,因此,计算公式为

$$基尼系数 = \frac{A}{A+B} \qquad (2-5)$$

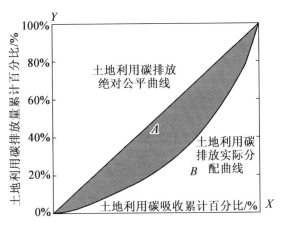

图 2-4 洛伦兹曲线

利用梯形法计算碳排放基尼系数,将公式转换成如下公式

$$基尼系数 = 1 - \sum_{i=1}^{n} (X_i - X_{i-1})(Y_i + Y_{i-1}) \qquad (2-6)$$

其中,$X_i$ 为碳吸收的累积百分比;$Y_i$ 为碳排放的累积排放比;当 $i=1$ 时,$X_{i-1}$ 和 $Y_{i-1}$ 均为 0。

通过公式(2-6)计算出 2003—2016 年的基尼系数,变化趋势如图 2-5 所示。2003—2016 年碳排放基尼系数集中在 0.263 6 ~ 0.352 2,2010—2012 年处于相对平均状态,其余年份处于比较合理状态。从整体来看,研究期间以 2012 年作为分界点呈现先下降后上升的趋势。2003—2012 年基尼系数不断下降,说明随着国家实施西部大开发、振兴东北老工业基地等政策,区域发展协同性增强,同时各种护林政策的执行,促使区域间碳排放与碳吸收分配差距不断缩小。2016 年基尼系数小幅度上升,表明碳排放与碳吸收区域分配差距逐渐扩大。

**(二)生态承载系数计算与分析**

生态承载系数是衡量各省域碳生态容量贡献公平性的指标,反映了区域的碳汇能力。其中,$CA_i$、$CA$ 分别为各省域和全国的碳吸收量;$C_i$、$C$ 分别为各省

域和全国的碳排放量。

$$ESC = \dfrac{\dfrac{CA_i}{CA}}{\dfrac{C_i}{C}}\qquad(2-7)$$

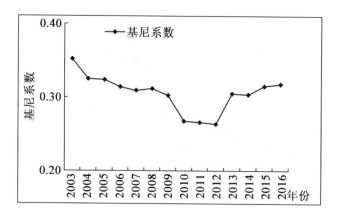

图 2-5 基尼系数变化趋势

若 ESC > 1,即某一省域碳吸收的贡献率大于碳排放的贡献率,说明其具有相对较高的碳生态容量,对其他省域有贡献;反之,若 ESC < 1,表明其碳生态容量相对较低。

以 2016 年为例,分析我国省域碳排放的生态承载系数。内蒙古、黑龙江、吉林、福建、江西、湖北、湖南、广西、重庆、四川、云南、甘肃、青海、新疆等 14 个省份超过 1.0。其中,青海最高达 6.76。东北和西南地区生态承载系数普遍较高,多数处于 2.0 以上。这表明粮食主产区和林地资源丰富的地区具有较高的碳汇能力和相对较低的碳排放强度。北京、天津、山西、上海、宁夏等地生态承载系数低于 0.3,是引起不公平性的重要区域,表明以上地区自身较低的碳汇水平难以抵消产生的碳排放量,导致其他地区承担了与碳排放量不成比例的温室效应带来的生态环境影响。因此,上述地区应通过增加植被率、保护环境等方式增加碳汇,同时通过降低能源消费量和提高能源利用效率等手段减少碳排放量。

### (三)经济贡献系数计算与分析

经济贡献系数是从经济角度衡量区域间碳排放贡献的公平性,反映了区域的碳生产力。其中,$G_i$、$G$ 分别为各省域和全国的 GDP;$C_i$、$C$ 分别为各省域和全国的土地利用碳排放量。

$$ECC = \frac{\dfrac{G_i}{G}}{\dfrac{C_i}{C}} \tag{2-8}$$

若 ECC > 1,表示某一省域经济贡献率大于碳排放贡献率,说明其具有较高的经济效率和能源利用效率,碳生产力强;反之,若 ECC < 1,表明其碳生产力弱。

2016 年,我国省域经济贡献系数介于 0.15 ~ 4.24。北京的经济贡献系数最高,达 4.24;山西最低,为 0.15。表明各地的经济贡献率和碳排放贡献率处于一个不平衡的状态,空间分布差异明显。总体的空间特征是京津地区、长三角和两湖两广地区的经济贡献系数较高,表明以上区域经济发展效率与能源利用效率较高,碳生产力较强。河北、山西、内蒙古、辽宁、黑龙江、贵州、陕西、甘肃、宁夏、新疆均低于 0.7,其中多数为西部和东北地区省份,是引起不公平性的重要区域。以上区域经济发展效率与能源利用效率较低,产生一定比例碳排放的结果是并未收获与碳排放量相匹配的地区生产总值。这些地区亟待优化产业结构,提高能源利用效率,在降低能源消耗量的同时推动经济的发展。

### (四)ECC 和 ESC 分类结果分析

根据 2016 年经济贡献系数和生态承载系数,划分成不同的评价矩阵,见表 2-11。

表 2-11　经济贡献系数和生态承载系数分类结果

| 评价系数 | ESC > 1 | ESC < 1 |
|---|---|---|
| ECC > 1 | 吉、闽、赣、湘、鄂、桂、渝、川、滇 | 京、津、沪、苏、浙、豫、粤、琼 |
| ECC < 1 | 内蒙古、黑、甘、青、新 | 冀、晋、辽、皖、鲁、陕、宁、贵 |

注:西藏数据不可获取,未计入此表统计。

通过表 2 – 11 可知,ECC > 1 和 ESC > 1 的地区占研究区的 30%,吉林、福建、江西、湖南、湖北、广西、重庆、四川、云南等地经济发展水平一般,与其他省份相比,这些省份既具有相对较高的经济发展效率,同时碳生态容量也较高。

ECC > 1 和 ESC < 1 的地区有 8 个省份,占研究区的 26.67%,北京、天津、上海、江苏、浙江、广东等地经济发展程度较高,碳排放的经济贡献系数较高,经济发达。其生态承载系数较低,从生态角度看,损害了其他地区的利益。因此,这些省份应积极推动清洁能源的使用工作,减少能源消费量,并加强对耕地、林地和草地的保护,增加碳汇储量。

ECC < 1 和 ESC > 1 的地区有 5 个省份。内蒙古、黑龙江、甘肃、青海、新疆等地经济发展相对落后,经济贡献系数低,但其生态承载系数较高。农作物种植面积较广或者林地和草地资源丰富,碳吸收量较高。从生态角度来看,对其他地区有贡献。因此,这些地区在保护环境的同时,需要调整能源消费结构,提高能源利用效率,促进经济发展。

其他省份是“两低”区域,这些省份生态承载系数和经济贡献系数都较低,碳排放比例同时超过碳汇和 GDP 比例,是导致碳排放不公平的重要地区。从经济发展和生态角度出发,这些地区都损害了其他地区的利益。因此这些地区应从“减排”“增汇”全面着手,在提高碳汇储量的同时,积极调整产业结构,降低第二产业的同时增加第三产业的所占比重,推进节能降耗工作,优化能源生产和用能结构,特别是河北、山西和辽宁等重工业发达省份需要逐渐摆脱“高投入、高消耗、高排放”的窠臼。

## 三、土地利用碳平衡分区分析

从区域碳收支平衡及地区发展的角度,借鉴前人对碳平衡分区的内容,通过碳补偿率、土地利用碳排放总量、土地利用碳排放强度等概念,将研究区划分为 5 类,即土地利用碳收支平衡区、土地利用碳汇功能区、土地利用碳强度控制区、土地利用碳总量控制区、土地利用低碳优化区,见表 2 – 12。其中,碳补偿率是指碳吸收与碳排放的比值。

表 2 - 12　土地利用碳平衡分区

| 碳平衡分区 | 分区依据 | 省份 |
|---|---|---|
| 土地利用碳收支平衡区 | 碳补偿率在 80% ~120% 的区域 | 黑、吉、赣 |
| 土地利用碳汇功能区 | 碳补偿率大于 120% 的区域 | 桂、青、川、滇 |
| 土地利用碳强度控制区 | 单位 GDP 碳排放大于 0.8t/万元的区域 | 内蒙古、辽、晋、冀、贵、陕、甘、宁、新 |
| 土地利用碳总量控制区 | 除以上区域外的其他省份中,碳排放总量大于 1 亿 t 的区域 | 苏、浙、皖、鲁、豫、鄂、粤 |
| 土地利用低碳优化区 | 碳补偿率小于 80%,碳排放强度小于 0.8t/万元,碳排放总量小于 1 亿 t 的区域 | 京、津、沪、闽、湘、琼、渝 |

注:西藏数据不可获取,未计入此表统计。

　　土地利用碳收支平衡区包括黑龙江、吉林、江西等地,这些地区的碳吸收能够补偿或基本能够补偿区域人类活动的碳排放,碳汇功能较强。

　　土地利用碳汇功能区主要包括广西、青海、四川、云南,特别是青海的碳补偿率达到 2.9,居全国首位。上述地区与碳吸收总量丰富的地区基本一致,这些地区在保持较高碳吸收总量的同时,碳排放总量也较低,因此在以后的发展中也应尽量维持区域的碳平衡。

　　土地利用碳强度控制区集中分布在环河北地区,包括内蒙古、辽宁、山西等地,这些地区重工业较为发达,煤炭和石油的大量消耗导致碳排放量过高,其中山西碳排放强度最高,达 3.61,亟待优化能源结构;以及西部部分经济落后省份,能源结构不合理,经济的增长以消耗大量能源为代价,因此碳强度控制区应提高能源利用效率,优化能源利用结构,逐渐降低单位 GDP 的碳排放强度。

　　土地利用碳总量控制区主要包括江苏、浙江、安徽、山东、河南、湖北、广东,这些地区工业较为发达,能源消费量和碳排放总量较高,因此应控制碳排放总量。

　　土地利用低碳优化区主要包括北京、天津、上海、福建、湖南、海南、重庆等地,本区域碳排放总量不大,且碳排放强度和碳补偿率均较低,虽然碳汇水平不高,但碳排放压力也相对较低。

# 第五节　土地利用碳排放影响因素空间差异分析

通过第三节的研究发现,不同省域碳排放量存在明显的差异。在全球气候变暖的背景下,如何协调土地开发利用与减少土地利用碳排放量二者之间的关系,需要进一步探讨土地利用碳排放的影响机制,分析其影响因素。考虑到各省域之间的环境是相互影响、相互制约的,本节通过主成分分析法确定主要影响因素,运用地理加权回归模型分析主要驱动因子对碳排放影响程度的时空变化规律。

## 一、社会经济驱动因素评价

### (一)主成分分析过程

影响土地利用碳排放因素较为复杂,包括地形、温度、气候、土壤等自然因素和经济发展水平、人口等社会经济因素。本节研究的时间尺度较短,自然环境因素对土地利用碳排放的影响力较弱,而社会、经济和技术等因素则成为最主要的因素。因此利用主成分分析法在众多因素中提取出与土地利用碳排放相关性较强的影响因素,重点研究这些因素对中国省域土地利用碳排放的影响机制。

在本节分析中,因变量是土地利用碳排放量,对于自变量的选取秉持以下原则:①影响因子的可获取性;②与土地利用碳排放有较大的相关性。根据上述原则,选取了影响我国省域土地利用碳排放量变化的相关因子,见表 2 – 13。

表 2 – 13　影响我国省域土地利用碳排放量变化的相关因子

| 指标 | 符号 | 影响因子名称 | 影响因子定义 |
|------|------|------|------|
| $X_1$ | ES | 能源结构 | 煤炭消费占能源消费比重 |
| $X_2$ | IS | 产业结构 | 第二产业产值占 GDP 比重 |
| $X_3$ | IT | 国际贸易 | 进出口差额(亿元) |
| $X_4$ | EI | 能源强度 | 能源消费量与地区生产总值的比值 |

续表 2 – 13

| 指标 | 符号 | 影响因子名称 | 影响因子定义 |
|---|---|---|---|
| $X_5$ | PGDP | 经济发展水平 | 人均 GDP(万元) |
| $X_6$ | FDI | 外商直接投资 | 外商直接投资额(亿美元) |
| $X_7$ | CL | 耕地面积 | 耕地面积占土地面积比例 |
| $X_8$ | POP | 人口规模 | 人口总数(万人) |

通过对原始数据进行标准化处理,消除不同量纲对研究结果的偏差,处理后的数据见表 2 – 14。

表 2 – 14　土地利用碳排放驱动因子指标标准化数据

| 指标 | $ZX_1$ | $ZX_2$ | $ZX_3$ | $ZX_4$ | $ZX_5$ | $ZX_6$ | $ZX_7$ | $ZX_8$ |
|---|---|---|---|---|---|---|---|---|
| 2003 | − 0.814 1 | 1.547 4 | − 1.411 1 | 1.527 0 | − 1.368 0 | − 1.283 6 | − 0.929 2 | − 1.382 6 |
| 2004 | − 0.910 4 | 0.399 3 | − 1.354 2 | 1.364 5 | − 1.232 5 | − 1.340 2 | − 1.072 0 | − 1.130 7 |
| 2005 | − 0.107 3 | 0.154 6 | − 0.788 9 | 1.231 8 | − 1.072 9 | − 1.223 6 | − 1.126 7 | − 1.259 1 |
| 2006 | 0.278 4 | 0.004 0 | − 0.210 0 | 0.977 2 | − 0.914 5 | − 0.981 2 | − 1.173 2 | − 0.981 0 |
| 2007 | 0.608 6 | 0.079 3 | 0.388 6 | 0.609 7 | − 0.692 7 | − 0.659 7 | − 1.179 3 | − 0.717 5 |
| 2008 | 0.595 5 | − 0.203 0 | 0.448 5 | 0.175 8 | − 0.443 5 | − 0.376 0 | − 1.182 3 | − 0.401 7 |
| 2009 | 0.279 0 | 0.493 4 | − 0.290 1 | 0.055 6 | − 0.301 9 | − 0.241 9 | 0.868 4 | − 0.095 9 |
| 2010 | − 0.439 3 | 1.453 3 | − 0.397 8 | − 0.240 2 | 0.028 7 | 0.110 3 | 0.850 9 | 0.189 5 |
| 2011 | 0.617 0 | 0.436 9 | − 0.620 1 | − 0.517 9 | 0.420 0 | 0.598 7 | 0.846 4 | 0.388 5 |
| 2012 | 0.207 7 | 0.041 7 | − 0.176 5 | − 0.658 2 | 0.666 9 | 0.958 3 | 0.834 4 | 0.614 2 |
| 2013 | 0.946 1 | − 0.221 8 | − 0.024 4 | − 0.981 6 | 0.924 0 | 1.141 7 | 0.835 2 | 0.834 2 |
| 2014 | − 0.086 0 | − 0.353 6 | 0.711 2 | − 1.087 4 | 1.141 9 | 1.364 9 | 0.819 1 | 1.054 5 |
| 2015 | 1.462 6 | − 1.520 5 | 2.029 5 | − 1.169 1 | 1.300 8 | 1.228 9 | 0.810 2 | 1.308 1 |
| 2016 | − 2.637 8 | − 2.311 0 | 1.694 8 | − 1.287 2 | 1.543 6 | 0.703 8 | 0.798 2 | 1.579 3 |

根据标准化数据求取相关系数矩阵,相关系数矩阵能够检验选取的影响因子之间相关系数的显著水平,高值代表相关性较强。由表 2 – 15 可知,8 个指标中,$X_4$ 和 $X_5$、$X_4$ 和 $X_6$、$X_4$ 和 $X_8$、$X_5$ 和 $X_8$ 之间的相关系数都在 0.973 以上,表明选取的因子存在着信息重叠。因此,有必要进行主成分分析。

表 2 - 15　驱动因子变量相关系数矩阵

|  | $ZX_1$ | $ZX_2$ | $ZX_3$ | $ZX_4$ | $ZX_5$ | $ZX_6$ | $ZX_7$ | $ZX_8$ |
|---|---|---|---|---|---|---|---|---|
| $ZX_1$ | 1.000 | 0.135 | 0.077 | -0.104 | 0.024 | 0.220 | 0.036 | 0.003 |
| $ZX_2$ |  | 1.000 | -0.858 | 0.607 | -0.676 | -0.506 | -0.260 | -0.657 |
| $ZX_3$ |  |  | 1.000 | -0.742 | 0.763 | 0.653 | 0.401 | 0.761 |
| $ZX_4$ |  |  |  | 1.000 | -0.986 | -0.973 | -0.859 | -0.989 |
| $ZX_5$ |  |  |  |  | 1.000 | 0.962 | 0.837 | 0.995 |
| $ZX_6$ |  |  |  |  |  | 1.000 | 0.862 | 0.953 |
| $ZX_7$ |  |  |  |  |  |  | 1.000 | 0.861 |
| $ZX_8$ |  |  |  |  |  |  |  | 1.000 |

由表 2 - 16 可以看出,第一主成分的贡献率为 71.183%,第一、二主成分的累计贡献率已达到 85.897%。根据 Kaiser 准则,第一、二主成分已符合要求,能够充分体现土地利用碳排放量变化趋势的综合状况,因此确定保留两个主成分。

表 2 - 16　驱动因子特征值和主成分贡献率

| 成分 | 初始特征值 | | | 提取平方和载入 | | |
|---|---|---|---|---|---|---|
|  | 合计 | 方差的% | 累计% | 合计 | 方差的% | 累计% |
| 1 | 5.695 | 71.183 | 71.183 | 5.695 | 71.183 | 71.183 |
| 2 | 1.177 | 14.715 | 85.897 | 1.177 | 14.715 | 14.715 |
| 3 | 0.925 | 11.567 | 97.464 |  |  |  |
| 4 | 0.110 | 1.372 | 98.837 |  |  |  |
| 5 | 0.077 | 0.964 | 99.801 |  |  |  |
| 6 | 0.011 | 0.142 | 99.942 |  |  |  |
| 7 | 0.003 | 0.034 | 99.976 |  |  |  |
| 8 | 0.002 | 0.024 | 100.000 |  |  |  |

主成分载荷矩阵见表 2 - 17,通过表 2 - 16 和表 2 - 17 可知,第一主成分的贡献率为 71.183%,反映的信息较为全面,主要与能源强度($X_4$)、经济发展水

平($X_5$)、外商直接投资($X_6$)和人口规模($X_8$)有较大的相关性,该成分主要反映了经济发展水平、人口规模、能源强度、外商直接投资对碳排放量的影响。第二主成分的贡献率为14.715%,主要与能源结构($X_1$)有较大的相关性,反映了能源结构对碳排放量变化的影响。

表 2－17　主成分载荷矩阵

| 指标 | 成分1 | 成分2 |
|---|---|---|
| Z-Score($X_1$) | 0.072 | 0.741 |
| Z-Score($X_2$) | － 0.704 | 0.579 |
| Z-Score($X_3$) | 0.811 | － 0.332 |
| Z-Score($X_4$) | － 0.987 | － 0.103 |
| Z-Score($X_5$) | 0.994 | 0.003 |
| Z-Score($X_6$) | 0.953 | 0.254 |
| Z-Score($X_7$) | 0.824 | 0.329 |
| Z-Score($X_8$) | 0.993 | 0.005 |

## (二)驱动因素影响作用的综合得分

通过将表 2－18 中因子得分矩阵的主成分系数与表 2－14 中的标准化数据相乘,计算主成分分数。

表 2－18　因子得分矩阵

| 指标 | 成分1 | 成分2 |
|---|---|---|
| Z-Score($X_1$) | 0.013 | 0.629 |
| Z-Score($X_2$) | － 0.124 | 0.491 |
| Z-Score($X_3$) | 0.142 | － 0.282 |
| Z-Score($X_4$) | － 0.173 | － 0.087 |
| Z-Score($X_5$) | 0.174 | 0.003 |
| Z-Score($X_6$) | 0.167 | 0.216 |
| Z-Score($X_7$) | 0.145 | 0.279 |
| Z-Score($X_8$) | 0.174 | 0.004 |

计算过程为

$$F_1 = 0.013ZX_1 - 0.124ZX_2 + 0.142ZX_3 - 0.173ZX_4 + 0.174ZX_5 +$$
$$0.167ZX_6 + 0.145ZX_7 + 0.174ZX_8 \tag{2-9}$$

$$F_2 = 0.625ZX_1 + 0.491ZX_2 - 0.282ZX_3 - 0.087ZX_4 + 0.003ZX_5 +$$
$$0.216ZX_6 + 0.279ZX_7 + 0.004ZX_8 \tag{2-10}$$

根据公式(2-9)(2-10),得到两个主成分 2003—2016 年的分数值,见表 2-19。

表 2-19　2003—2016 年主成分分数值

| 年份 | $F_1$ | $F_2$ | 年份 | $F_1$ | $F_2$ |
|------|-------|-------|------|-------|-------|
| 2003 | -1.495 | -0.033 | 2010 | -0.021 | 0.832 |
| 2004 | -1.280 | -0.710 | 2011 | 0.319 | 1.191 |
| 2005 | -1.119 | -0.463 | 2012 | 0.590 | 0.702 |
| 2006 | -0.860 | -0.395 | 2013 | 0.824 | 1.064 |
| 2007 | -0.579 | -0.217 | 2014 | 1.061 | 0.197 |
| 2008 | -0.315 | -0.281 | 2015 | 1.475 | 0.203 |
| 2009 | -0.092 | 0.683 | 2016 | 1.492 | -2.774 |

将各因子所对应的贡献率作为权重进行加权平均求和,得到社会经济驱动因素影响作用的综合得分,计算过程为

$$F = \frac{\lambda_1 F_1}{\lambda_1 + \lambda_2} + \frac{\lambda_2 F_2}{\lambda_1 + \lambda_2} = \frac{71.183}{85.897}F_1 + \frac{14.715}{85.897}F_2 \tag{2-11}$$

由上述公式计算出 2003—2016 年土地利用碳排放社会经济驱动因素的综合分值。从图 2-6 可以看出,研究期间影响土地利用碳排放量变化的社会经济因素综合得分总体呈现平稳增长的趋势,2016 年稍有下降。2009 年作为时间节点,前面节点均为负值,之后均为正值。这说明了土地利用碳排放量的变化受到社会经济因素影响的作用正在逐渐增强。

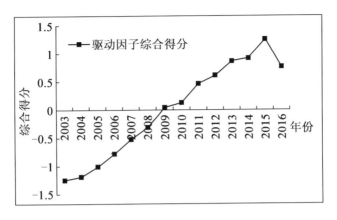

图2-6  驱动因子综合得分趋势

## 二、GWR 模型的构建、运行与检验

### (一)土地利用碳排放量的空间自相关检验

运用 GWR 模型之前需要进行空间自相关检验。基于 ArcGIS 软件的空间分析功能,计算我国省域2003—2016 年碳排放全局 Moran's I。因为海南地理位置特殊,构建空间权重关系时选择仅有边界相邻,通过修改属性表的方式强制设置海南、广东与广西互为邻居。

从表2-20 可知,14 年间全局 Moran's I 均大于 0 且全部年份通过了 $P < 0.05$ 水平的显著性检验,表明我国省域土地利用碳排放在空间分布上并非呈现完全随机状态,而是具有显著的空间集聚特征。2003 年以来,我国省域土地利用碳排放的空间正相关大致经历了先波动上升后小幅下降的两个阶段。在 2003—2011 年,全局 Moran's I 由 2003 年的 0.255 9 上升到 2011 年的 0.325 5,表明省域碳排放空间集聚特性在不断增强。2012—2016 全局 Moran's I 呈波动下降趋势,表明我国省域碳排放量的空间集聚效应整体在减弱,这意味着在全国的碳减排过程中各个省域的碳排放量总体空间差异在不断缩小,为利用 GWR 模型解释省域层面碳排放量的影响因素提供了可能。

67

表 2 - 20　我国省域土地利用碳排放量全局 Moran's I

| 年份 | Moran's I | Z 值 | 年份 | Moran's I | Z 值 |
|------|-----------|------|------|-----------|------|
| 2003 | 0.255 9 | 2.462 1 | 2010 | 0.318 2 | 2.994 4 |
| 2004 | 0.293 2 | 2.755 4 | 2011 | 0.325 5 | 3.027 3 |
| 2005 | 0.318 1 | 2.996 7 | 2012 | 0.322 4 | 3.008 7 |
| 2006 | 0.316 7 | 2.987 7 | 2013 | 0.291 7 | 2.899 2 |
| 2007 | 0.311 9 | 2.948 9 | 2014 | 0.277 1 | 2.789 5 |
| 2008 | 0.325 3 | 3.057 9 | 2015 | 0.280 4 | 2.780 0 |
| 2009 | 0.319 1 | 3.012 2 | 2016 | 0.269 8 | 2.663 7 |

由主成分分析可知,2003—2016 年研究区土地利用碳排放量社会经济因素的影响作用在逐步增强,由表 2 - 17 可以看出,各驱动因子都对土地利用碳排放量的变化造成了一定影响,其中,经济发展、外商直接投资、人口总数、能源强度、能源结构是造成土地利用碳排放量变化的主要驱动因素。为了分析上述驱动因子对土地利用碳排放量影响的时空变化规律,下面采用地理加权回归(GWR)模型探究主要驱动因子对土地利用碳排放量的影响程度。

**(二)GWR 模型公式和模型计算**

综合主成分分析结果、相关性矩阵和主成分定性分析结果,以土地利用碳排放量(Y)为因变量,选择人均地区生产总值(PGDP)、外商直接投资(FDI)、人口总数(POP)、能源强度(EI)、能源结构(IS)5 个代表性指标作为解释变量进行 GWR 模型分析。其中外商直接投资对碳排放量的影响目前有两种观点:第一种是外商直接投资会导致"污染避难所",推动发达国家将高污染高排放企业迁移到发展中国家,增加我国的碳排放量。第二种观点是外商直接投资的增加会提升技术水平,有利于提高我国的能源效率,进而降低碳排放量。因此,外商直接投资是影响土地利用碳排放的重要影响因素。

建立 GWR 模型为

$$y_i = \beta_0(u_i, v_i) + \beta_1(u_i, v_i)(\text{PGDP}) + \beta_2(u_i, v_i)(\text{FDI}) + \beta_3(u_i, v_i)(\text{POP}) +$$
$$\beta_4(u_i, v_i)(\text{EI}) + \beta_5(u_i, v_i)(\text{IS}) + \varepsilon_i \tag{2-12}$$

其中,$y_i$ 是因变量;$\beta_i$ 为随着局部$(u_i, v_i)$位置变化而变化的回归系数;$\varepsilon_i$ 是

第 $i$ 个区域的随机误差。GWR 模型选择固定型空间核函数,按照 AIC 法确定最优带宽。

### (三) 多重共线性检验

在 GWR 模型分析之前,应对驱动因子做多重共线性分析,以防止由于变量间相关性较强导致的信息重叠现象。在 SPSS 软件支持下,采用相关系数检验法,计算出所选取的 5 个主导因子分别在 2003 年、2007 年、2011 年和 2016 年的相关系数,见表 2 – 21,检验驱动因素之间是否存在多重共线性问题。

表 2 – 21　主要驱动因子的相关系数

| 年份 | | PGDP | FDI | POP | EI | IS |
|---|---|---|---|---|---|---|
| 2003 | PGDP | 1 | | | | |
| | FDI | 0.437 | 1 | | | |
| | POP | − 0.193 | 0.449 | 1 | | |
| | EI | − 0.320 | − 0.339 | − 0.268 | 1 | |
| | IS | 0.156 | 0.393 | 0.303 | 0.276 | 1 |
| 2007 | PGDP | 1 | | | | |
| | FDI | 0.548 | 1 | | | |
| | POP | − 0.110 | 0.510 | 1 | | |
| | EI | − 0.459 | − 0.487 | − 0.359 | 1 | |
| | IS | − 0.017 | 0.297 | 0.261 | 0.235 | 1 |
| 2011 | PGDP | 1 | | | | |
| | FDI | 0.555 | | | | |
| | POP | − 0.097 | 0.507 | 1 | | |
| | EI | − 0.436 | − 0.451 | − 0.350 | 1 | |
| | IS | − 0.239 | − 0.243 | 0.275 | 0.336 | 1 |
| 2016 | PGDP | 1 | | | | |
| | FDI | 0.656 | 1 | | | |
| | POP | − 0.062 | 0.577 | 1 | | |
| | EI | − 0.313 | − 0.449 | − 0.269 | 1 | |
| | IS | − 0.179 | 0.064 | 0.313 | 0.041 | 1 |

若相关分析结果中相关系数高于 0.8,则代表变量间具有较强的相关关系。从表 2 - 21 可以看出,所选因素之间不存在多重共线性的问题,因此可以运用 GWR 模型进行分析。

**(四)拟合优度检验**

通过 ArcGIS 软件对 30 个省级行政区数据进行地理加权回归分析,整体回归结果见表 2 - 22。从结果可以看出,GWR 模型分别能解释 2003 年、2007 年、2011 年和 2016 年因变量的 65% 、65% 、71% 、61% 。同时对模型的残差进行空间自相关检验以保证回归残差在空间上随机分布。表 2 - 23 是模型空间自相关检验的结果,能够发现模型基本不存在空间自相关性。

表 2 - 22　GWR 模型拟合结果

| 指标 | 2003 | 2007 | 2011 | 2016 |
| --- | --- | --- | --- | --- |
| 带宽(BW) | 35 493 062.67 | 1 913 420.66 | 1 944 462.33 | 2 810 687.38 |
| 残差平方和(RSS) | 0.528 1 | 0.397 1 | 0.372 7 | 0.801 1 |
| AICc 值 | - 16.935 1 | - 14.949 1 | - 17.164 0 | 0.436 0 |
| $R^2$ | 0.710 8 | 0.764 5 | 0.798 6 | 0.636 7 |
| 调整 $R^2$ | 0.650 3 | 0.654 6 | 0.705 7 | 0.614 4 |

表 2 - 23　GWR 模型残差的自相关检验

| 指标 | 2003 | 2007 | 2011 | 2016 |
| --- | --- | --- | --- | --- |
| 残差 Moran's I | 0.026 8 | 0.131 5 | 0.088 5 | - 0.024 5 |
| 残差 Z 值 | 0.513 4 | 1.399 4 | 1.025 4 | 0.089 1 |
| 残差 P 值 | 0.607 7 | 0.161 7 | 0.305 2 | 0.929 0 |

## 三、各影响因素对土地利用碳排放影响的空间差异变化分析

通过 GWR 模型所得到的各驱动因子回归系数在一定程度上能够反映对土地利用碳排放量的影响程度,回归系数的差异反映了其对土地利用碳排放影响的空间差异性。

**（一）人均 GDP 对土地利用碳排放影响的空间差异变化分析**

通过对 2003 年、2007 年、2011 年、2016 年 GWR 模型中人均 GDP 回归系数空间分布变化分析，选取的 4 个年份回归系数均为正数，取值范围变动不大，说明人均 GDP 对碳排放量的增加起到提升作用。2003 年人均 GDP 对土地利用碳排放量的增长有带动作用，新疆、云南、广西、海南等地正效应最强，低值聚集在东北三省。回归系数值从西南方向往东北方向逐渐减弱。回归系数基本呈现条带状分布。2007 年高值聚集出现在内蒙古和京津冀地区，低值地区范围不变。从空间分布来看，人均 GDP 对碳排放量影响程度由南向北依次增强。2011 年人均 GDP 较 2007 年有一定变化，其系数变异范围扩大，介于 0.329 05 ~ 0.585 57，高值区域转变为西北地区，低值区域集中在东南沿海地区。影响程度从东南向西北方向逐渐增强。2016 年人均 GDP 的影响程度由南向北逐渐增强，在东北三省、内蒙古和新疆等地作用显著。主要原因是东北三省以第二产业为主，属于"高污染，高排放，高能耗"的经济发展模式，经济增长的同时必然带来大量的碳排放量。低值聚集在云南和两广地区，与之前的研究时间点相比，人均 GDP 在 2016 年对碳排放量的影响程度达到最大。

综上所述，所有地区的人均 GDP 回归系数在研究时间点均为正值，2003 年和 2007 年影响程度较低，2011 年和 2016 年影响程度明显增强。这是由于人均 GDP 和土地利用碳排放随着时间的推移都不断增长，经济发展速度快于土地利用碳排放量的增长速度，因此对碳排放量起到提升作用。从空间维度看，2003 年和 2007 年人均 GDP 影响程度的空间结构变化较大。2003 年回归系数变化范围较小，影响程度由东北向西南方向增强；2007 年由南向北逐渐增强；2011 年由东南方向往西北方向逐渐增强；2016 年再次转变为由南向北逐渐增强的趋势。2003—2016 年，低值区由东北三省转变为云南、广东、广西、海南等地，影响程度大的聚集区由云南、广西、海南转变为新疆、内蒙古和东北三省等地。

代表经济发展水平的人均 GDP 指标说明，在实施西部大开发和振兴东北老工业基地政策以来，新疆、内蒙古和东北三省这些地区作为重点发展省份，经济增长迅速，人均 GDP 也快速增长，对碳排放量发挥了提升作用。

**（二）外商直接投资对土地利用碳排放影响的空间差异变化分析**

外商直接投资的回归系数呈现出先起正效应后起负效应的趋势变化。

2003 年,外商直接投资均为正值,变异范围较小,高值聚集在新疆、甘肃、青海等地,低值位于广东、福建、江西、浙江等地,由东南向西北方向逐渐增强。2007 年低值聚集区主要包括华东地区的大部分省份,并向西北方向转移,高值聚集区维持稳定。2011 年外商直接投资变量的系数均为负值,呈现明显的负相关性,表明外商直接投资的增长对碳排放量的增长具有抑制作用。新疆的外商直接投资对于土地利用碳排放量的敏感程度较高,由 2007 年的 1.25 亿元增长至 3.35 亿元,年均增长 38.4%,外商直接投资的迅速增长带动了碳排放量的迅速增加。低值聚集在东北三省。2016 年外商直接投资变量的系数均为负值,并且系数变异范围扩大,东北三省和内蒙古对于土地利用碳排放量的敏感程度最高,对碳排放量的抑制作用明显加强。其中辽宁外商直接投资由 2011 年 242.67 亿元降至 2016 年的 30 亿元,外商直接投资的减少降低了碳排放量。

综合来看,外商直接投资变量的系数空间分布呈现出先起正效应后起负效应的趋势变化,2003 年和 2007 年外商直接投资对于碳排放量起到带动作用,2011 年和 2016 年则发挥抑制作用。主要原因是,在研究初期,外商直接投资多为发达国家的高污染、高耗能且技术含量较低的行业,在带来经济增长的同时导致更多的碳排放量。随着我国推动节能减排工作的展开,加大力度发展低碳经济,在利用外资时会加大力度引进先进技术和装备,促进污染较低的新兴产业发展。并且这些行业会对本土的高污染、高耗能、高排放行业起到一定的"示范"作用,带动其改进技术,降低碳排放量,另外也在一定程度上直接代替了本土相对落后且高污染行业的产品,最终这种"挤出"作用和示范作用之和都能够减少碳排放量,当这种减少效应高于其所带来的增加效应时,外商直接投资对碳排放量就起到了抑制作用。外商直接投资的影响程度在 2003 年、2007 年和 2011 年空间结构变化较小,基本呈现由东向西逐渐增强的趋势;2016 年外商直接投资对土地利用碳排放的影响程度转变为由南向北逐渐增强的趋势。

**(三)人口总数对土地利用碳排放影响的空间差异变化分析**

4 个年份人口总数回归系数在空间分布上均呈现正相关性且数值较高,表明人口因素是土地利用碳排放量增加的最主要因素。人口总数在不同省份对土地利用碳排放量的影响程度不同,空间变化存在明显的差异,影响程度由南向北逐渐增强。2003 年的系数变异范围小,全国各地区的人口因素对土地利用碳排放具有正效应,即说明人口的增长对碳排放量起到一定的带动作用,增加了碳减排的压力。高值聚集在东北三省,表明东北三省对人口变量的敏感度较大;低值位于云南、广西、海南一带。2007年高值聚集范围不变,低值地区增加了贵州,变异范围扩大。2011年低值地区聚集在云南、广西、广东、海南等地,高值区域聚集在东北三省、京津冀地区、新疆、内蒙古等地。2016年高值聚集在东北三省和内蒙古等地。

综上所述,所有地区的人口总数回归系数在选取的研究时间点均为正值,说明所有地区的人口因素对土地利用碳排放具有正效应,即人口的增长会对土地利用碳排放量的增长有带动作用,并且人口总数对土地利用碳排放量的影响程度在2003—2016年有增大的趋势。从空间维度来看,2003—2016年,人口总数影响程度在空间结构上变化较小,影响程度基本呈现由南向北逐渐增强,低值区由云南、广西、海南等扩大为云南、广西、广东、海南、贵州等地。影响程度大的聚集区由东北三省转变为内蒙古和东北三省等地。

**(四)能源强度对土地利用碳排放影响的空间差异变化分析**

能源强度是指单位GDP的能源消耗强度,这一指标反映的是技术水平对碳排放量的影响。研究期间能源强度均呈现正相关性,因此能源强度对于碳排放量的增加起到提升作用。2003年系数变异范围较小,对碳排放量的影响程度由东向西逐渐增强。2007年影响程度较2003年有所降低,高值依旧聚集在东北地区,低值区域聚集在新疆、青海、四川、云南、海南等省份,呈现明显的阶梯状分布。2011年能源强度对碳排放量的影响程度在所有地区较2007年有所加强。2016年影响程度有所减弱,东北三省和浙江等地对土地利用碳排放量的敏感度较高,这些省份能源强度下降速度较快,但其下降速度远不及碳排放的增长速度,因此碳排放总量持续增加。

综上所述,所有地区的能源强度回归系数在选取的数值中均为正值,说明代表技术进步的指标能源强度对土地利用碳排放具有正效应,即能源强度会对土地利用碳排放量增加起到推动作用。从空间维度来看,2003—2016年,能源强度的影响程度在空间结构上变化较小,影响程度基本呈现由西向东逐渐增强,低值区由新疆、青海、云南、四川等扩大为新疆、青海、云南、四川、甘肃等地。影响程度大的聚集区主要包括东北三省,表明东北三省对碳排放量的增加发挥了积极作用。因此,东北三省作为推进节能减排工作的重要区域,应提高能源利用效率,降低能源消耗强度,引进先进的科学技术,淘汰落后产能,促进绿色发展。

### (五)能源结构对土地利用碳排放影响的空间差异变化分析

观察 2003 年、2007 年、2011 年、2016 年 GWR 模型中能源结构回归系数空间分布变化,4 个年份能源结构回归系数在空间分布上有正值有负值,呈现先起到负效应后发挥正效应的趋势变化。煤炭消费量在能源消费总量中的比重代表能源结构,因此煤炭消费量的增加导致碳排放量增加。

2003 年,能源结构回归系数均为负值,变异范围较小,东北三省是对土地利用碳排放量敏感度较高的地区,这是由于随着振兴东北老工业基地战略的实施,东北三省加快发展重工业步伐,消耗大量能源,以煤炭消耗为主导的能源结构增加了碳排放量。2007 年能源结构的系数均为正值,但系数值较低,表明能源结构对碳排放量的影响程度较低且影响程度由南向北逐渐增强。2011 年能源结构系数扩大,且对土地利用碳排放的影响程度加深,高值区域聚集在新疆、青海、宁夏、甘肃、内蒙古等西北地区。2016 年系数变异范围为 0.351 67 ~ 0.603 71,高值聚集区基本维持稳定,低值聚集区包括东南沿海主要省份,表明各地区的能源结构对碳排放量的影响差异较大。主要原因是西北地区能源资源丰富,但工业基础较沿海发达地区薄弱,能源利用效率低下,技术较为落后,产生相同 GDP 所消耗的能源数量高于东部经济发达地区,因此能源结构对碳排放量的影响程度基本呈现由西北向东南方向逐渐减弱的态势。

综上所述,所有省份的能源结构回归系数在 2003 年均为负值,其余年份均为正值,表明能源结构随着时间推移对碳排放量的增加起到提升作用。从空间维度看,2007—2016 年,能源结构对碳排放的影响程度在空间结构上变化较小,影响程度基本呈现由西北向东南方向逐渐减弱的趋势。

# 第六节　低碳化土地利用策略研究

为了实现经济、社会与环境的共赢,推动节能减排,积极践行低碳减排的发展路径,本节主要从碳减排、碳增汇和碳补偿等角度提出减碳对策和建议。

## 一、优化能源供给结构,提高能源利用效率

目前能源结构中煤炭占比超过 70% ,在一定时间内,煤炭作为我国主体能源的地位难以改变,重工业的发展多依赖污染性能源。因此我国应实施能源消费总量和强度双控制,减少煤炭和石油等传统能源的消费量,提升煤炭和石油的利用效率。加强煤炭清洁高效利用,推广煤炭的清洁利用与转化技术,加快淘汰高耗能的落后设备,推进企业转型升级。将以煤炭为主的污染性能源结构转变为以可再生能源为主的消费结构,特别是山东、山西、河北、内蒙古、江苏、河南等碳排放量较高的区域。此外,北方省份冬季取暖多依赖于煤炭,应加快落实《北方地区冬季清洁取暖规划(2017—2021)》,通过利用天然气、电、地热、太阳能、工业余热等清洁能源的方式减少污染,减少碳排放。应有序推进"煤改气"工作,淘汰落后产能,着力推进能源结构调整战略,积极实施节能减排政策。

## 二、合理控制建设用地,推进土地集约节约利用

土地利用与碳排放关系紧密,建设用地承载了工业、建筑业、交通等行业,是能源消费和碳排放强度最高的土地利用类型。因此,减少碳排放首先应从土地利用方面着手,尽量抑制碳源性用地面积的扩张。要优化土地利用结构,对建设用地的总量进行控制,合理规划建设用地,减少低水平的重复性建设所造成的用地浪费现象,抑制建设用地过快增长。提高土地利用效率,实现节约化和集约化的土地利用方式(图 2-7)。

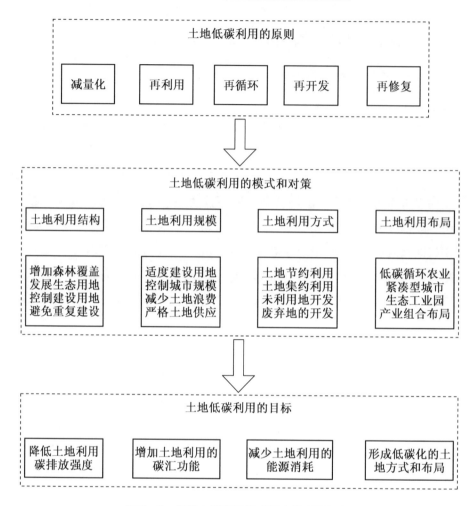

图2-7 低碳土地利用模式研究的理论框架

### 三、加强对耕地、林地和草地的保护,增加碳汇储量

林地固碳能力较强,碳汇量较低的省份可以植树造林,提高森林覆盖率,对森林严格执行限额采伐制度。同时加强对草地生态系统的保护与管理,建立健全耕地保护机制,严格控制非农建设占用永久基本农田。鼓励开发未利用地和闲置地,向林地、草地、耕地等土地利用类型转变。

### 四、通过多种方式实施碳补偿

第一,可以开展省域层面的碳排放权交易。国内 7 省市碳交易试点在稳步推进,纳入碳交易范围的主要是工业企业、大型公共建筑。随着国家统一碳市场建设的提速,我国即将迎来全面的碳约束时期,二氧化碳排放权已经成为具有金融价值的稀缺商品,未来碳交易有望成为一种重要的经济运行模式。第二,各省份成立专门的碳基金机构,主要负责碳补偿资金的统筹管理,可以由国家、企业、个人及社会组织等共同出资。第三,实施碳税。通过对使用高排放燃料的企业征税,企业为减少开支,会逐渐改用清洁能源,最终达到减少能源消费和碳排放量的双重目标。

# 第七节　本章小结

由于我国人口众多,能源消费量持续增加,土地利用结构和强度的变化对土地利用碳排放产生了巨大影响,导致我国面临着经济发展和节能减排的双重压力。因此,研究我国省域土地利用碳排放能够从整体上了解我国土地利用碳源/汇的格局,为促进我国节能减排、推动区域低碳经济发展提供参考依据。本章从时空角度探究我国省域土地利用碳排放格局变化,探讨碳排放公平性与碳补偿研究,剖析主要影响因素对土地利用碳排放影响程度的时空分布,得出以下结论。

### 一、土地利用碳排放总量呈现不断增加趋势

利用碳排放系数法计算 2003—2016 年土地利用碳排放和碳吸收的数据,发现研究期内碳排放总量除在 2015 年出现轻微下降现象,其余时间均呈现不断增加趋势。碳吸收总量呈现稳中有升的趋势,碳源/碳汇量的变化导致土地利用净碳排放量的变化趋势与碳排放总量一致。整体的地均碳排放强度和人均碳排放强度与碳排放量变化趋势相同,单位 GDP 的能源消耗强度和单位 GDP 的碳排放强度呈现下降态势。

## 二、分地区碳源/碳汇构成比例及时空分布具有差异性

从碳吸收情况来看,耕地碳吸收量逐年增加,林地碳吸收量缓慢增长,增幅较小,草地碳吸收量持续减少。研究期间碳吸收总量为 235.54 亿 t,其中林地碳吸收、耕地碳吸收、草地碳吸收对固碳总量的贡献率分别为 52.33%、38.10%、9.57%。从时间变化特征来看,多数省份碳吸收呈现波动上升趋势,少数省份呈现下降趋势。从空间维度看,碳汇资源差异明显,基本呈现西高东低的分布特征。碳汇量分为低水平类型、中低水平类型、中高水平类型、高水平类型 4 种,多数省份稳定保持所属的碳吸收类型。内蒙古、黑龙江、四川、云南等地的林地碳汇资源丰富,内蒙古、青海、新疆等地的草地碳汇资源较为丰富,广西、河南、黑龙江、山东等地的耕地碳汇资源丰富。研究期间内蒙古、黑龙江、四川、云南、广西、新疆等地碳汇资源丰富,上述地区碳吸收贡献率达 43.99%。从碳排放情况来看,2003—2014 年建设用地碳排放呈现不断增加的趋势,2015年出现轻微下降现象,2016 年达到最高值 40.06 亿 t;耕地碳排放持续呈现小幅增加的趋势;建设用地碳排放是碳排放总量的主要来源,煤炭和石油是建设用地碳排放的重要来源,天然气导致的碳排放比例在逐年增长;耕地碳排放量所占比例较低。从时间变化特征来看,多数省份碳排放呈现上升趋势。从空间维度来看,碳排放量空间差异显著,对碳排放量类型的划分变动较大,仅部分省份在研究期间能够稳定保持同一碳排放类型。研究期间山东、山西、河北、内蒙古、江苏和河南等地的建设用地碳排放总量较高,河南、山东、河北、江苏等地的农业碳排放总量较高。碳排放总量较高的省份是山东、山西。

## 三、碳排放分配不公平且碳补偿价值空间分布差异明显

净碳排放量有明显的区域差异,呈现西低东高的特点。研究期间稳定在碳汇区的省份有黑龙江、青海、四川、云南、广西,稳定在低碳排放区的为北京,稳定在一般碳排放区的是上海。其余省份均发生类型转变。通过碳排放基尼系数发现,2013—2016 年碳排放与碳吸收的区域分配差距正在扩大。2016 年的生态承载系数和经济贡献系数空间差异较为明显。北京、天津、山西、上海、宁夏等地生态承载系数低于 0.3,河北、山西、内蒙古、辽宁、黑龙江、贵州、陕西、甘

肃、宁夏、新疆等地经济贡献系数均低于 0.7，上述地区是引起不公平性的重要区域。由此可见，各省域碳排放分配不公平。进一步将研究区划分为土地利用碳收支平衡区、土地利用碳汇功能区、土地利用碳强度控制区、土地利用碳总量控制区、土地低碳优化区 5 类。将 2016 年净碳排放作为碳补偿基准值，发现碳补偿价值的分布极不均衡，广西、云南、青海、四川、黑龙江为生态盈余区域，其余地区均为生态赤字区。

## 四、碳排放主要影响因素的影响程度具有地区差异性

通过主成分分析和多重共线性检验，选取人均 GDP、外商直接投资、人口总数、能源强度、能源结构等作为影响土地利用碳排放的重要驱动因素。通过 GWR 模型进行实证研究，结果显示：各驱动因素对土地利用碳排放量的影响程度存在差异性，同一影响因素在不同省份也具有差异性。对于土地利用碳排放的影响程度最大的是人口总数，最小的是能源结构。人均 GDP、人口规模、能源强度均为正值，说明上述因素对于土地利用碳排放量起到推动作用。2003 年和 2007 年外商直接投资对碳排放量起到带动作用，2011 年和 2016 年发挥抑制作用。能源结构回归系数在 2003 年为负值，其余年份均为正值，表明能源结构随着时间推移对碳排放量的增加起到提升作用。从空间维度来看，2003—2007 年，人均 GDP 影响程度的空间结构变化较大，在 2016 年对碳排放量的影响程度达到最大。2016 年高值聚集在东北三省，因此东北三省在推动经济发展的同时应逐渐调整"高污染，高排放，高能耗"的经济发展模式，实现节能减排。其余影响因素对于土地利用碳排放的影响程度在空间结构变化较小，且每个影响因素的变化方向均不一致。外商直接投资对于土地利用碳排放的影响程度在 2003—2011 年基本呈现由东向西逐渐增强的趋势，2016 年转变为由南向北逐渐增强的趋势。2011 年和 2016 年外商直接投资发挥抑制作用，因此中国应大力引进先进技术和装备，发展污染较低的新兴产业，带动本土企业改进技术，达到经济发展和碳减排的双重目标。2003—2016 年，人口总数影响程度基本呈现由南向北逐渐增强的趋势。能源强度影响程度基本呈现由西向东逐渐增强的态势。影响程度大的聚集区主要包括东北三省，因此东北三省应提高能源利用效率，降低能源消耗强度。2007—2016 年，能源结构对碳排放的影响程度基本

呈现由西北向东南逐渐减弱的趋势。高值聚集区聚集在新疆、青海、宁夏、甘肃、内蒙古等西北地区,低值聚集区包括东南沿海主要省份。

# 参考文献

[1]    MALHI Y. The carbon balance of tropical forest regions, 1990 – 2005 [J].
       Environmental sustainability, 2010,2(4):237-244.

[2]    GOMENTAL T, PAOLETTI M G, PIMENTEL D. Energy and environmental
       issues in organic and conventional agriculture [J]. Critical reviews in plant
       sciences, 2008,27(4):239-254.

[3]    彭文甫,周介铭,徐新良,等. 基于土地利用变化的四川省碳排放与碳足
       迹效应及时空格局[J]. 生态学报, 2016,36(22):7244-7259.

[4]    王胜蓝,周宝同. 重庆市土地利用碳排放空间关联分析[J]. 西南师范大
       学学报(自然科学版),2017,42(4):94-101.

[5]    苑韶峰,唐奕钰.低碳视角下长江经济带土地利用碳排放的空间分异[J].
       经济地理,2019,39(2):190-198.

[6]    裴杰,王力,柴子为,等. 基于 RS 和 GIS 的深圳市土地利用/覆被变化
       及碳效应分析[J]. 水土保持研究, 2017,24(3):227-233.

[7]    李玉玲,李世平,祁静静. 陕西省土地利用碳排放影响因素及脱钩效应
       分析[J]. 水土保持研究, 2018,25(1):382-390.

[8]    王刚,张华兵,薛菲,等. 成都市县域土地利用碳收支与经济发展关系研
       究[J]. 自然资源学报, 2017,32(7):1170-1182.

[9]    唐洪松,马惠兰,苏洋,等.新疆不同土地利用类型的碳排放与碳吸收[J].
       干旱区研究,2016,33(3):486-492.

[10]   FONG W K, MATSUMOTO H, LUN Y F. Application of system dynamics
       model as decision making tool in urban planning process toward stabilizing
       carbon dioxide emissions from cities[J]. Building and environment, 2009,
       44(7):1528-1537.

[11]   CANTARELLO E, NEWTON A C, HILL R A. Potential effects of future

land-use change on regional carbon stocks in the UK[J]. Environmental science & policy, 2011,14(1):40-52.

[12]　刘慧灵,伍世代,韦素琼,等. 基于低碳经济导向的土地利用结构优化研究——以福建省福州市为例[J]. 水土保持通报, 2017,37(6):202-208.

[13]　吴萌,任立,陈银蓉. 城市土地利用碳排放系统动力学仿真研究——以武汉市为例[J]. 中国土地科学, 2017,31(2):29-39.

[14]　王慧敏,曾永年. 青海高原东部土地利用的低碳优化模拟——以海东市为例[J]. 地理研究, 2015,34(7):1270-1284.

[15]　赵荣钦,黄贤金,钟太洋,等.区域土地利用结构的碳效应评估及低碳优化[J].农业工程学报,2013,29(17):220-229.

[16]　余德贵,吴群.基于碳排放约束的土地利用结构优化模型研究及其应用[J].长江流域资源与环境,2011,20(8):911-917.

[17]　路昌,雷国平,周浩,等. 松嫩平原肇源县土地利用结构低碳优化研究[J]. 水土保持研究, 2016,23(5):310-315,321.

[18]　谢鸿宇,陈贤生,林凯荣. 基于碳循环的化石能源及电力生态足迹[J]. 生态学报, 2008,28(4):1729-1735.

[19]　赵荣钦,刘英. 区域碳收支核算的理论与实证研究[M]. 北京:科学出版社, 2015.

[20]　王修兰. 二氧化碳、气候变化与农业[M].北京:气象出版社, 1996.

[21]　李克让. 土地利用变化和温室气体净排放与陆地生态系统碳循环[M]. 北京:气象出版社, 2002.

[22]　方精云,郭兆迪,朴世龙,等. 1981—2000 年中国陆地植被碳汇的估算[J]. 中国科学 D 辑:地球科学,2007(6):804-812.

[23]　WEST T O, MARLAND G. A synthesis of carbon sequestration,carbon emissions,and net carbon flux in agriculture:Comparing tillage practices in the United States[J]. Agriculture, ecosystems & environment, 2002,91(1 − 3):217-232.

[24]　李颖,黄贤金,甄峰. 江苏省区域不同土地利用方式的碳排放效应分析

［J］. 农业工程学报，2008,24(9):102-107.

［25］ 赵先超，朱翔，周跃云. 湖南省不同土地利用方式的碳排放效应及时空格局分析［J］. 环境科学学报，2013,33(3):941-949.

［26］ 何建坤，刘滨. 作为温室气体排放衡量指标的碳排放强度分析［J］. 清华大学学报（自然科学版),2004,44(6):740-743.

［27］ 肖刚，杜德斌，李恒，等. 长江中游城市群城市创新差异的时空格局演变［J］. 长江资源流域与环境，2016,25(2):199-207.

［28］ 邢丽娜. 鄱阳湖生态经济区碳排放空间特征及其产业布局研究［D］. 南昌:南昌大学，2012.

［29］ 卢俊宇，黄贤金，戴靓，等.基于时空尺度的中国省级区域能源消费碳排放公平性分析［J］. 自然资源学报，2012,27(12):2006-2017.

［30］ 赵荣钦，张帅，黄贤金. 中原经济区县域碳收支空间分异及碳平衡分区［J］. 地理学报，2014,69(10):1425-1437.

［31］ 赵严. 基于 GWR 模型的洞庭湖生态经济区耕地数量时空变化及其驱动因素研究［D］. 湘潭:湖南科技大学，2016.

［32］ 郭沛，蒋庚华，张曙霄. 外商直接投资对中国碳排放量的影响——基于省际面板数据的实证研究［J］. 中央财经大学学报，2013(1):47-52.

［33］ 赵荣钦. 区域碳收支核算的理论与实证研究［M］. 北京:科学出版社,2015.

# 第三章  居民直接生活能耗碳排放区域差异及驱动因素分析

IPCC第五次评估报告指出:人类的行为活动是造成气候变化的主要原因,从全球来看,经济和人口的快速发展消耗了大量的化石燃料,而化石燃料在燃烧的过程中又产生了大量的二氧化碳排放。其中,具有较高碳排放的部门主要集中在工业、能源供应业、农业以及交通等方面。然而,居民因生活能源消费而产生的二氧化碳排放量也有很多,居民消费部门碳排放正成为一个新的增长点。研究发现,1990年以后,欧洲一些国家的家庭消费能源要多于工业能源消耗,也带来了大量的二氧化碳排放。居民生活消费碳排放在很大程度上体现了居民的消费水平和生活质量,也是建设低碳型社会的一个重要依据。

根据美国橡树岭国家实验室发布的统计数据显示,2007年我国化石燃料产生的二氧化碳排放量已经超过美国成为全球第一。我国作为碳排放大国,积极地承担起了自己的责任,定量地要求减少单位GDP的二氧化碳排放量,在"十三五"规划中就提出要使生态环境质量总体得到改善,2020年二氧化碳排放量要下降18%;并积极推动绿色的发展方式和生活方式。长期以来,随着社会经济和居民消费水平的不断提高,我国居民对生活能源消费的需求一直存在,积极推行低碳的消费模式,有助于减轻我国的二氧化碳减排压力。因此,从根源上研究居民消费所产生的二氧化碳排放,也是我国实施节能减排的重要环节,有助于人们生产及生活方式的绿色发展,提高低碳水平。

近年来,消费对经济增长的贡献不断加大,随之所产生的二氧化碳排放量也不断增加,其中居民消费碳排放的比重也较高且增长快,对总的能源消费所产生的碳排放的贡献也越来越高。我国是一个人口规模巨大、经济发展不均衡且生活习惯差异显著的国家,居民生活消费领域的节能技术发展缓慢,减少居民消费碳排放,提高节能产品的研发力度和利用程度是节能减排工作中的重要环节,能够有效减少居民消费领域所导致的二氧化碳排放。本章从人口发展和消费视角研究我国居民直接生活能源消费碳排放的变化特征和地域之间的空间差异,有助于各省份有针对性地实施符合本省省情的节能减排政策。另外,推行低碳的居民消费方式,对低碳社会及城市建设具有重要的意义,可以有效地促进社会与环境的协调可持续发展。

# 第一节　研究现状

## 一、居民消费碳排放相关研究

居民消费所产生的二氧化碳排放包含居民直接生活能源消费所产生的二氧化碳排放和其他需求所对应的产业部门能源消费而产生的间接二氧化碳排放两个方面。对于居民直接消费碳排放的核算基本一致,Weber、Kok、Reinders、张艳、冯玲等主要是针对居民直接能源消耗和私人交通所产生的碳排放进行核算。关于居民消费间接碳排放的核算,研究的标准和尺度并不一致,Weber、Munksgaard 等将居民消费间接碳排放的核算行业划分为食品、住房、服装、休闲娱乐、交通和其他六类;而 Bin、Liu、冯玲等将与居民消费碳排放相关的行业按工业部门划分为八大类,包括其他人所研究的衣食住行、娱乐和交通六个方面外,还有医疗保健、商品与服务两个方面。

居民消费碳排放的核算方法包括排放系数法、投入产出法和消费者生活方式(CLA)方法,其中排放系数法主要用于计算居民直接能源消费的碳排放,如方文玉等人利用排放系数法对 2001—2012 年我国城镇居民直接能源碳排放进行了核算,并利用泰尔指数、空间自相关等方法对其时空格局进行了分析;Das 等人采用投入—产出分析方法核算了印度居民直接和间接碳排放;Druckman 等人利用改进的投入产出模型,对英国的家庭二氧化碳排放情况进行了分析,结果表明:家庭所产生的二氧化碳排放在不断增加;而 Li 等人对我国的居民消费碳排放进行了分析;吴开亚等人利用投入产出模型计算了上海的居民消费所带来的间接碳排放;Bin 等人对美国居民能源利用所产生的二氧化碳排放量进行了分析,证实美国的家庭能源直接碳排放量超过总能耗碳排放的 1/3;Wei 等人采用 CLA 方法,对我国城乡居民的能源消费二氧化碳排放进行了核算。

## 二、人口对碳排放的驱动因素研究

目前,人口因素对二氧化碳排放的效应研究主要有以下两个方面:一是人口规模与碳排放的关系及效应研究;二是人口结构(城市化水平、年龄结构、家庭结构等)与碳排放的关系。

### (一)人口规模对碳排放的影响

人口规模对碳排放影响的研究已较为成熟,国外学者 Bargaoui、Cranston 等人评估了人口变化对二氧化碳排放的影响,均认为人口总量的变化影响较为显著;Puliafito 等人分析了全球的人口变动与碳排放的关系;Eugene 等人分析了人口与财富对温室气体排放、消耗臭氧层物质的排放和生态足迹等的影响,认为人口比例的增加对以上各类型都有影响,其中全球碳排放量对人口总量的弹性系数为 1.02;张丽峰等人通过构建状态空间模型对 1980—2011 年北京碳排放的影响因素进行了研究,分析认为人口规模的影响整体变化不显著;洪业应等人分析了 1996—2013 年重庆市的人口因素对碳排放的影响,人口规模促进二氧化碳的增加;宋晓晖等人的研究结果表明:1978—2007 年我国碳排放量对人口总量的弹性系数为 0.97 ~ 1.07。

### (二)人口结构对碳排放的影响

人口结构的变化在给社会经济发展带来重大影响的同时也会影响能源消耗,并对气候变化产生影响。Jiang 等人的研究认为人口组成(即年龄、城市居住地和家庭结构)的变化对气候系统产生了重大影响;Zhu 等人也对我国人口对碳排放的影响进行了分析。

Maruotti 对 1975—2003 年发展中国家的人口城市化与碳排放关系进行了分析,研究表明人口城市化与碳排放之间表现出正相关;李飞越、郭郡郡的研究结果表明:城镇化对碳排放具有显著的倒 U 形影响;肖周燕通过协整理论及修正误差模型分析了我国城市化发展阶段对碳排放的影响,研究结果表明:改革开放前,城市化水平上升1%,二氧化碳排放增加1.77%,1978年以后,城市化率每上升1%,二氧化碳排放增加1.56%;梁雪石分析了黑龙江省碳排放的影响因素,结果表明:城镇化率提高对黑龙江省碳排放的增加作用显著;也有学者研究发现城市化对二氧化碳排放的影响正在减弱,刘华军认为城市化对二氧化碳排放的弹性值仅维持在0.10%左右。

从人口年龄结构对二氧化碳排放的影响来看,马晓钰、曲如晓等人对我国各省份人口因素对二氧化碳排放的影响进行分析,研究结果均显示劳动年龄人口显著促进二氧化碳排放的增加;王星等人对1992—2011年甘肃省碳排放的主要因素进行了分析研究,其中劳动年龄人口比例对二氧化碳排放具有较大的影响;老年人口比例的变化对碳排放也产生深远影响,其对二氧化碳排放的影响结果并不一致,Dalton基于美国的家庭数据,利用"人口—环境—技术"模型分析了美国老龄化对碳排放的影响,结果显示:人口老龄化对降低碳排放水平具有较为明显的抑制作用;杜运伟、尹向飞等人分别对江苏省、湖南省的人口结构因素与碳排放量的影响进行了分析;李楠等人对我国人口结构与碳排放量进行了分析,研究表明人口老龄化率对二氧化碳排放量有负效应;王钦池、王芳等人对人口因素与碳排放的关系进行分析,研究均表明碳排放对老龄人口比重的弹性系数为U形曲线;然而李飞越、刘辉煌等人的研究结果却显示,老龄化对碳排放的影响程度呈现先上升后下降的趋势。

另外,对碳排放影响的研究如今已深入到家庭规模等方面,Miehe等人通过分析不同家庭规模、收入及年龄类别,研究表明家庭二氧化碳排放量受到家庭规模的影响;彭希哲等人研究发现可以以家庭为单位研究其对二氧化碳排放的影响;王钦池的研究也表明家庭规模会对碳排放产生边际效用递减规律;李怡涵的研究结果显示,家庭规模与生活碳排放呈负相关。

**(三)碳排放影响因素分析的模型研究**

对碳排放影响研究的模型方法主要有LMDI分解法、STIRPAT模型。方齐云、王长建等人利用LMDI分解法,分别分析了全国和广东省的碳排放影响因素人口对碳排放的影响;曲建升等人利用LMDI分解法从生活消费视角对1995—

2012 年我国城乡居民人均生活碳排放的驱动因素进行了分析;Ehrlich、Waggoner、York、焦文献等人利用 IPAT 及 STIRPAT 模型,分析了人口对环境的影响;黄蕊、朱远程等人利用 STIRPAT 模型,分别对重庆市、江苏省的能源消费碳排放影响因素进行了分析;刘晓红等人利用 STIRPAT 模型、PLS-VIP 方法对我国居民间接碳排放的影响因素进行了分析。

近年来,除了以上的分析模型外,也有学者采用其他计量方法从空间格局差异分析碳排放的影响因素,张翠菊等人采用协整检验、误差修正模型分析碳排放强度与各因素之间的关系;程叶青、赵巧芝等人利用空间面板计量模型对全国 30 个省区市 1997—2010 年碳排放强度的影响因素进行了分析;邱立新等人利用 GWR 模型对我国城市群碳排放的影响因素进行了分析;王雅楠、陈志建等人通过 GWR 方法对我国各省份的碳排放的影响因素进行了分析;也有一些学者利用该模型对其他各方面碳排放的影响因素进行了分析,如袁长伟、王宁、王妍等人均利用 GWR 模型分别对交通业、建筑业和农业碳排放的主要驱动因子进行了分析;对于居民消费碳排放空间差异分析方面的研究则较少,刘莉娜等人仅分析了各省域的人均家庭碳排放的空间差异,并利用 STIRPAT 模型分析了其影响因素。

综上所述,对于居民直接消费所产生的二氧化碳排放量的核算,大多采用碳排放系数法进行核算;近年来对碳排放的人口效应研究增多,主要集中在人口总量、人口城市化率、劳动年龄人口比重、老龄化率以及家庭规模等因素对碳排放的影响的研究;在居民消费碳排放的影响因素模型方面,利用 GWR 模型分析的较少,且多数是对总能耗所产生的二氧化碳排放的分析,对居民消费碳排放的影响效应的空间差异分析有待更深入的研究。

## 三、研究内容

本章基于 2003—2015 年我国省域的能源平衡量表,利用居民直接生活能源消费量数据,参考 IPCC 的核算方法对居民直接生活能源消费二氧化碳排放量进行了计算,并对居民直接生活能耗碳排放及人均直接生活碳排放的变化趋势进行分析比较。

利用核算的我国省域居民直接生活能耗碳排放量数据,对 2003—2015 年我国居民人均直接生活能耗碳排放量重心的迁移变化进行了分析;对居民人均直接生活能耗二氧化碳排放量的空间格局差异进行了深入分析;并利用空间自相关分析方法对居民人均直接生活能耗碳排放的全局和局部自相关进行了深入分析。

本章在分析居民人均直接生活碳排放影响因素时,纳入经济、技术等因素的同时,引入更多的人口因素,并对影响因素的多重共线性进行检验,确定各个因素的合理性。利用 GWR 模型分析人口效应对居民人均直接生活能耗碳排放的影响。

# 第二节　研究方法和数据来源

## 一、研究方法

通过对相关文献的梳理和参考,本章所研究的居民直接生活能耗碳排放是指居民生活过程中直接消耗的各类能源产生的二氧化碳排放,主要是日常生活中的炊事、交通等直接消耗的能源以及取暖、照明、家用电器所消耗的电力和热力。

本章对于居民直接生活能源消耗所产生的二氧化碳排放的计算主要参考 IPCC 的核算方法,核算的能源类型有原煤、其他洗煤、型煤、焦炭、焦炉煤气、其他煤气、汽油、煤油、柴油、液化石油气、天然气、热力和电力 13 种。在核算各类能源碳排放的基础上,为了便于分析,将 13 种能源碳排放归纳为 6 类:煤炭、石油、天然气、其他能源、热力和电力,其中煤炭主要包括原煤、其他型煤和焦炭,石油主要包括汽油、煤油和柴油,其他能源主要包括焦炉煤气、其他煤气和液化石油气。

居民在使用电力和热力时,并没有直接地消耗化石能源,然而在这二者的生产过程中却耗费比较多的其他化石能源。另外居民在生活过程中也消耗了大量的电力和热力,因此,本章将热力和电力所产生的碳排放也纳入居民直接

生活能源消费碳排放。居民直接生活能源消费的化石能源所产生的二氧化碳排放的具体计算公式为

$$C_d = \sum_{i=1}^{i=n} (f_i \times e_i \times c_i \times o_i) \times \frac{44}{12} \times 10^{-4} \qquad (3-1)$$

其中，$C_d$ 表示各省份的居民直接生活能源消费所产生的二氧化碳排放量，万 t；$I$ 表示能源的类型；$f_i$ 表示居民直接生活第 $I$ 类能源的消耗量，万 t（亿 m³）；$e_i$ 表示居民直接生活第 $I$ 类能源的平均低位发热量，TJ/万 t，TJ/亿 m³；$c_i$ 表示居民直接生活第 $I$ 类能源的单位热值含碳量；$o_i$ 表示居民直接生活第 $I$ 类能源的碳氧化率；44/12 为碳转换为二氧化碳的系数。

表 3 – 1　各类能源二氧化碳排放系数

| 能源类型 | $e_i$（TJ/万 t，TJ/亿 m³） | $c_i$（tC/TJ） | $o_i$ |
|---|---|---|---|
| 原煤 | 209.08 | 26.37 | 0.90 |
| 其他洗煤 | 83.63 | 25.41 | 0.90 |
| 型煤 | 147.60 | 33.56 | 0.90 |
| 焦炭 | 284.35 | 29.50 | 0.93 |
| 焦炉煤气 | 1 735.40 | 13.58 | 0.98 |
| 其他煤气 | 1 630.80 | 12.20 | 0.98 |
| 汽油 | 430.70 | 18.90 | 0.98 |
| 煤油 | 430.70 | 19.60 | 0.98 |
| 柴油 | 426.52 | 20.20 | 0.98 |
| 液化石油气 | 501.79 | 17.20 | 0.98 |
| 天然气 | 3893.10 | 15.32 | 0.99 |

数据来源：$e_i$ 平均低位发热量来源于《综合能耗计算通则》（GB/T 2589—2008）；$c_i$ 单位热值含碳量主要参考《省级温室气体清单编制指南》；$o_i$ 碳氧化率来源于《省级温室气体清单编制指南》

对于电力在生产过程中所消费的能源而产生的二氧化碳排放的核算，主要依据的是 2015 年国家发改委公布的区域电网排放因子，区域电网划分为华北、东北、华东、华中、西北和南方六大区域电网，其中各区域的划分范围及排放因

子见表 3-2。

表 3-2　各省份的电力碳排放系数

| 区域 | 碳排放因子数值<br>（tCO$_2$/MWh） | 覆盖省份 |
|---|---|---|
| 华北 | 1.041 6 | 北京市、天津市、河北省、山西省、山东省、内蒙古自治区 |
| 东北 | 1.129 1 | 辽宁省、吉林省、黑龙江省 |
| 华东 | 0.811 2 | 上海市、江苏省、浙江省、安徽省、福建省 |
| 华中 | 0.951 5 | 河南省、湖北省、湖南省、江西省、四川省、重庆市 |
| 西北 | 0.951 5 | 陕西省、甘肃省、青海省、宁夏回族自治区、新疆维吾尔自治区 |
| 南方 | 0.895 9 | 广东省、广西壮族自治区、云南省、贵州省、海南省 |

注：表中碳排放因子数值为 2011—2013 年电量边际排放因子的加权平均值。

西藏自治区数据不可获取，未计入此表统计。

根据《中国能源统计年鉴》，热力的折标煤系数为 0.034 12kgce/MJ，国家发改委根据中国煤炭利用比例，建议取煤炭的含碳量为 67%，即 1kg 标准煤燃烧排放 0.67kg 碳，合 2.46 kgCO$_2$（0.67 × 44/12 = 2.46），即热力碳排放系数为 2.46kgCO$_2$/kgce。因此先利用热力的折标煤系数将热力折算为标准煤，再乘以热力的碳排放系数即可得到二氧化碳排放量。

## 二、数据来源与处理

居民直接生活各类能源的消费量数据来源于《中国能源统计年鉴》（2004—2016 年）中的地区能源平衡量表；本章所需要的人口数据主要来源于《中国人口年鉴》、《中国人口与就业年鉴》（2004—2016 年）；各省份的地区生产总值和居民消费水平数据来源于《中国统计年鉴》（2004—2016 年）；其中 GDP 和居民消费水平均以 2003 年为基期，进行不变价的折算。

# 第三节　省域居民直接生活能耗碳排放
# 时间序列变化

## 一、居民直接生活能耗碳排放结果分析

根据第二节中的公式（3-1），核算出 2003—2015 年我国省域居民直接生活能耗碳排放量，结果见表 3-3。我国省域居民直接生活能耗碳排放量变化趋势如下。

（1）从 13 年累积的居民直接生活能耗总碳排放量来分析，广东、山东、河北的总碳排放量最高，分别为 93 432.87 万 t、79 982.04 万 t、74 695.00 万 t；其次为河南、辽宁、四川、江苏 4 省，其总碳排放量也较高，均超过 50 000 万 t；海南、宁夏和青海的总碳排放量较低，分别为 3 715.32 万 t、5 235.44 万 t、6 238.95 万 t；其中广东的总碳排放量远远高于海南的总碳排放量，二者相差 24 倍。

（2）从时间序列来看，2003—2015 年，我国省域居民直接生活能耗碳排放量整体呈现波动上升趋势。其中，北京、天津、山东、广东、广西和海南 6 省区市的居民直接生活能耗碳排放量在 13 年间呈持续上升趋势；福建、河南、甘肃、吉林、黑龙江 5 省仅在 2013 年出现下降，其余年份均呈上升趋势；江西、湖北、湖南 3 省的居民生活直接能耗碳排放量在 2004 年出现下降，其余年份仍呈增加趋势；内蒙古和四川在 2005 年、2006 年及 2013 年出现下降，其余年份为上升趋势；2003 年，河北、广东、四川的居民生活直接能耗碳排放量最大，分别为 3 789.29 万 t、3 718.95 万 t、3 037.43 万 t，居民生活直接能耗碳排放量最小的地区主要是海南、宁夏和青海；2015 年，广东是居民直接生活能耗碳排放量的最高省份，为 11 166.85 万 t，与 2003 年的 3 718.95 万 t 相比，13 年间增加了 7 447.90 万 t；居民直接生活能耗碳排放量最低的区域为宁夏，碳排放量为 504.93 万 t，13 年间宁夏的居民直接生活能耗碳排放的增加值最小，仅增加了 147.26 万 t。

表 3 - 3 2003—2015 年居民直接生活能耗碳排放量变化（$10^6$ t）

| 省份 | 2003 | 2004 | 2005 | 2006 | 2007 | 2008 | 2009 | 2010 | 2011 | 2012 | 2013 | 2014 | 2015 | 总量 | 年平均增长率% |
|---|---|---|---|---|---|---|---|---|---|---|---|---|---|---|---|
| 北京 | 17.35 | 18.99 | 20.62 | 23.06 | 25.51 | 27.12 | 29.74 | 31.59 | 32.68 | 35.38 | 36.42 | 38.14 | 39.43 | 376.02 | 7.08 |
| 天津 | 9.42 | 10.12 | 11.10 | 11.63 | 12.88 | 14.21 | 16.81 | 18.20 | 18.71 | 21.09 | 21.27 | 22.45 | 25.10 | 213.00 | 8.51 |
| 河北 | 37.89 | 38.71 | 41.64 | 40.59 | 42.10 | 48.04 | 51.55 | 60.30 | 64.32 | 68.66 | 80.34 | 81.87 | 90.93 | 746.95 | 7.57 |
| 山西 | 21.13 | 21.85 | 20.66 | 21.84 | 22.04 | 26.64 | 31.46 | 32.23 | 35.89 | 38.57 | 38.23 | 38.80 | 39.96 | 389.30 | 5.45 |
| 内蒙古 | 8.53 | 26.29 | 22.76 | 20.76 | 22.68 | 25.78 | 29.01 | 39.81 | 49.56 | 53.42 | 36.18 | 38.62 | 40.63 | 414.02 | 13.89 |
| 辽宁 | 27.06 | 31.93 | 34.86 | 38.57 | 44.13 | 43.23 | 42.56 | 46.49 | 49.41 | 54.01 | 54.72 | 57.04 | 61.73 | 585.72 | 7.11 |
| 吉林 | 14.12 | 14.62 | 17.14 | 18.26 | 19.16 | 20.61 | 22.29 | 25.50 | 27.40 | 24.35 | 21.59 | 21.93 | 24.14 | 271.11 | 4.57 |
| 黑龙江 | 18.22 | 19.71 | 21.59 | 25.20 | 29.31 | 33.38 | 36.04 | 44.07 | 47.23 | 51.32 | 48.87 | 48.97 | 49.06 | 472.97 | 8.60 |
| 上海 | 11.53 | 13.15 | 14.71 | 16.70 | 18.22 | 19.59 | 20.87 | 19.34 | 23.80 | 28.36 | 28.02 | 25.80 | 27.54 | 267.63 | 7.52 |
| 江苏 | 17.66 | 18.62 | 24.50 | 26.65 | 29.13 | 33.77 | 37.19 | 44.51 | 46.56 | 59.77 | 59.45 | 56.60 | 60.19 | 514.59 | 10.76 |
| 浙江 | 17.46 | 17.04 | 22.99 | 25.74 | 28.92 | 32.01 | 35.18 | 39.46 | 42.84 | 52.25 | 51.30 | 50.62 | 54.00 | 469.82 | 9.87 |
| 安徽 | 15.89 | 17.56 | 18.47 | 18.00 | 18.89 | 19.76 | 21.43 | 23.63 | 25.57 | 31.02 | 34.07 | 33.19 | 35.98 | 313.45 | 7.05 |
| 福建 | 12.40 | 13.74 | 16.79 | 17.96 | 19.13 | 20.85 | 22.72 | 25.48 | 28.45 | 34.34 | 30.92 | 33.39 | 33.39 | 309.55 | 8.60 |
| 江西 | 11.54 | 9.03 | 11.93 | 12.74 | 13.31 | 13.63 | 15.10 | 16.46 | 17.66 | 19.60 | 22.34 | 23.53 | 25.57 | 212.44 | 6.86 |
| 山东 | 26.85 | 28.90 | 44.75 | 48.67 | 51.85 | 54.00 | 58.12 | 71.55 | 75.78 | 81.43 | 82.60 | 85.34 | 90.00 | 799.82 | 10.60 |
| 河南 | 26.88 | 28.07 | 36.26 | 38.08 | 38.65 | 41.01 | 44.10 | 47.57 | 59.32 | 69.33 | 56.97 | 60.47 | 65.13 | 611.83 | 7.65 |
| 湖北 | 19.43 | 18.33 | 21.10 | 24.92 | 27.70 | 32.20 | 34.65 | 36.61 | 37.16 | 40.08 | 44.27 | 45.84 | 48.02 | 430.31 | 7.83 |

续表 3－3

| 省份 | 2003 | 2004 | 2005 | 2006 | 2007 | 2008 | 2009 | 2010 | 2011 | 2012 | 2013 | 2014 | 2015 | 总量 | 年平均增长率% |
|------|------|------|------|------|------|------|------|------|------|------|------|------|------|------|-----------|
| 湖南 | 14.14 | 13.47 | 22.08 | 23.01 | 25.87 | 27.91 | 30.24 | 30.25 | 36.23 | 40.73 | 42.84 | 44.66 | 51.77 | 403.20 | 11.42 |
| 广东 | 37.19 | 40.53 | 48.29 | 52.27 | 58.94 | 64.44 | 70.65 | 73.75 | 87.60 | 92.92 | 93.06 | 103.03 | 111.67 | 934.33 | 9.60 |
| 广西 | 8.28 | 8.46 | 9.82 | 11.38 | 13.21 | 14.59 | 16.59 | 18.88 | 21.54 | 23.60 | 25.25 | 26.43 | 28.81 | 226.84 | 10.95 |
| 海南 | 0.96 | 1.15 | 1.31 | 1.55 | 1.72 | 2.13 | 2.48 | 3.00 | 3.40 | 4.11 | 4.43 | 5.17 | 5.76 | 37.15 | 16.10 |
| 重庆 | 9.32 | 9.81 | 10.54 | 12.15 | 11.93 | 13.33 | 15.17 | 16.12 | 18.80 | 21.65 | 20.57 | 20.74 | 22.19 | 202.33 | 7.50 |
| 四川 | 30.37 | 32.57 | 29.16 | 28.70 | 32.64 | 37.51 | 40.18 | 44.99 | 51.17 | 54.71 | 47.50 | 54.05 | 56.24 | 539.78 | 5.27 |
| 贵州 | 24.10 | 24.30 | 24.56 | 23.12 | 24.13 | 20.34 | 21.22 | 23.85 | 26.70 | 32.20 | 29.72 | 32.86 | 33.04 | 340.13 | 2.66 |
| 云南 | 12.16 | 10.95 | 14.00 | 13.80 | 15.38 | 16.83 | 19.96 | 20.89 | 20.86 | 23.76 | 24.34 | 28.18 | 29.57 | 250.68 | 7.68 |
| 陕西 | 11.72 | 11.70 | 16.71 | 19.47 | 16.41 | 19.09 | 20.82 | 26.65 | 25.63 | 27.87 | 32.61 | 34.41 | 34.67 | 297.77 | 9.46 |
| 甘肃 | 10.98 | 11.08 | 11.88 | 12.08 | 12.60 | 13.64 | 14.34 | 16.45 | 17.37 | 17.94 | 16.59 | 17.12 | 18.73 | 190.78 | 4.55 |
| 青海 | 4.22 | 4.53 | 4.51 | 4.58 | 4.03 | 4.05 | 4.19 | 5.01 | 5.29 | 5.15 | 5.33 | 5.61 | 5.88 | 62.39 | 2.79 |
| 宁夏 | 3.58 | 2.83 | 3.57 | 3.80 | 3.86 | 3.23 | 3.84 | 4.23 | 4.39 | 4.80 | 4.51 | 4.68 | 5.05 | 52.35 | 2.92 |
| 新疆 | 16.98 | 19.42 | 15.48 | 12.54 | 12.84 | 15.55 | 18.07 | 19.76 | 22.18 | 23.51 | 28.12 | 29.15 | 32.59 | 266.19 | 5.58 |

注：西藏数据不可获取，此表不包含西藏数据。

93

（3）从年均增长率来看,海南、内蒙古、湖南、广西、江苏、山东 6 省区居民生活直接能耗碳排放的年均增长率较高,均超过 10%;贵州、青海、宁夏、甘肃、吉林的年均增长率较低,均低于 5%,其中贵州和青海的年均增长率分别仅为 2.67%、2.79%。

## 二、居民直接生活能耗分类碳排放特征分析

我国居民直接生活能耗碳排放的来源主要包括煤炭、油品、天然气、其他、热力和电力 6 类,如图 3 – 1 所示,对居民直接生活能耗分类碳排放的比重变化进行如下分析。

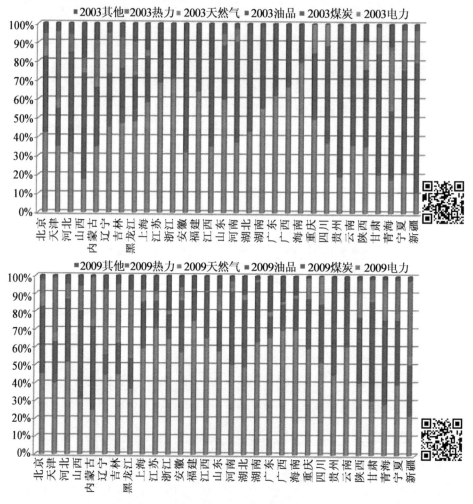

图 3 – 1　2003—2015 年我国省域居民直接生活能耗分类碳排放的构成变化

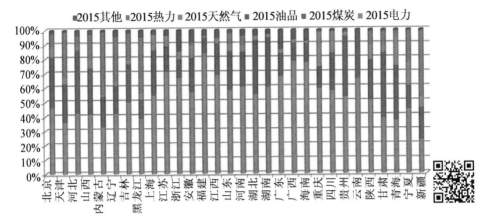

续图 3 - 1

注:西藏数据不可获取,未计入此图统计。

(1)对于居民直接生活煤炭消耗所产生的二氧化碳排放比重,总体来说,2003—2015 年,我国省域居民直接生活煤炭消耗碳排放比重基本呈逐年下降趋势。其中,贵州、甘肃 2 省煤炭碳排放比重较高;海南、广西、广东 3 省区煤炭碳排放所占比重较低,海南为最低值,基本不消费煤炭,所以煤炭碳排放比重基本为 0,广西、广东的煤炭碳排放比重均低于 5%。具体来看,2003 年,居民直接生活煤炭消费碳排放的比重超过 50% 的省份有贵州、新疆、甘肃、宁夏、安徽、山西、河南、湖北等,主要集中分布在西部和中部;煤炭消费产生的碳排放占比较小的地区主要是海南、广西、广东和浙江,比重低于 5%。到 2009 年,除内蒙古、青海 2 省区的煤炭碳排放比重呈现上升趋势外,其他省份的煤炭碳排放比重均呈大幅度下降趋势,2009 年煤炭碳排放比重超过 50% 的省份由 2003 年的 11 个下降到 2 个,仅贵州和甘肃超过 50%;尤其是江苏、上海、新疆 3 个地区,煤炭碳排放比重下降速度最快,年均下降率超过 11%;煤炭碳排放比重下降较缓慢的区域主要包括甘肃、广西和陕西。2015 年,我国省域居民直接生活煤炭碳排放比重均下降到 50% 以下,煤炭碳排放占比较高的地区主要在贵州、甘肃和河北 3 省,比重均超过 30%;煤炭碳排放占比较低的地区主要集中在海南、江苏、广西、广东、福建和浙江等沿海区域。

(2)2003—2015 年我国居民直接生活油品消费碳排放比重的变化大部分

省份呈现波动上升趋势,仅吉林、黑龙江 2 省呈现先上升后下降趋势。其中,上海居民直接生活油品消费碳排放比重最高,其次是北京和天津;居民直接油品消费碳排放比重最低的地区是贵州,年平均占比低于 3%,其次是宁夏、新疆、甘肃等西部地区,油品碳排放比重也较低。2003 年,油品碳排放比重较高的地区主要是黑龙江、广西、北京和上海,其他地区的油品碳排放比重较低,其中中部地区的比重最低均超过 1%。到 2009 年,各个省份的居民直接生活油品消费所产生的二氧化碳排放比重均呈现增加趋势,油品碳排比重超过 10% 的区域不断增加,由 2003 年的 4 个省份增加 2009 年的 11 个省份。2015 年与 2009 年相比,我国大部分区域的油品碳排放比重仍呈上升趋势,仅黑龙江、吉林、山西、海南、广西 5 省区的油品碳排放比重出现不同程度的下降,其中黑龙江的下降幅度最大,到 2015 年该省的油品碳排放比重仅为 0.70%,居民直接生活油品消费碳排放比重最高的上海与之相比,是黑龙江的 42 倍。

(3)从居民直接生活天然气、热力和其他能源消费碳排放比重来看,三者所产生的碳排放比重均较低。2003—2015 年,我国居民直接生活天然气消费碳排放比重除青海、天津、内蒙古、福建 4 省区呈逐年下降趋势外,其他大部分区域的居民直接生活天然气消费碳排放所占比重呈逐年上升趋势。其中,青海的居民直接生活消费天然气所产生的二氧化碳排放比重不断下降,但其所占比重值一直高于其他省份;其次是四川、重庆、宁夏、陕西等西部地区的天然气碳排放比重也较高,这主要是由于西部地区天然气资源丰富,便于利用,天然气碳排放占比较低的区域主要集中在云南、贵州、海南、福建等地区。2003—2015 年,我国居民直接生活其他能源消费所产生的碳排放占比整体呈现下降趋势。其中,广东、浙江、广西的其他能源碳排放比重较高,四川、重庆、贵州、宁夏的其他能源碳排放占比最低;对于居民直接生活热力消费所产生的碳排放,由于各地区的气候条件不同,出现较大的差异性,地理位置位于北方的省份热力碳排放比重较高,新疆、内蒙古、黑龙江、吉林、辽宁、天津、宁夏等靠北的省份的热力碳排放比重较高,其中,新疆和内蒙古的热力碳排放比重分别在 2009 年和 2013 年超过 40%,而南方如浙江、福建、湖南、广东、广西、海南等省份的碳排放比重为 0。

(4)从居民直接生活能源消费碳排放的结构来看,2003—2015 年电力消费所产生的碳排放比重最大,我国大部分区域的电力碳排放比重呈现上升趋势,其中,福建、海南、江苏、上海、浙江、广东等东部地区的消费电力所产生的二氧化碳排放比重均超过50%;其次是山东、湖南、湖北等地区,其电力碳排放比重也较高;居民直接生活消费电力所产生的碳排放比重较低的区域主要集中在内蒙古、新疆和青海等西部地区。2003年,电力碳排放比重最高的省份海南为79.35%,其次是浙江和江苏,电力碳排放占比分别为71.10%、68.67%,电力碳排放比重较低的省份主要有新疆、山西、青海和贵州,所占比重均未超过20%。到2009年,福建成为居民直接生活电力碳排放比重最高的省份为74.87%,而海南、浙江的电力碳排放比重均出现下降趋势,有16个省份的电力碳排放比重超过50%,主要集中在东部和中部地区;电力碳排放比重最低的省份为新疆,占比为22.31%;与2003年相比,内蒙古的电力碳排放比重下降了10.96%。2015年,福建的电力碳排放比重仍呈上升趋势,达到83.80%,仍为电力碳排放比重最高的省份,其次是广西、海南、江苏、江西等省区的电力碳排放比重也较高;电力碳排放比重较低的省份主要有新疆、内蒙古和天津。

## 三、居民直接生活能耗碳排放特征分析

### (一)居民人均直接生活能耗碳排放

对2003—2015年我国省域居民人均直接生活能耗碳排放量进行分析,居民人均直接生活能耗碳排放量整体呈波动上升趋势,而且各个省份之间呈现较大的差异。其中,北京的居民人均直接生活能耗碳排放量最大,13年间居民人均直接生活能耗碳排放量均大于1t/人;其次是天津,人均碳排放量也较大;居民人均直接生活能耗碳排放量较低的区域主要有海南、广西、湖南、山东等省份。2003年,居民人均直接生活能耗碳排放量最大的地区是北京,为1.19t/人;其次是天津和新疆,人均直接生活能耗碳排放量分别为0.93t/人和0.88t/人;较低的省份是海南和广西,人均碳排放量分别为0.12t/人和0.17t/人。到2009年,北京、天津、内蒙古的居民人均直接生活能耗碳排放量最大,均超过1t/人;其次是辽宁、上海、黑龙江、山西,人均碳排放量也较大。2015年,居民人均直接生活能耗碳排放量上升的省份向东部和西部扩散,北京仍然为最高值1.82t/

人;其次是天津、内蒙古、辽宁、新疆、黑龙江、河北,其居民人均直接生活能耗碳排放都在 1.2t/人以上;人均碳排放量较低的省份主要集中在中部地区的江西和安徽,但其最低值仍高于 0.5t/人。

### (二)居民直接生活能耗碳排放强度

通过分析我国省域居民直接生活能耗碳排放强度,2003—2015 年我国省域居民直接生活能耗碳排放强度均呈现平稳下降的趋势。其中,贵州、青海、新疆、甘肃、宁夏等西部地区各年份的居民直接生活能耗碳排放强度明显高于其他省份。从各年份来看,2003 年,贵州的居民直接生活能耗碳排放强度最大,为 1.78t/万元,其次是青海、宁夏、新疆等西部地区,碳排放强度值较低的区域主要集中在江苏、海南、上海、浙江等地;到 2009 年,大部分区域的居民直接生活能耗碳排放强度呈现快速下降趋势,其中贵州的碳排放强度下降速度最快,由 2003 年的 1.78t/人下降到 0.70t/人,7 年间下降了 1.08t/人,虽然贵州的碳排放强度下降趋势较快,但仍排各省份第一,碳排放强度较低的区域仍集中在江苏、上海等东部地区;2015 年,各省份的居民直接生活能耗碳排放强度仍呈下降趋势,但趋于平稳,下降的速度放缓,碳排放强度的高值和低值区域仍分别集中在西部和东部地区。

表 3 - 4  2003—2015 年居民直接生活能耗碳排放特征变化

| 省份 | 2003 | | 2009 | | 2015 | |
|---|---|---|---|---|---|---|
| | 人均碳排放量(t/人) | 碳排放强度(t/万元) | 人均碳排放量(t/人) | 碳排放强度(t/万元) | 人均碳排放量(t/人) | 碳排放强度(t/万元) |
| 北京 | 1.19 | 0.47 | 1.60 | 0.37 | 1.82 | 0.31 |
| 天津 | 0.93 | 0.39 | 1.37 | 0.25 | 1.62 | 0.18 |
| 河北 | 0.56 | 0.53 | 0.73 | 0.33 | 1.22 | 0.34 |
| 山西 | 0.64 | 0.86 | 0.92 | 0.58 | 1.09 | 0.44 |
| 内蒙古 | 0.36 | 0.40 | 1.18 | 0.40 | 1.62 | 0.30 |
| 辽宁 | 0.64 | 0.45 | 0.98 | 0.30 | 1.41 | 0.26 |
| 吉林 | 0.52 | 0.56 | 0.81 | 0.36 | 0.88 | 0.22 |

续表 3－4

| 省份 | 2003 | | 2009 | | 2015 | |
|---|---|---|---|---|---|---|
| | 人均碳排放量（t/人） | 碳排放强度（t/万元） | 人均碳排放量（t/人） | 碳排放强度（t/万元） | 人均碳排放量（t/人） | 碳排放强度（t/万元） |
| 黑龙江 | 0.48 | 0.41 | 0.94 | 0.38 | 1.29 | 0.31 |
| 上海 | 0.65 | 0.18 | 0.94 | 0.15 | 1.14 | 0.13 |
| 江苏 | 0.24 | 0.14 | 0.48 | 0.12 | 0.75 | 0.11 |
| 浙江 | 0.36 | 0.19 | 0.67 | 0.16 | 0.97 | 0.15 |
| 安徽 | 0.26 | 0.40 | 0.35 | 0.24 | 0.59 | 0.21 |
| 福建 | 0.35 | 0.24 | 0.62 | 0.19 | 0.87 | 0.14 |
| 江西 | 0.27 | 0.41 | 0.34 | 0.23 | 0.56 | 0.21 |
| 山东 | 0.29 | 0.22 | 0.61 | 0.19 | 0.91 | 0.17 |
| 河南 | 0.28 | 0.38 | 0.46 | 0.27 | 0.69 | 0.22 |
| 湖北 | 0.34 | 0.36 | 0.61 | 0.28 | 0.82 | 0.20 |
| 湖南 | 0.21 | 0.30 | 0.47 | 0.28 | 0.76 | 0.26 |
| 广东 | 0.41 | 0.27 | 0.70 | 0.22 | 1.03 | 0.20 |
| 广西 | 0.17 | 0.30 | 0.34 | 0.26 | 0.60 | 0.24 |
| 海南 | 0.12 | 0.14 | 0.29 | 0.17 | 0.63 | 0.22 |
| 重庆 | 0.33 | 0.41 | 0.53 | 0.28 | 0.74 | 0.19 |
| 四川 | 0.37 | 0.56 | 0.49 | 0.31 | 0.69 | 0.23 |
| 贵州 | 0.62 | 1.78 | 0.60 | 0.70 | 0.94 | 0.54 |
| 云南 | 0.28 | 0.49 | 0.44 | 0.40 | 0.62 | 0.31 |
| 陕西 | 0.32 | 0.49 | 0.56 | 0.35 | 0.91 | 0.30 |
| 甘肃 | 0.43 | 0.84 | 0.56 | 0.53 | 0.72 | 0.37 |
| 青海 | 0.79 | 1.08 | 0.75 | 0.47 | 1.00 | 0.35 |
| 宁夏 | 0.62 | 0.93 | 0.61 | 0.45 | 0.76 | 0.33 |
| 新疆 | 0.88 | 0.90 | 0.84 | 0.47 | 1.38 | 0.46 |

注:西藏数据不可获取,此表不包含西藏数据。

# 第四节　居民直接生活能耗碳排放空间特征分析

本节基于上一章核算出来的 2003—2015 年我国省域居民直接生活能耗碳排放数据,利用 ArcGIS、GeoDa 软件,对各省域的居民直接生活能源消费产生的二氧化碳排放的重心迁移变化路径及地域空间差异进行分析,并采用空间自相关分析方法进一步对各省域的居民直接生活能耗碳排放的空间分布差异进行深入研究。

## 一、居民直接生活能耗碳排放的空间格局差异

### (一)居民人均直接生活能耗碳排放重心迁移分析

由表 3 - 5 可知,2003—2015 年,我国居民人均直接生活能耗碳排放的重心位置主要位于山西的东南部及河南的西北部,其重心迁移路径主要分为四个阶段:第一阶段是 2003—2004 年,重心位置主要向北移动,移动的空间距离为 33.94 km;2004—2007 年为第二阶段,迁移方向开始向东南移动,其中 2004—2005 年迁移的空间距离最大为 74.42 km;2007—2010 年为第三阶段,迁移方向向西北转移,前三个阶段的重心位置主要是在山西的东南部;第四阶段是 2010—2015 年,逐渐向西南方向移动,重心位置在 2011 年以后迁移到河南的西北部。

从经度和纬度坐标具体位置来看,2003—2011 年居民人均直接生活能耗碳排放的重心位置由山西省的沁水县向东南方向迁移至陵川县境内,经向移动了 1.02°,纬向移动了 0.23°;2011—2012 年,重心位置向南迁移至河南西北部修武县境内,经向移动了 0.08°,纬向移动了 0.24°,空间距离上迁移了 27.98 km;2012—2015 年,不断向西南迁移至沁阳市以东临近边界处,经向移动了0.31°,纬向移动了 0.21°,其中 2014—2015 年的迁移变化最小,经向和纬向均仅迁移了 0.01°,空间距离上迁移最小为 0.99 km。

表3-5 2003—2015年我国居民人均直接生活能耗碳排放的重心坐标

| 年份 | 经度(N) | 纬度(S) | 移动距离(km) |
|------|---------|---------|--------------|
| 2003 | 112.17° | 35.87° | — |
| 2004 | 112.16° | 36.19° | 33.94 |
| 2005 | 112.83° | 35.77° | 74.42 |
| 2006 | 113.23° | 35.63° | 38.89 |
| 2007 | 113.47° | 35.60° | 21.30 |
| 2008 | 113.44° | 35.62° | 3.29 |
| 2009 | 113.31° | 35.60° | 11.96 |
| 2010 | 113.22° | 35.73° | 15.93 |
| 2011 | 113.19° | 35.64° | 9.63 |
| 2012 | 113.27° | 35.40° | 27.98 |
| 2013 | 113.12° | 35.29° | 17.87 |
| 2014 | 112.97° | 35.18° | 17.57 |
| 2015 | 112.96° | 35.19° | 0.99 |

### (二)居民人均直接生活能耗碳排放空间格局分布

利用空间聚类分析方法,选取2003—2015年三个主要年份2003年、2009年、2015年我国省域居民人均直接生活碳排放量和居民消费水平的空间差异规律进行分析。划分方法参考丁澜、施金龙等人的研究成果,采用平均数、先进平均数等把居民人均直接生活能耗碳排放量和居民消费水平划分为四个等级,根据划分的等级对人均碳排放量和居民消费水平进行聚类,并利用ArcGIS软件对其空间分析差异进行分析。

通过对2003—2015年我国居民人均直接生活能耗碳排放量与消费水平空间格局分析得出,居民人均直接生活能耗碳排放量在2003年有4个省份处于第一等级,分别是北京、天津、青海、新疆;2009年青海下降到第二等级省份,内蒙古由第三等级直接上升到第一等级;到2015年,辽宁也上升为第一等级省份。对于第二等级的省份,2003年有8个,主要集中在东部地区及西部的贵州和宁夏;2009年贵州、宁夏下降到第三等级,广东由第三等级上升到第二等级;

2015 年,辽宁、新疆上升一级至第一等级,浙江由第三等级上升到第二等级,而吉林下降至第三等级,从总体的空间变化来看,集聚现象仍比较明显,只在西北地区有稍微的浮动变化。第三等级省份中,省份的数量没有大的变化,主要分布在中部地区,其中 2009 年山东由第四等级上升至第三等级,2015 年江苏、湖南上升到第三等级。第四等级省份呈现向西北地区变化的趋势,主要集中分布在江西、河南、广西、云南等省份。对于居民消费水平的等级,北京、天津、上海的居民消费水平一直处于全国的前列,东部沿海地区的居民消费水平也较高,而中部和西部地区省份的等级基本位于第三、第四等级,这与我国各省份的整体经济发展基本一致。2003 年、2009 年处于第一等级的地区没有发生变化,一直是北京、天津、上海 3 市;2015 年第一等级地区增加了 1 个,江苏由第二等级上升到第一等级,这主要得益于近几年江苏经济的快速发展。第二等级省份主要集中在东北黑吉辽三省以及东部沿海地区,整体变化趋势不大,仅在 2009 年略有变化,主要是山东由第三等级上升至第二等级;而吉林由 2003 年的第二等级下降到第三等级,这主要受近年来吉林经济发展增速放缓的影响。第三等级主要是在中部地区,其中 2009 年河南、新疆由原来的第三等级下降至第四等级。第四等级主要是在西部地区,省份的数量逐渐增加,2015 年位于第三等级的湖南下降至第四等级,与 2009 年相比,其他省份没有发生变化。

从空间格局上来看,2003—2015 年我国居民人均直接生活能耗碳排放量高值区域呈现增加趋势,并由西北向东北地区扩散。人均碳排放量的低值区由东南向西北扩散。对于居民消费水平的分布差异,高值区域主要集中分布在东部沿海地区,而低值区主要分布在西部地区,居民消费水平整体分布差异变化不大,仅个别省份出现波动情况。从横向对比分析人均碳排放量与居民消费水平,其中,北京、天津均为人均碳排放与居民消费水平的高值区,主要是这两个地区人口数量与经济发展水平都位于全国前列;受经济发展条件等的限制,西南地区的人均碳排放与居民消费水平值均较低。

## 二、居民人均生活直接能耗碳排放空间相关性分析

### (一)全局空间自相关

根据如下公式(3－2),选取 2003—2015 年我国省域居民人均直接生活能耗碳排放量数据,通过 GeoDa 软件计算出我国居民人均直接生活能耗碳排放的全局自相关 Moran's I 值,结果见表 3－6。

全局自相关主要是分析研究的要素指标数值在整个区域空间尺度下的分布变化规律,是利用全局 Moran's I 值来定量分析要素在区域空间之间的关联及差异程度,具体的公式为

$$I = \frac{n \sum_{i}^{n} \sum_{j}^{n} w_{ij}(x_i - \bar{x})(x_j - \bar{x})}{\sum_{i}^{n} \sum_{j}^{n} w_{ij} \sum_{i}^{n}(x_i - \bar{x})^2}$$

$$= \frac{\sum_{i}^{n} \sum_{j}^{n} w_{ij}(x_i - \bar{x})(x_j - \bar{x})}{S^2 \sum_{i}^{n} \sum_{j}^{n} w_{ij}} \quad (I,j = 1,2,\cdots,n)$$

$$S^2 = \frac{1}{n} \sum_{i}(x_i - \bar{x})^2; \bar{x} = \frac{1}{n} \sum_{i} x_i \quad (3－2)$$

其中,$x_i$ 与 $x_j$ 表示省份 $I$ 与 $j$ 的居民消费碳排放量;$\bar{x}$ 表示研究的30个省份居民人均直接生活能源消费的碳排放量的平均值;$n$ 表示研究区域省份总个数;$w_{ij}$是空间权重系数矩阵。$I$ 值的范围为[－1,1],当其值大于零时,表示区域居民人均直接生活能源消费碳排放呈正相关性,其值越大,空间之间的相关性就越显著,总体空间差异越小;当 $I$ 的取值小于零时,表示空间之间负相关,取值越小,空间差异越大;若其值等于零,表示空间呈随机性,即不相关。

由表 3－6 可知,2003—2015 年我国省域居民人均直接能耗碳排放量的全局 Moran's I 值均在 1% 的显著水平上为正,我国居民人均直接生活能耗碳排放量在总体上具有较为显著的正向联系,且空间差异性较为显著。也就是说,通常人均碳排放量较高的省份相对趋近于高人均碳排放的省份,而人均碳排放量较低的区域集聚在一起,即呈现出较为明显的高—高、低—低集聚现象;从时间

上来看,2003—2015 年 Moran's I 值整体呈现波动上升趋势,在 2010 年达到最高值 0.487,2011 年、2012 年又出现降低,在 2012 年出现最小值 0.328,随后又回升,多数年份的 Moran's I 值集中在 0.370 ~ 0.450。

表 3 – 6    2003—2015 年我国居民人均直接生活碳排放的全局 Moran' s I 指数

| 年份 | Moran's I | Z | P | 年份 | Moran's I | Z | P |
|------|-----------|-----|------|------|-----------|-----|------|
| 2003 | 0.371 | 3.469 | 0.002 | 2010 | 0.487 | 4.605 | 0.001 |
| 2004 | 0.378 | 3.587 | 0.001 | 2011 | 0.406 | 3.961 | 0.001 |
| 2005 | 0.389 | 3.62 | 0.001 | 2012 | 0.328 | 3.404 | 0.004 |
| 2006 | 0.367 | 3.757 | 0.001 | 2013 | 0.399 | 3.728 | 0.001 |
| 2007 | 0.379 | 3.566 | 0.003 | 2014 | 0.378 | 3.578 | 0.003 |
| 2008 | 0.437 | 4.190 | 0.001 | 2015 | 0.424 | 3.834 | 0.001 |
| 2009 | 0.452 | 4.043 | 0.002 | | | | |

### (二)局部空间自相关

为了具体分析空间自相关中各个区域的差异变化,本节还对我国省域居民人均直接能耗碳排放的局部空间自相关进行了分析。选取 2003—2015 年 13 年中的三个主要时间节点 2003 年、2009 年、2015 年对我国居民人均直接生活能耗碳排放的局域 Moran's I 散点图和 LISA 集聚图进行分析,结果见表 3 – 7 和图 3 –2。

表 3 –7    2003 年、2009 年、2015 年我国省域居民人均直接生活碳排放 LISA 聚集结果

| 类型 | 2003 | 2009 | 2015 |
|------|------|------|------|
| 高高聚集 | 北京、天津、河北 | 北京、天津、河北、吉林 | 北京、天津、河北 |
| 高低聚集 | 贵州 | 广东 | 广东 |
| 低低聚集 | 安徽、江西、广东、湖北 | 安徽、湖北、湖南、贵州 | 湖北、贵州 |
| 低高聚集 | | | 吉林 |

对比分析 2003 年、2009 年和 2015 年我国居民人均直接生活能耗碳排放的

Moran's I 散点图,总体来说,趋势基本一致,从2003年开始居民人均生活直接碳排放量呈现缓慢增加的趋势,但各省份之间的空间差异并没有缩小。其中,第一象限表示该省份的居民人均直接生活能耗碳排放量较高并且其周围其他省份的人均碳排放量也相对较高,第三象限表示该省份的居民人均直接生活能耗碳排放量较低并且其周围其他省份的人均碳排放量也相对较低,反映了高高(H-H型)、低低(L-L型)两种类型均为正的空间自相关;第二象限和第四象限则表示高低(H-L型)、低高(L-H)类型,代表非典型的区域。由图3-2可以看出,在三个时间段中,我国大部分省份处于第一、第三象限,2009年与2003年相比,第一象限的省份增加,第二象限的省份相应减少,说明人均碳排放量的空间集聚作用在增强,空间分化的特征更加显著。

图3-2和表3-7显示,2003、2009、2015三年间,具有显著空间自相关的省份主要有7~9个。其中,2003年北京、天津、河北为高高型(H-H型)高值集聚区域,低低型(L-L型)低值集聚区域主要集中在中部的安徽、江西、湖北和南部的广东,贵州表现为高低型(H-L型)地区;到2009年,吉林进入高高型(H-H型)高值集聚区,贵州由原来的高低型(H-L型)转变为低低型(L-L型)低值区域,这主要与贵州的居民直接生活煤炭消费比重的下降有密切关系,另外广东由低低型(L-L型)低值集聚变为高低型(H-L型);2015年,具有显著空间自相关的省份有7个,其中,高高型(H-H型)高值集聚区仍集中在北京、天津、河北,而吉林由高高型(H-H型)高值集聚区变为低高集聚区,另外安徽和湖南退出低低型(L-L型)低值集聚区域。

总体来说,我国省域的居民人均直接生活能耗碳排放量的空间差异较为显著,13年来分布格局特征为:高高型(H-H型)高值集聚区域变化不大,主要集中在北京、天津、河北;低低型(L-L型)低值集聚区主要在中部的安徽、湖北等省,该区域的变化较大;高低型(H-L型)集聚主要在广东;而低高型(L-H型)集聚区域的省份较少。

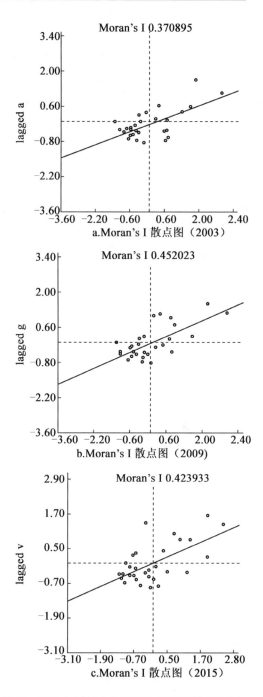

图 3 - 2　2003—2015 年居民人均直接生活能耗碳排放 Moran's I 散点图

# 第五节 人口对居民直接生活能耗碳排放的驱动因素分析

前一节对我国省域居民人均直接生活能耗碳排放的空间分布格局进行了分析,各省域的居民人均直接生活能耗碳排放存在空间异质性,空间因素会对整体的居民直接生活能耗碳排放产生影响,而且各省域的人口、经济、技术发展水平也有较为显著的地区差异。因此本节利用 GWR 模型综合考虑人口规模、结构、居民消费水平和碳排放强度等因素,分析人口对居民人均直接生活能源消费碳排放的影响。

## 一、居民直接生活能耗碳排放驱动因素的确定

很多学者认为,居民直接生活能源消费碳排放的影响因素有很多,目前对居民直接生活能耗碳排放的影响因素选择主要包括三个方面:人口、经济和技术。其中,人口因素主要包括人口总量、城市化率、劳动年龄人口比重(15~64岁)、老年人口比重(65 岁及以上)、家庭规模、受教育程度等因素;经济因素主要包括人均 GDP、居民消费水平等指标;技术因素主要包括能源结构和碳排放强度等。本节在选取人口总量、居民消费水平、碳排放强度的基础上,对人口因素进行扩展,把家庭规模和劳动年龄人口比重也引入其中,更深入地分析人口因素对居民人均直接生活能源消费碳排放的影响,并利用 SPSS22.0 软件对各因素的多重共线性进行检验,结果显示各个因素之间均不存在多重共线性,可以进行 GWR 模型分析。

人口总量:人口总量是指各省份的年末总人口数,单位为万人。人口的增加伴随着大量能源的消耗,从而对居民直接生活能源消费碳排放产生影响,不同地区在不同时间段人口对碳排放的影响呈现不同的变化。

家庭规模:家庭规模常用户均人口数来表示,单位为人/户。家庭规模会对居民的消费结构和消费水平产生影响,进而进一步对居民的消费碳排放产生影响。

劳动年龄人口比重(15～64岁):本节用劳动年龄人口比重来表示人口年龄结构的变化,人口年龄结构的变化也是影响社会经济发展及居民生活情况的主要因素之一,同时也对生活能源的消费产生了影响,从而对居民消费碳排放产生影响。

居民消费水平:经济因素用居民消费水平来表示,单位为元/人。居民消费水平的不断提高,一方面影响着居民的生活消费结构,另一方面也对技术水平产生影响,这两个方面均会对居民生活能源消费产生影响,并对居民人均直接生活能源消费碳排放产生影响。

碳排放强度:碳排放强度用单位 GDP 居民直接生活能源消费碳排放量表示,单位为 t/万元。用以衡量技术因素对碳排放的影响,碳排放强度越小,表示经济发展带来的碳排放在逐渐减少,节能减排效果越好。

## 二、模型结果分析

利用 ArcGIS10.2 软件,选取 2003 年、2009 年和 2015 年三个截面数据,对我国省域居民人均直接生活能耗碳排放的影响因素的空间差异进行分析,整体的回归估计结果见表 3-8。从结果来看,拟合系数在 2003—2015 年逐年下降。

表 3-8 GWR 模型的整体估计结果

| 指标 | 2003 | 2009 | 2015 |
|---|---|---|---|
| $R^2$ | 0.878 | 0.833 | 0.735 |
| 调整 $R^2$ | 0.791 | 0.799 | 0.679 |
| 残差平方和 | 3.525 | 4.832 | 7.690 |
| 带宽 | 1 312 559.465 | 3 549 306.672 | 3 549 306.672 |
| AICc | 61.440 | 49.472 | 63.417 |

### (一)人口规模对居民人均直接生活能耗碳排放的影响

分析 2003 年、2009 年和 2015 年人口规模回归系数的空间分布,首先从回归系数整体来看,2003—2015 年居民人均直接生活能耗碳排放的人口规模回归系数有正值也有负值。其中,2003 年大部分省份的人口规模回归系数为负值,南部的省份人口规模回归系数为正值;2009 年,人口规模的回归系数为负值,在这一时期人口规模与居民人均直接生活能耗碳排放呈负相关;到 2015 年,人口规模的回归系数上升为正值,人口规模与人均碳排放呈正相关关系,三个时间段的人口规模回归系数值均接近于零,说明人口规模对人均碳排放的影响总体不显著。从空间分布差异来看,2003 年,人口规模因素对居民人均直接生活能耗碳排放的影响程度从西北分别向南和东北递减,抑制作用最强的区域主要是新疆、青海,回归系数主要在 -0.42 ~ -0.24;人口规模与人均碳排放呈正相关的区域主要在海南、广东、福建、广西等地区,这些区域的回归系数值均为正值,但值较小,基本趋近于零,对人均碳排放的影响不显著。2009 年与 2003 年相比,人口规模因素对居民人均直接生活能耗碳排放的影响程度降低,回归系数值主要在 -0.103 附近,各个省份之间的回归系数值变化不大,人口规模对人均碳排放的影响程度呈现从北向南阶梯状递减的趋势。2015 年,人口规模对居民人均直接生活能耗碳排放的影响呈正相关,对人均碳排放的增加具有促进作用,人口规模的回归系数主要在 0.052 附近,人口规模因素对居民人均直接生活碳排放的影响不显著;另外,各省份的影响程度分布格局发生了较为显著的变化,人口规模对人均碳排放影响程度从西向东递减。

人口规模对居民人均直接生活能耗碳排放的影响总体不显著,人口规模对居民人均直接生活能耗碳排放影响的回归系数既有正值也有负值,2003 年、2009 年人口规模与居民人均碳排放的影响基本呈负相关,2015 年人口规模与人均碳排放呈正相关关系。从空间差异来看,2003 年人口规模对人均碳排放的影响程度从西北向南递减,2009 年影响程度从北向南递减,到 2015 年从西向东递减,3 年间人口规模的影响程度较高的区域由南向东转移。

**(二)家庭规模对居民人均直接生活能耗碳排放的影响**

2003 年家庭规模因素对居民人均直接生活能耗碳排放的影响有正有负,其中大部分省份家庭规模对人均碳排放的影响为正值,对人均碳排放量的增加具有促进作用;2009 年和 2015 年家庭规模对居民人均直接能耗碳排放量的影响均呈负相关,对居民人均直接生活能耗碳排放增加起抑制作用,其回归系数也一直为负值,其对碳排放的抑制作用呈波动变化趋势,主要表现为先降低后增加。2003 年,家庭规模因素对居民人均直接生活能耗碳排放的回归系数有正有负,家庭规模对人均碳排放的影响程度从北向南递减,新疆、黑龙江、吉林、辽宁、内蒙古、青海、河北、北京、天津的家庭规模对人均碳排放量的回归系数为负值,对人均碳排放的增加起抑制作用;其中,新疆、黑龙江、吉林 3 省区的抑制作用最强,回归系数主要在 −0.772 ~ −0.597,家庭规模对人均碳排放量的增加起正向的促进作用的区域主要集中在中部和南部地区。到 2009 年,家庭规模因素对居民人均直接生活能耗碳排放的影响全部呈现负向作用,回归系数与 2003 年相比,系数值增大,抑制作用减弱;从空间上来看,家庭规模对人均碳排放的影响程度从东北向西南逐渐递减,其中,抑制作用较强的区域主要包括黑龙江、吉林、辽宁、内蒙古和河北,影响程度较低的区域主要有云南、贵州、广西、广东和海南。2015 年,回归系数由原来的在 −0.155 左右变为 −0.321 左右,家庭规模对人均碳排放的抑制作用加强,家庭规模对人均碳排放的影响程度从北向南递减,回归系数值的总体变化不大,其中对人均碳排放影响程度最高的区域主要有黑龙江、吉林、内蒙古和新疆。

总的来说,2003 年,家庭规模对居民人均直接生活能耗碳排放的影响有正有负,对人均碳排放的增加起抑制作用的区域主要集中在北部地区,起促进作用的区域主要集中在南方地区;2009 年、2015 年家庭规模对人均碳排放的影响均呈负相关关系,对比分析 3 年的总体变化趋势,对人均碳排放影响程度较高的区域由东北向西北扩散。2003—2015 年,全国及各省份的家庭规模均呈下降趋势,其中全国的家庭规模由 2003 年的 3.38 人/户降至 2015 年的 2.98 人/户,降幅达到 11.83%,一定程度上对居民人均直接生活能耗碳排放量增加起到了减弱作用。

### (三)劳动年龄人口比重对居民人均直接生活能耗碳排放的影响

分析 2003 年、2009 年和 2015 年劳动年龄人口比重回归系数的空间分布可知,2003 年劳动年龄人口比重对居民人均直接生活能耗碳排放的回归系数值有正有负,其中仅有少数省份的劳动年龄人口比重对人均碳排放量的影响呈负相关,其他大部分地区均为正相关;2009 年、2015 年劳动年龄人口比重对人均碳排放的影响均为正相关关系,对人均碳排放量的增加起促进作用。2003年,黑龙江和新疆的劳动年龄人口比重对人均碳排放的回归系数为负值,其他省份的回归系数均为正值,大部分地区的劳动年龄人口比重对人均碳排放量的增加具有促进作用;从回归系数来看,系数值变化较为显著,劳动年龄人口比重对人均碳排放的影响程度由中部分别向西北、东北和南部递减,其中对人均碳排放增加促进较强的区域占中部的大部分省份。2009年,劳动年龄人口比重对居民人均直接生活能耗碳排放的影响呈现正相关,且与同年其他四个因素相比,其影响程度最大,回归系数主要在0.610左右,各省份间的回归系数值变化不大;从空间上来看,劳动年龄人口比重对人均碳排放的影响程度从西南向东北逐渐减小,对人均碳排放影响程度较高的区域主要有海南、广东、广西、云南和贵州,与2003年相比,向西南转移。2015年与2009年相比,劳动年龄人口对居民人均直接生活能耗碳排放的影响程度略有下降,但仍呈正相关关系,回归系数主要集中在0.452左右,劳动年龄人口比重对人均碳排放的影响程度从东南向西北递减,对人均碳排放影响程度较高的区域主要集中在广东、福建、浙江等东南部沿海地区,主要是因为东南部沿海地区经济的快速发展促使大量的劳动力向这些地区集聚,而劳动年龄人口对消费的需求比较旺盛,从而导致居民人均直接生活能源消费产生的二氧化碳排放量增加。

综合来看,2003年,大部分地区的劳动年龄人口比重对居民人均直接生活能耗碳排放量的增加起促进作用,仅新疆、黑龙江起抑制作用;2009年和2015年,劳动年龄人口比重对人均碳排放的影响均为正向的促进作用,其中2009年,劳动年龄人口比重对人均碳排放的影响程度高于同年的其他因素。3年间,对人均碳排放影响程度较高的区域从中部向西南再向东南转移,影响程度较低的区域从东北逐渐向西北转移。

**(四)居民消费水平对居民人均直接生活能耗碳排放的影响**

从回归系数来看,2003—2015年居民消费水平对居民人均直接生活能耗碳排放的回归系数均为正值,说明居民消费水平对居民人均直接生活能耗碳排放量的增加呈现促进作用,随着居民消费水平的提高,居民人均直接生活能耗碳排放量也不断增加。2003年,居民消费水平对人均碳排放的回归系数主要在

0.420～0.820,对人均碳排放影响程度较高的区域主要集中在新疆、青海、甘肃、内蒙古、云南等西部地区,回归系数均高于0.665,居民消费水平对人均碳排放的影响程度在空间上从西向东递减。2009年,居民消费水平对居民人均直接生活能耗碳排放的影响程度整体下降,但仍对居民人均碳排放量的增加起促进作用,居民消费水平对人均碳排放的影响程度由北向南逐步降低,影响程度较高的区域主要有新疆、内蒙古、青海、甘肃4省区,影响程度较低的区域主要是广东、广西、福建、海南等省份,与2003年相比,低值区向西南转移。2015年,居民消费水平对居民人均直接生活能耗碳排放的影响程度较2009年略有下降,对人均碳排放的影响仍为正相关关系;从空间差异来看,居民消费水平对人均碳排放的影响程度由西北向东南逐渐降低,对人均碳排放影响较高的区域主要集中在西北地区,影响程度较低的区域主要在东南地区。

总的来说,2003—2015年居民消费水平对居民人均直接生活能耗碳排放的影响呈现正相关,对居民人均碳排放量的增加具有促进作用。首先从回归系数来说,居民消费水平对居民人均碳排放的影响程度呈逐年下降趋势;从空间差异上来看,居民消费水平对人均碳排放的影响程度较高的区域主要集中在西北地区,影响程度较低的区域由东向西南转移。

**(五)碳排放强度对居民人均直接生活能耗碳排放的影响**

通过2003年、2009年和2015年碳排放强度回归系数的空间分布可知,2003—2015年碳排放强度对居民人均直接能耗碳排放的影响表现出较为明显的正相关。2003年,碳排放强度对居民人均直接生活能耗碳排放的回归系数值主要在0.530～1.500,碳排放强度与其他四个因素相比对人均碳排放量的影响程度最为显著;碳排放强度对人均碳排放量的影响程度呈现由北向南降低的空间格局,其中,影响程度最高的区域主要是在黑龙江、吉林等省份,回归系数值均高于1.000。到2009年,碳排放强度对人均碳排放量的影响程度与2003年相比出现下降,回归系数值主要在0.461左右;从空间上来看,碳排放强度对人均碳排放量的影响程度从西北向东南递减,但各省份之间的回归系数值相差不大,其中,碳排放强度对人均碳排放量影响程度较高的区域主要是在新疆,其次是青海、甘肃、内蒙古等省份,影响程度较低的省份主要有江苏、浙江、福建、广东、海南。2015年,碳排放强度对居民人均直接生活能耗碳排放的影响程度与2009年相比略有回升;碳排放强度对人均碳排放的影响程度呈现从北向南逐渐降低的空间格局,碳排放强度对人均碳排放影响程度较高的区域由西北地区不断向东北部扩散,影响程度较低的区域由西南向东南转移。

总体来看,2003—2015年碳排放强度对居民人均直接生活能耗碳排放的影响呈正向的促进作用,回归系数值呈现先降低再上升的趋势;从空间差异来看,北部地区的碳排放强度对人均碳排放量的影响程度要高于东南地区,提高技术创新能力仍是实现节能减排的主要方式。

# 第六节 本章小结

## 一、研究结论

本章利用IPCC提供的参考方法对2003—2015年我国省域居民直接生活能耗碳排放进行了估算,首先对居民直接生活能耗碳排放特征变化趋势进行了分析,利用重心迁移方法分析了13年间我国居民人均直接生活能耗碳排放的迁移路径,并利用空间分析方法对居民直接生活能耗碳排放的时空变化规律和差异进行了深入研究,最后利用GWR模型从人口角度分析了居民直接生活能耗碳排放的影响因素。

(1)2003—2015年,我国省域居民直接生活能耗碳排放量整体呈现波动上升趋势。其中,居民直接生活能耗碳排放量较高的省份主要有河北、广东、四川,居民生活直接能耗碳排放量较低的地区主要是海南、宁夏和青海。居民直接生活能耗碳排放主要是由煤炭和电力碳排放构成,各省份的居民人均直接生活能耗碳排放量整体呈上升趋势,其中,北京的居民人均直接生活能耗碳排放量最大,值在1t/人以上;人均碳排放量值较低的省份主要有海南、广西、湖南、山东。居民直接生活能耗碳排放强度呈现平稳下降趋势,贵州、青海、新疆、甘肃等西部地区的碳排放强度明显高于江苏、海南、上海、浙江等东南部地区。

(2)重心迁移结果显示,居民人均直接生活能耗碳排放重心迁移路径整体由西北向东南方向迁移,2003—2010 年重心位置主要在山西省的东南部,2011年以后重心位置迁移至河南省的西北部。

(3)空间格局变化分析结果显示,居民人均直接生活能耗碳排放量高值区域呈现由西北向东北增加的趋势,低值区呈现由东南向西北扩散;居民消费水平的高值区域主要集中分布在东部沿海地区,低值区主要分布在西部地区;北京、天津的人均碳排放量与居民消费水平的高值区均较高,主要受这两个地区经济快速发展的影响,而低值区主要集中在西部地区,主要是受经济发展水平等的限制。

(4)空间自相关结果显示,从全局自相关来看,研究期间我国省域的居民人均直接生活能耗碳排放的空间依赖作用较为显著,2003—2015 年全局 Moran's I值整体呈现波动上升趋势,局部自相关 LISA 集聚分析结果显示,高高型(H－H型)高值集聚区域主要集中在北京、天津、河北,低低型(L－L型)低值集聚区主要在中部的安徽、湖北等省份,高低型(H－L型)集聚主要在广东,而低高型(L－H型)集聚区域的省份较少。

(5)GWR 分析结果显示,2003—2015 年各个影响因素对居民人均直接生活能耗碳排放的回归系数随时间的推移产生较大的变化。另外各个省域的影响因素的回归系数也存在较为显著的空间差异,而且各个因素对人均碳排放量的影响程度也不尽相同。其中,居民消费水平、居民直接生活能耗碳排放强度、劳动年龄人口比重对居民人均直接生活能耗碳排放的增加具有促进作用,家庭规模对人均碳排放的影响呈现较强的负向抑制作用,人口规模因素对人均碳排放的影响不显著。

## 二、政策建议

(1)调整居民的能源消费结构,积极推动对低碳清洁能源的利用。当前我国多数省份的居民直接生活能源消费仍以煤炭和电力为主,能源结构较单一,而且有效利用率也较低。一方面,应适当调整能源消费的利用结构,减少煤炭和电力等高碳排能源的消费,因地制宜地开发利用太阳能等清洁能源,大力发展循环经济。另一方面,通过创新技术改革提高能源利用效率,降低碳排放等污染物的排放,使能源的利用向节约化和低碳化方向发展,积极推广节能新技术的应用,加强各个地区之间节能减排技术的交流与合作。

(2)优化人口结构和素质,提高居民的低碳消费意识。人口因素对居民直接生活能耗碳排放的影响具有较大的影响,应对人口结构的发展进行优化,提高人口素质,改变传统的消费意识,积极提倡低碳绿色的消费理念,构建可持续发展的居民消费模式;并且积极发展低碳化社区建设,在居民社区积极开展低碳消费的宣传和文化建设,提高公众的节能减排意识,在日常生活中逐步形成绿色、低碳的生活和消费方式。

(3)提高创新能力,发展绿色低碳产品。创新是转变经济发展、能源消费模式的关键措施,加大创新建设,创建新型绿色发展的城市模式和产业集群,充分发挥创新在能源利用和低碳发展中的积极作用;同时加大对创新型人才的培养和引进,发挥人才在创新中重要作用,利用新技术和新能源发展绿色低碳产品,促进居民低碳消费。

(4)政府因地制宜地制定政策。根据各个省份的具体发展状况,国家在原有减排目标和任务的背景下,因地制宜地制定节能减排政策。另外,为了更有利于引导居民进行合理的能源消费,实施差异化的消费政策,制定合理的低碳消费战略计划,明确低碳消费的各种方案和措施。

# 参考文献

[1]　顾和军,曹杰. 人类活动影响二氧化碳排放研究进展[J]. 阅江学刊, 2010(1):48-54.

[2]　WEBER C,PERRELS A. Modelling lifestyle effects on energy demand and related emissions[J]. Energy policy, 2000,28(8):549-566.

[3]　KOK R, BENDERS R M J,MOLL H C. Measuring the environmental load of household consumption using some methods based on input-output energy a-nalysis: A comparison of methods and a discussion of results[J]. Energy policy, 2006,34(17):2744-2761.

［4］ REINDERS H M E, VRINGER K, BLOCK K. The direct and indirect energy requirement of households in the European Union［J］. Energy policy, 2003, 31(2):139-153.

［5］ 张艳, 秦耀辰. 家庭直接能耗的碳排放影响因素研究进展［J］. 经济地理, 2011,31(2):284-288,293.

［6］ 冯玲, 吝涛, 赵千钧. 城镇居民生活能耗与碳排放动态特征分析［J］. 中国人口·资源与环境, 2011,21(5):93-100.

［7］ MUNKSGAARD J, PEDERSEN K A, WIEN M. Impact of household consumption on $CO_2$ emissions［J］. Energy economics, 2000,22(4):423-440.

［8］ BIN S, DOWLATABAD H. Consumer lifestyle approach to US energy use and the related $CO_2$ emissions［J］. Energy policy, 2005,33(2):197-208.

［9］ LAN C L, WU G, NAN WANG J, et al. China's carbon emissions from urban and rural households during 1992 – 2007［J］. Journal of cleaner production, 2011,19(15):1754-1762.

［10］ 方文玉, 赵雪雁, 王伟军, 等. 中国城市居民生活能源碳排放的时空格局及影响因素分析［J］. 环境科学学报, 2016,36(9):3445-3455.

［11］ DAS A, PAUL S K. $CO_2$ emissions from household consumption in india between 1993 – 1994 and 2006 – 2007: A decomposition analysis［J］. Energy economics, 2014,41(1):90-105.

［12］ DRUCKMAN A, JACKSON T. The carbon footprint of UK households 1990 – 2004: A socio-economically disaggregated, quasi-multi-regional input-output model［J］. Ecological economics, 2009,68(7):2066-2077.

［13］ LI Y M, ZHAO R, LIU T S, et al. Does urbanization lead to more direct and Indirect household carbon dioxide emissions? Evidence from China during 1996 – 2012［J］. Journal of cleaner production, 2015(102):103-104.

［14］ 吴开亚, 王文秀, 张浩, 等. 上海市居民消费的间接碳排放及影响因素分析［J］. 华东经济管理, 2013,27(1):1-7.

［15］ WEI Y M, LIU L C, FAN Y, et al. The impact of lifestyle on energy use and $CO_2$ emission: An empirical analysis of China's residents[J]. Energy policy, 2007,35(1):247-257.

[16] BARGAOUI S A , LIOUANE N, NOURI F Z. Environmental impact determinants: an empirical analysis based on the STIRPAT model[J]. Procedia-social and behavioral sciences, 2014, 109(2):449-458.

[17] CRANSTON G R, HAMMOND G P. Egalite, fraternite, sustainabilite: evaluating the significance of regional affluence and population growth on carbon emission[J]. International journal of global warming, 2010,2(3):189-210.

[18] PULIAFITO S E, PULIAFITO J L, GRAND M C. Modeling population dynamics and economic growth as competing species: An application to $CO_2$ global emissions[J]. Ecological economics, 2008,65(3):602-615.

[19] ROSA E A, YORK R, DIETZ T. Tracking the anthropogenic drivers of ecological impacts[J]. AMBIO:A journal of the human environment, 2004,33(8):509-512.

[20] 张丽峰. 北京人口经济、居民消费与碳排放动态关系研究[J]. 干旱区资源与环境, 2015,29(2):9-17.

[21] 洪业应, 向思洁, 陈景信. 重庆市人口规模、结构对碳排放影响的实证研究——基于 STIRPAT 模型分析[J]. 西北人口, 2015,36(3):13-17.

[22] 宋晓晖, 张裕芬, 汪艺梅, 等. 基于 IPAT 扩展模型分析人口因素对碳排放的影响[J]. 环境科学研究, 2012,25(1):109-115.

[23] JIANG L W, HARDEE K. How do recent population trends matter to climate change? [J]. Population research and policy review, 2011,30(2):287-312.

[24] ZHU Q, PENG X Z. The Impacts of population change on carbon emissions in China during 1978 – 2008[J]. Environmental impact assessment review, 2012,36(5):1-8.

[25] MARTINEZ-ZARZOSO I,MAROUTTI A. The impact of urbanization on $CO_2$

emissions: Evidence from developing countries[J]. Ecological economics, 2011,5(7):1344-1353.

[26] 李飞越. 老龄化、城镇化与碳排放——基于 1995—2012 年中国省级动态面板的研究[J]. 人口与经, 2015(4):9-18.

[27] 郭郡郡, 刘成玉, 刘玉萍. 城镇化、大城市化与碳排放——基于跨国数据的实证研究[J]. 城市问题, 2013(2):2-10.

[28] 肖周燕. 中国城市化发展阶段与 $CO_2$ 排放的关系研究[J]. 中国人口·资源与环境, 2011,21(12):139-145.

[29] 梁雪石, 贾利. 基于岭回归的黑龙江省城镇化对碳排放中的影响分析[J]. 国土与自然资源研究, 2015(4):30-32.

[30] 刘华军. 城市化对二氧化碳排放的影响——来自中国时间序列和省级面板数据的经验证据[J]. 上海经济研究, 2012,24(5):24-35.

[31] 马晓钰, 李强谊, 郭莹莹. 我国人口因素对二氧化碳排放影响——基于 STIRPAT 模型的分析[J]. 人口与经济, 2013(1):44-50.

[32] 曲如晓, 江铨. 人口规模、结构对区域碳排放的影响研究——基于中国省级面板数据的经验分析[J]. 人口与经济, 2012(2):10-17.

[33] 王星, 刘高理. 甘肃省人口规模、结构对碳排放影响的实证分析——基于扩展的 STIRPAT 模型[J]. 兰州大学学报, 2014,42(1):127-132.

[34] DALTON M, ONEILL B C, PRSKAWETZ A, et al. Population aging and future carbon emissions in the United States[J]. Energy economics, 2008, 30(2):642-675.

[35] 杜运伟, 黄涛珍. 江苏省人口规模、结构对碳排放的影响分析[J]. 长江流域资源与环境, 2013,22(4):400-403.

[36] 尹向飞. 人口、消费、产业结构与老龄化对湖南碳排放的影响及其演进分析——基于 STIRPAT 模型[J]. 西北人口, 2011,32(2):65-82.

[37] 李楠, 邵凯, 王前进. 中国人口结构对碳排放量影响研究[J]. 中国人口·资源与环境, 2011,21(6):19-23.

[38] 王钦池. 基于非线性假设的人口与碳排放关系研究[J]. 人口研究,

2011,35(1):3-13.

[39] 王芳,周兴. 人口结构、城镇化与碳排放——基于跨国面板数据的实证研究[J]. 中国人口科学,2012(2):47-56.

[40] 刘辉煌,李子豪. 中国人口老龄化化与碳排放的关系——基于因素分解和动态面板的实证分析[J]. 山西财经大学学报,2012,34(1):1-8.

[41] MIEHE R, SCHEUMANN R. Regional carbon footprints of households: A German case study [J]. Environment, development and sustainability, 2016,18(2):577-591.

[42] 彭希哲,朱勤. 我国人口态势与消费模式对碳排放的影响分析[J]. 人口研究,2010,34(1):48-58.

[43] 王钦池. 家庭规模对中国能源消费和碳排放的影响研究[J]. 资源科学,2015,37(2):299-307.

[44] 李怡涵,牛叔文,沈义,等. 中国人口发展对家庭生活基本能耗及碳排放的影响分析[J]. 资源科学,2014,36(5):988-997.

[45] 方齐云,陶守来. 基于人口与城镇化视角的中国碳排放驱动因素探究[J]. 当代财经,2017,03:14-25.

[46] 王长建,张虹鸥,叶玉瑶,等. 广东省能源消费碳排放影响机理分析——基于IO-SDA模型[J]. 热带地理,2017,37(1):10-18.

[47] 曲建升,刘莉娜,曾静静,等. 中国城乡居民生活碳排放驱动因素分析[J]. 中国人口·资源与环境,2014,24(8):33-41.

[48] EHRLICH P R, EHRLICH A H. Population, resources, environment: Issues in human ecology [M]. San Francisco: W. H. Freeman and Co., 1970.

[49] WAGGONER P E, AUSUBEL J H. A framework for sustainability science: A renovated IPAT Identity[J]. Proceedings of the national academy of sciences, 2002, 99(12):7860.

[50] YORK R, ROSE E A, DIETZ T. STIRPAT, IPAT and IMPACT: Analytic tools for unpacking the driving forces of environmental impacts[J]. Ecologi-

cal economics, 2003,46(3):351-365.

[51] 焦文献,陈兴鹏. 基于 STIRPAT 模型的甘肃省环境影响分析——以 1991—2009 年能源消费为例[J]. 长江流域资源与环境, 2012,21(1): 105-110.

[52] 黄蕊,王铮. 基于 STIRPAT 模型的重庆市能源消费碳排放影响因素研究[J]. 环境科学学报, 2013,33(2):602-608.

[53] 黄蕊,王铮,丁冠群,等. 基于 STIRPAT 模型的江苏省能源消费碳排放影响因素分析及趋势预测[J]. 地理研究, 2016,35(4):781-789.

[54] 朱远程,张士杰. 基于 STIRPAT 模型的北京地区经济碳排放驱动因素分析[J]. 特区经济, 2012(1):77-79.

[55] 刘晓红,江可申. 基于 PLS-VIP 方法的我国居民间接碳排放研究[J]. 环境工程, 2017, 35(2):168-173.

[56] 张翠菊,覃明锋. 基于时间序列数据的中国碳排放强度影响因素协整分析[J]. 生态经济,2017,33(3):53-56.

[57] 程叶青,王哲野,张守志,等. 中国能源消费碳排放强度及其影响因素的空间计量[J]. 地理学报, 2013,68(10):1418-1431.

[58] 赵巧芝,闫庆友,赵海蕊. 中国省域碳排放的空间特征及影响因素[J]. 北京理工大学学报(社会科学版), 2018,20(1):9-16.

[69] 邱立新,徐海涛. 中国城市群碳排放时空演变及影响因素分析[J]. 软科学, 2018,32(1):109-113.

[60] 王雅楠,赵涛. 基于 GWR 模型中国碳排放空间差异研究[J]. 中国人口·资源与环境, 2016,26(2):27-34.

[61] 陈志建,王铮. 中国地方政府碳减排压力驱动因素的省际差异——基于 STIRPAT 模型[J]. 资源科学, 2012,34(4):718-724.

[62] 袁长伟,芮晓丽,武大勇,等. 基于地理加权回归模型的中国省域交通碳减排压力指数[J].中国公路学报, 2016,29(6):262-270.

[63] 王宁. 中国建筑业碳排放强度空间特征及其影响因素研究[D].西安:长安大学,2017.

[64] 王妍. 中国农业碳排放时空特征及空间效应研究[D]. 昆明:云南财经大学,2017.

[65] 刘莉娜,曲建升,黄雨生,等. 中国居民生活碳排放的区域差异及影响因素分析[J]. 自然资源学报, 2016,31(8):1364-1377.

[66] 丁澜. 广东省居民食品消费碳排放空间差异研究[D]. 广州:广州大学,2013.

[67] 施金龙,吕洁. 应用统计学[M]. 南京:南京大学出版社,2005.

# 第四章　省域空间碳补偿机制与模式研究

党的十九大报告指出："人与自然是生命共同体,人类必须尊重自然、顺应自然、保护自然。"这是新时代背景条件下可持续发展理论的深化,有助于建设美丽中国。

随着低碳经济概念的提出,各国学术界对碳排放和补偿机制的研究也越来越多,研究成果也越来越丰富,本章以多个领域的碳排放、碳吸收为基本对象,进行碳公平、碳补偿的核算研究分析,以我国经济转型过程中的重要时间段、时间节点为研究对象,对过去部分时间段的碳补偿情况进行分析,并对未来碳补偿的实施有所展望。碳补偿的理念简单说就是产生了碳排放就要对其进行补偿,排放出多少碳就要采取措施进行多少补偿。也可以理解为碳排放主体以经济或非经济方式对碳吸收主体或者生态保护者给予一定的补偿。其实质就是对为了保护环境而放弃经济发展机会而造成的损失和保护碳汇所需的成本给予经济上的补偿。在气候变化背景下,实施碳汇的碳补偿,对推动区域碳减排和社会低碳发展都具有重要的实践意义。

本章对2002—2016年的能源消费、工业生产过程、食物消费、农业活动以及废弃物的碳排放进行核算,同时对陆地生态系统的碳吸收也进行核算,可以了解、分析15年间我国碳收支的时空变化情况。通过碳排放与碳吸收的核算,构建洛伦兹曲线,并对生态承载系数和经济贡献系数进行核算,对碳排放公平性进行分析,对碳补偿率进行核算,可以对省域间的碳平衡进行分区研究,对不同区域提出不同的发展建议。通过构建碳补偿模型,核算分析省域间碳补偿值,运用空间自相关分析法对全局和局部的碳补偿值进行空间自相关分析。通过对冷热点集聚区的分析,更好地了解不同地区的碳补偿集聚情况,结合分析过程对省域间碳补偿提出合理化建议。

# 第一节　省域空间碳补偿机制

## 一、碳排放公平性测度分析研究

碳排放公平的本质是测度碳空间分配差异。部分学者利用收入分配中的变差系数、基尼系数、熵值系数和 Atkinson 指数来研究碳排放公平性问题。

一些学者运用收入分配公平的研究思路,将不同的收入分配指数应用于碳排放公平性的问题中。Hedenus 等人利用 Atkinson 指数对不同国家的人均排放的不公平进行了测度。Duro 等人利用 Theil 指数说明人均收入的不均会在很大程度上影响人均排放的不公平。Heil 等人根据基尼系数对不同国家人均排放的不公平进行了测度。Groot 等人通过核算人均碳排放数据,构建了碳洛伦兹曲线和碳排放的基尼系数。Emilio 等人则在构造各国碳排放时间序列模型的基础之上,进一步揭示了各国人均收入水平对各国碳排放公平程度的影响,根据研究得出结论:生活水平高的国家具有较高碳排放水平,这挤占了相当一部分收入水平较低国家的碳排放空间,收入水平的不平等是导致碳排放公平性失衡的主要原因,即人均收入的差异造成了碳排放的不公平。Emilio 等人同时也强调,通过南北对话、南南合作等方法,碳排放水平公平性的失衡用经济的快速发展进行补充,可以实现双赢的结果。张为付等人利用我国各省区市碳排放规模和强度变化率的差异方法,计算了碳排放规模转移指数和碳排放强度转移指数。

杨振等人提出了一种评估环境污染的新方法,即通过计算环境污染的基尼系数和人口(经济)的污染系数,看二者之间是否有一致性。滕飞等人以人均历史累计碳排放为基础,对国际的碳排放基尼系数进行核算。对我国区域间碳排放分配的研究略少,但是部分学者对不同国家间碳排放分配问题进行了研究。Bohmand、Larsen 和 Kverndokk 等学者都以人口为基准,对碳排放权的分配进行研究和分配原则的改进,得出结论:人口规模是影响排放权分配原则的一个重要原因。丁仲礼等人提出人均累计排放是可以充分体现出不同国家是共同而又有区别的公平原则。

## 二、不同领域的碳补偿机制和碳补偿模式研究

碳补偿是全球气候变化和低碳背景下产生的生态补偿研究的新领域。碳补偿是一种生态补偿机制,侧重研究如何消除和吸收以二氧化碳为主的温室气体的排放。国外研究者对碳补偿的研究重点在森林碳补偿、碳市场和碳补偿标准3个方面。Knoke 等人尝试把热带雨林分为四种常用的土地类型,分别是农田、牧场、人工林和自然林,通过研究发现农田的碳补偿标准最高,对碳补偿标准的影响最大。Yu 等人通过分析计算植树造林碳补偿的额度的方法,在土地的预期价值模型构建过程中,增加固碳获益的功能,可以估算出森林固碳产生的社会效益。Barua 等人通过构建动态模型,对森林碳补偿进行了研究,需要通过协调土地收益税和森林碳补偿对森林资源进行保护;需要政府出面让林地拥有者获得碳交易的收益,土地收益税是否最优决定了是让渡不足还是超额让渡,因此,碳补偿的过程中应将国家政策放在优先方面考虑。Benjamink 分析了八个许可证流通市场,认为信贷市场在环境退化、碳泄漏、程序设计、价格波动率和交易成本等情况下易妥协,这些问题对寻求有效的公共政策和更公平设计来处理气候变化和环境恶化的影响提供了帮助。Dhanda 等人对来自不同国家的 117 名碳补偿提供者进行了实证研究,发现区分碳补偿提供者可以根据透明度、价格、额外性等标准区分。

碳补偿的研究中,国内学者费岑芳的"乡村旅游碳补偿"、余光辉等人的"森林碳补偿"都对建立系统的碳补偿模式和方法进行了有效的探索。武曙红等人认为"碳补偿"是碳排放者通过购买温室气体减排额度,用购买到的额度去抵消或者补偿其自身所排放的温室气体的一种减排的方法。公衍照等人认为碳补偿相当于碳中和,碳补偿并不是直接的减排,而是排放者的一种间接的减排方法。赵荣钦等人认为碳补偿是碳排放生产者通过经济或者非经济手段对碳吸收主体或生态保护者给予一定补偿的行为。张珊珊等人通过对江苏省工业终

端能源消费碳排放的分析研究,提出了针对企业的碳补偿策略。赵秦龙等人从碳补偿角度对云南省林业的可持续发展模式进行分析。

　　Jack 等人以环境效益、成本效益和扶贫等政策方面为视角,从自然环境、社会经济、政治和生态系统服务四方面制定碳补偿对策。Kollmuss 等人根据自愿的碳市场发挥的作用,制定出基于项目绩效验证的一种碳补偿标准,并对每个标准的优劣信息进行归纳总结,研究结果具有较高的可信度和可行性。Hamilton 等人在《加速国家自愿碳市场发展报告》中从规模、参与者、项目类型、价格和碳交易量等几个角度,对自主意愿的碳市场进行了全面的分析。Bumpus 等人对清洁发展机制和自愿碳补偿机制的结构差异进行分析,建议通过制定清洁发展机制的最高标准来确保自愿碳补偿机制下企业的实际碳减排效果,从而建立稳定规范的碳交易市场。Bienabe 等人通过对哥斯达黎加本地居民和游客进行碳补偿支付意愿调查,发现即使是不同地区的人,也都可以接受对生态环境付费,而且对保护环境的费用支出意愿大于因美学欣赏产生的支付意愿,说明人们能自愿接受支付碳补偿的资金。McKercher 等对香港居民进行调查,发现绝大部分参与者愿意为自己生产、生活所产生的碳排放支付补偿金额,约需支付的补偿额度在一次旅游消费的 5% 左右。此外,还有学者指出,可以通过强制征收碳税来补偿旅游活动所产生的碳排放,如 Mayor 和 Tol 都研究了通过征收航空运输业碳税的方式,是否会对游客人数造成影响。Brouwer 等人通过对游客的调查,发现大部分游客是不支持征收旅游碳税的,而且对碳补偿越了解的人越不愿意支付碳税。

　　王立国等人从自愿机制(支付意愿)、激励机制(足够的精神和物质激励)和强制机制(征收碳税)的不同背景对游客的碳补偿进行研究,结果表明:最有利于提高游客的碳补偿意愿的是激励机制,并且具有较高的补偿强度,碳补偿强度最低的是自愿机制,参与人数最少的是强制机制。

## 三、省域空间碳补偿机制分析

　　"碳补偿"一词源于生态补偿,其手段可以通过防止碳排放和经过减排保存的二氧化碳,用来补偿其他生产生活产生的碳排放。碳补偿主要包括对已经损害的部分碳排放进行补偿,这里包括个人,也包括集体。随着碳补偿的推广,碳交易市场也应运而生,许多发达国家及地区,如日本和欧美等都已通过,二氧化碳的交易在环境和经济方面取得了显著的效益。在实现补偿上,可以通过经济方式或政策法规等方面实现补偿,即谁破坏谁补偿的方式。实施碳补偿的最终目的就是保护环境,促进人与环境的协调发展(图4-1)。

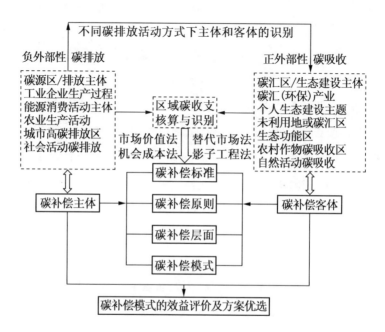

图4-1　区域碳补偿理论框架

# 第二节　研究思路与方法

## 一、研究思路

在总结国内外碳公平与碳补偿相关文献的基础上,以2002—2016年为研究期起始时间点,对我国省域碳公平与碳补偿进行如下分析。

(1)利用碳排放系数法核算能源消费、工业生产过程、食物消费、农业活动以及废弃物等领域的碳排放,核算陆地生态系统的碳吸收情况,进行时空变化分析。

(2)构建洛伦兹曲线,核算生态承载系数与经济贡献系数,分析碳排放的公平性,通过计算碳补偿率等,将省域空间的碳平衡进行分区研究。

(3)建立碳补偿模型,对碳补偿值进行计算,并根据碳补偿值不同,划分碳补偿类型区,不同时间、空间上碳补偿的变化,利用空间自相关分析法,分析不同地区的碳补偿情况。

(4)通过对省域碳补偿的分析,从多个角度提出合理化建议。

## 二、研究方法

### (一)碳排放计算方法

1. 能源消费碳排放

选取煤炭、原油、天然气的碳排放总量为研究指标,参考《IPCC 国家温室气体清单指南》中碳排放的核算方法,对能源消费碳排放进行核算,在将能源消费总量转换为标准煤后,根据每种能源本身的碳排放系数不同,可以核算出我国省域能源消费碳排放量,具体核算公式为

$$CE_p = \sum Q_e \times \alpha_i \times \beta_i \qquad (4-1)$$

其中,$CE_p$ 能源消费碳排放总量;$Q_e$ 为第 $i$ 种能源的消费量;$\alpha_i$ 和 $\beta_i$ 分别为能源的折标煤系数和碳排放系数,具体折标煤系数和碳排放系数见表4-1。

表4-1　能源折标煤系数和碳排放系数

| 能源类型 | 煤炭 | 原油 | 天然气 |
|---|---|---|---|
| 折标煤系数[t(c)/t] | 0.714 3 kg/kg | 1.428 6 kg/kg | 1.330 0 kg/kg |
| 碳排放系数[t(c)/t] | 0.755 9 | 0.585 7 | 0.448 3 |

2. 工业生产过程的碳排放

工业生产过程中碳排放情况比较复杂,碳排放强度涉及不同地区的生产工艺、生产能耗等情况。由于各行业的工业生产工艺数据收集困难,参考国内外

相关研究的参数,选取工业生产过程中钢铁、水泥、合成氨的生产过程为样本,根据工业产品的产量对工业生产过程中碳排放量进行初步推算,具体核算公式为

$$CE_m = \sum Q_p \times C_m \times 12/44 \qquad (4-2)$$

其中,$CE_m$ 为工业生产过程的碳排放总量;$Q_p$ 为第 $i$ 种工业产品的产量;$C_m$ 为第 $i$ 种工业生产的碳排放因子,具体见表 4-2。

表 4-2　主要工业生产过程中的碳排放因子

| 主要工业产品 | 钢铁 | 水泥 | 合成氨 |
|---|---|---|---|
| 排放因子[t(c)/t] | 1.06 | 0.136 | 3.273 |

### 3. 食物消费碳排放

将食物消费碳排放分为城镇和乡村两部分,均采用食物消费量进行核算,具体核算公式为

$$CE_f = \sum Q_f \times b_i \qquad (4-3)$$

其中,$CE_f$ 为食物消费总碳排放量;$Q_f$ 为第 $i$ 种食物消费量;$b_i$ 为第 $i$ 种食物的碳排放系数,每种食物消费碳排放系数见表 4-3。

表 4-3　居民食物消费碳排放系数

| 种类 | 碳排放系数[t(c)/t] | 种类 | 碳排放系数[t(c)/t] |
|---|---|---|---|
| 粮食 | 0.326 8 | 蛋类 | 0.151 0 |
| 蔬菜 | 0.027 4 | 奶类 | 0.062 9 |
| 畜禽肉 | 0.254 6 | 水果 | 0.049 8 |
| 水产品 | 0.143 3 | | |

### 4. 农业活动碳排放

农业活动过程中产生大量碳排放的同时,也有大量的碳吸收,在核算农业碳排放时具有较大困难,部分数据难以获取或准确记录。结合国内外学者的研

究成果,本研究从稻田甲烷碳排放、动植物肠道发酵和粪便碳排放以及农作物耕作活动碳排放三方面对农业碳排放进行核算。

(1)稻田甲烷碳排放。

在厌氧条件下,水稻会产生大量的甲烷,是重要的甲烷排放源。结合唐红侠等学者的研究,根据王明星的研究对中国省域稻田甲烷碳排放的估算参数进行整理,具体核算方法为

$$CE_p = A_p \times C_p \times T_p \times 12/16 \qquad (4-4)$$

其中,$CE_p$ 为各省域稻田甲烷排放总量;$A_p$ 为稻田面积;$C_p$ 为甲烷排放率;$T_p$ 为水稻生长周期,其中甲烷排放率参照王明星的研究结果。

(2)动物肠道发酵和粪便碳排放。

结合《IPCC 国家温室气体清单指南》《中国温室气体清单研究》的参数,选取猪、牛、羊等主要动物的参数,结合动物数量,可以计算出动物肠道发酵和粪便碳排放,具体方法为

$$CE_a = \sum_i N_{ai} \times (C1_{ai} \times C2_{ai}) \qquad (4-5)$$

其中,$CE_a$ 为动物的碳排放总量;$N_{ai}$ 为第 $i$ 种动物的数量;$C1_{ai}$ 为第 $i$ 种动物肠道发酵的甲烷排放系数;$C2_{ai}$ 为第 $i$ 种动物粪便的甲烷排放系数,具体数值见表 4 - 4。

表 4 - 4　动物甲烷排放参数表

单位:千克甲烷/(头·年)

| 类别 | 猪 | 牛 | 羊 |
|---|---|---|---|
| 肠道发酵 | 1 | 61 | 5 |
| 动物粪便 | 0.764 | 17.68 | 0.148 |

(3)农作物耕作活动碳排放。

参考李波、宋德勇等学者建立的碳排放方程,构建农作物活动碳排放的核算方法为

$$E_t = G_f A + T_p B + (S_m C + P_m D) + F_a E + A_i F \qquad (4-6)$$

其中,$A$、$B$、$C$、$D$、$E$、$F$ 均为转换系数;$E_t$ 为农业活动碳排放总量;$G_f$ 为化肥使用量;$T_p$ 为农药使用量;$S_m$ 为农作物种植面积;$P_m$ 为农业机械总动力;$F_a$ 为有效灌溉面积;$A_i$ 为农膜使用量,具体碳排放系数见表 4 - 5 所示。

表 4 - 5  农业活动碳排放系数

| 碳源 | 碳排放系数 | 碳源 | 碳排放系数 |
|---|---|---|---|
| 化肥 | 0.895 6 kg/hm² | 农业机械总动力 | 0.18 kg/kW |
| 农药 | 4.934 1 kg/hm² | 有效灌溉面积 | 266.48 kg/hm² |
| 农膜 | 5.18 kg/hm² | 农作物种植面积 | 16.47 kg/hm² |

### 5. 废弃物碳排放

(1)固体废弃物碳排放。

垃圾的两种主要处理方式是焚烧和填埋,根据《IPCC 国家温室气体清单指南》,对垃圾焚烧产生的温室气体,主要计算二氧化碳产生量,对垃圾填埋产生的温室气体,主要计算的是甲烷的排放量,垃圾焚烧产生的碳排放具体核算方法为

$$CE_{wb} = Q_{wb} \times C_w \times P_w \times EF_w \tag{4-7}$$

其中,$CE_{wb}$ 为垃圾焚烧产生的碳排放总量;$Q_{wb}$ 为垃圾焚烧量;$C_w$ 为废弃物的碳含量比例;$P_w$ 为废弃物中的矿物碳比例;$EF_w$ 为废弃物焚烧炉的完全燃烧效率。

垃圾填埋产生的碳排放具体核算方法为

$$CE_{wf} = Q_{wf} \times 0.167 \times (1 - 71.5\%) \tag{4-8}$$

其中,$CE_{wf}$ 为垃圾填埋产生的碳排放量;$Q_{wf}$ 为垃圾填埋量;垃圾甲烷的排放因子采用《IPCC 国家温室气体清单指南》的缺省值(0.167);71.5% 为垃圾含水率。

(2)废水碳排放。

本研究将废水碳排放量分为生活废水和工业废水排放的甲烷量分别进行核算,结合《IPCC 国家温室气体清单指南》的核算方法,生活废水碳排放量核算

方法为

$$CE_{l-w} = N_p \times BOD_{cap} \times SBF \times C_{BOD} \times FTA \times 365 \qquad (4-9)$$

其中,$CE_{l-w}$ 为生活废水中甲烷的年排放量;$N_p$ 为所核算省份总人口数;$BOD_{cap}$ 为人均生化需氧量中有机物含量(60gBOD/天);SBF 为易于沉积的 BOD 比例(0.5);$C_{BOD}$ 为 BOD 的排放因子(0.6gCH$_4$/gBOD);FTA 为废水中无氧降解的 BOD 的比例(0.8)。

工业废水中碳排放量计算方法为

$$CE_{i-w} = Q_{i-w} \times COD_{i-w} \times C_{cod} \qquad (4-10)$$

其中,$CE_{i-w}$ 为工业废水中甲烷含量;$Q_{i-w}$ 为工业废水排放量;$COD_{i-w}$ 为化学需氧量;$C_{cod}$ 为最大甲烷产生能力(缺省值为 0.25kgCH$_4$/kgCOD)。

**(二)碳吸收计算方法**

碳汇能力是衡量碳补偿水平的重要标准,本节对主要的陆地生态系统森林、草地和农田的碳吸收情况进行测算,林地、草地的碳吸收核算方法为

$$C_i = S_i \times \alpha_i \qquad (4-11)$$

其中,$C_i$ 为第 i 种土地类型的碳吸收量;$S_i$ 为第 i 种土地类型的面积;$\alpha_i$ 为第 i 种土地类型的碳吸收系数。碳吸收系数采用谢鸿宇等人的计算结果,森林碳吸收系数为 3.81 t/hm$^2$,草地碳吸收系数为 0.948 t/hm$^2$。

耕地碳吸收核算方法为

$$CI_c = \sum_i CI_{ci} = \sum_i C_{ci} \times (1 - P_{wi}) \times \frac{Y_{ei}}{H_{ci}} \qquad (4-12)$$

其中,$CI_c$ 为农作物生育期的光合作用碳吸收量;$CI_{ci}$ 为第 i 种作物碳吸收量;$C_{ci}$ 为第 i 种作物合成有机质(干重)的碳吸收率;$P_{wi}$ 为第 i 种作物的含水率;$Y_{ei}$ 为第 i 种作物的含水率;$H_{ci}$ 为第 $i$ 种作物的经济系数。具体核算表 4-6 中主要农作物碳吸收量,主要农作物经济系数、平均含水率、碳吸收率见表 4-6。

表 4-6　主要农作物的经济系数、含水量和碳吸收率

| 作物 | 经济系数 | 含水率 | 碳吸收率 | 作物 | 经济系数 | 含水率 | 碳吸收率 |
|---|---|---|---|---|---|---|---|
| 水稻 | 0.45 | 0.137 5 | 0.414 4 | 麻类 | 0.39 | 0.133 | 0.45 |

131

续表 4 - 6

| 作物 | 经济系数 | 含水率 | 碳吸收率 | 作物 | 经济系数 | 含水率 | 碳吸收率 |
|------|---------|-------|---------|------|---------|-------|---------|
| 小麦 | 0.40 | 0.125 | 0.485 3 | 甜菜 | 0.7 | 0.133 | 0.407 2 |
| 玉米 | 0.40 | 0.135 | 0.470 9 | 烤烟 | 0.55 | 0.082 | 0.45 |
| 豆类 | 0.34 | 0.125 | 0.450 | 高粱 | 0.35 | 0.145 | 0.45 |
| 薯类 | 0.7 | 0.133 | 0.422 6 | 谷子 | 0.4 | 0.1375 | 0.45 |

# 第三节 省域碳收支核算及时空变化分析

本节主要对研究区 2002—2016 年碳排放量、碳吸收量时空变化特征进行研究,同时结合不同地区、不同时间的人口规模情况、GDP 总量等数值,对人均碳排放和碳排放强度等指标进行核算分析。

## 一、数据来源

本节以 2002—2016 年我国省域能源消费、工业生产过程、食物消费量、农业活动、废弃物产量,林地、草地、耕地等和 GDP、人口为基础数据进行分析,数据主要从《中国能源统计年鉴》、《中国统计年鉴》、《中国农村统计年鉴》、各省份统计年鉴和统计公报中获取,以上所有数据均以当年实际数据为准。利用 Excel 和 SPSS 软件等对上述数据进行处理和分析,并构建基尼系数评价模型,分析碳排放公平性与碳补偿。通过 ArcGIS 软件和 Stata 软件进行碳补偿的空间自相关分析、热点图分析,根据分析结果提出相关合理建议。

## 二、碳收支核算分析

### (一)碳收支总体特征分析

通过对研究区碳排放量核算进行研究分析,从计算结果可以看出,研究期内研究区整体碳排放总量呈上升趋势,从 2002 年的 14.27 亿 t 增加到 2016 年的 34.03 亿 t,增幅 138%,年均增长率 6.40%。根据碳排放总量,可以将碳排放总量增长趋势分为两个阶段：第一阶段是 2002—2011 年,该时间段内,碳排放总量表现出快速增长的趋势,其中年均碳排放量为 22.34 亿 t,年均增长率为 9.38%;第二阶段是 2012—2016 年,碳排放总量呈现出缓慢增长态势,从 2012 年的 32.99 亿 t 增长到 2016 年的 34.03 亿 t,年均碳排放量 33.63 亿 t,年均增长率为 1.04%,其中占碳排放总量比例最大的是能源消费碳排放,废弃物碳排放占碳排放总量比例最小。

从碳吸收角度看,2002—2016 年,研究区碳吸收总量在逐年增加。从 2002 年的 14.25 亿 t 增加到 2016 年的 17.58 亿 t,其中占比最多的是林地碳吸收,且逐年增加,但增幅较小;其次是耕地碳吸收,也呈逐年增加趋势,与林业相比增长迅猛,主要是由于社会发展,科学技术水平在不断地提升,农作物产量也越来越高,同时碳吸收的能力也在逐步提高。碳吸收占比最少的为草地,且呈逐年下降趋势,由此可以看出,耕地、林地是主要的碳吸收来源。

净碳排放量表示同一地区碳排放量与碳吸收量的差值,结合计算结果,可以看出,2002—2016 年我国省域净碳排放量整体呈增长趋势,增幅较大,从 234.87 万 t 增加到 16.45 亿 t,影响净碳排放量变化的原因即碳排放量和碳吸收量的变化。

### (二)碳排放强度分析

单位 GDP 在不断增长过程中所产生的碳排放量被称为单位 GDP 碳排放强度。如果某一地区在经济不断增长过程中,每单位 GDP 所产生的碳排放量在不断下降,则可以说明该地区经济结构设置比较合理。2002—2016 年研究区的 GDP 总和从 12.06 万亿元增加到 77.89 万亿元,年均增长率 14.25%。单位 GDP 碳排放强度总体呈现下降的趋势,从 2002 年 1.18t/万元下降到 2016 年 0.44t/万元,年均下降率 6.87%,同时 GDP 的增速率也明显大于碳排放强度的下降率。由此可以反映出经济的快速增长并不会造成碳排放总量的大幅度减少。在能源使用、提高科学技术水平方面应做出合理的规划,努力提高单位 GDP 碳排放强度的下降速度。

用某地区人口数与碳排放量做比可得出人均碳排放。当今社会随着人口的增加,向环境中排放碳的量也在不断增加,当某一区域随着人口的增长,产生的二氧化碳排放量并没有增加,反而下降,则可以表示该地区人均碳排放量在减少。根据人均碳排放量核算结果,可以看出研究区 2002—2016 年人均碳排放从 1.11t/人增加到 2.46t/人。人均碳排放增长量较快的地区主要集中在东北和西北地区,影响这些省份人均碳排放量的主要原因是人口的增长速度并没有达到碳排放量的增长速度。

## 三、碳收支时空变化分析

### (一)时间变化分析

从时间角度上看,2002—2016 年研究区内碳排放量总体呈增长趋势,从 2002 年的 14.27 亿 t 增长到 2016 年的 34.03 亿 t,大部分省份都呈上升趋势,但部分省份与出现 M 形波动增长,如浙江、四川等省份,部分地区呈现倒 U 形增长,如重庆、广东、河南、湖北等省份。研究期内青海是碳排放总量最少的地区,排放量为 1.36 亿 t;排放量最多的地区是山东,排放量为 37.99 亿 t,因为山东是工业大省,并且能源消费量也比较高,从而产生了大量的碳排放。碳排放年均增长率超过 10% 的省份有四个,分别是新疆(11.64%)、海南(11.32%)、湖南(10.96%)、广西(10.02%)。

结合 2002—2016 年间各类碳排放量占比,其中能源消费和工业生产过程是占比重最大的两部分,15 年间平均占比分别为 84.17% 和 10.16%。能源消费占比整体呈波动下降趋势,从 85.28% 下降到 83.12%;相反工业生产过程碳排放占比在不断增大,从 2002 年的 6.40% 增长到 2016 年的 12.28%,说明研究期内 15 年间工业生产过程的碳排放量不断增加,且增长迅猛。食物消费量、农业活动、废弃物排放 15 年间平均占比依次是 0.91%、3.87%、0.90%。

2002—2016 年间,研究区内省域碳吸收量整体呈上升趋势,个别省份出现了下降,下降最高的海南年均下降 17.81 万 t;河南为年均增长量最高的省份,年均增长 213.55 万 t。2002—2016 年间,占碳吸收比例从大到小的依次是林地、耕地、草地。研究期草地碳吸收占比下降趋势明显,从 2002 年的 12.78% 下降到 2016 年的 8.02%,新疆、甘肃、内蒙古、宁夏四省区下降尤其严重,产生这种现象的原因是过度放牧、开垦,使草场明显退化,面积减少,最终导致碳吸收量减少。青海作为重要的牧场区,草地碳吸收比例虽有小幅度下降,但整体吸收量并没有减少的趋势;耕地的碳吸收基本呈增长趋势,由于国家政策对耕地面积的控制,耕地面积得以保证,耕地碳吸收量也呈现稳中有升。

### (二)空间变化分析

从研究期中选取 2002 年、2007 年、2012 年、2016 年的数据进行空间变化分析,利用自然断点法在 ArcGis 软件中做出空间分布图。

2002—2016 年研究区内省域碳排放量虽然整体呈现上升趋势,但不同省份间碳排放量具有较大差异。东部地区碳排放量整体高于西部地区,除北京、天津以外的华北地区碳排放量较高,而西北地区和西南地区碳排放量较少。2002 年碳排放总量较多的省份有辽宁、河北、山西、河南、山东、江西,这些省份在区位上主要位于渤海、黄海沿岸和紧邻河北的边缘,2002—2016 年期间碳排放量较大地区在 2002 年基础上向河北北部延伸至内蒙古,碳排放量较大地区整体都围绕在河北周围。青海、宁夏、北京、天津等地区碳排放量一直属于最低区域。南方地区的两湖、两广、江浙一带地区碳排放量不断增加,在全国的排名一直处于中等水平。

2002—2016 年研究区内省域碳吸收量整体呈上升趋势,但不同省份碳吸收具有较大差异,东南地区和北部地区碳吸收量高于中部地区和东部沿海地区。2002—2016 年碳吸收量区域变动较为统一,新疆、内蒙古、四川、黑龙江、云南、广西 6 个省区碳吸收量一直在全国保持较高水平,这 6 个省区碳吸收量占全国的 43.99%,贡献了较多的碳吸收。相反的是北京、上海、天津、宁夏、海南、重庆碳吸收量较少,这些地区虽空间上比较分散,但省份面积整体较小,导致林地、草地、耕地总面积小,碳吸收能力低。

# 第四节　省域碳补偿时空变化分析

碳排放量与碳吸收量并不是对等的,大部分省份碳吸收量远小于碳排放量。针对碳排放量大于碳吸收量的情况,我们可以从经济角度出发,实施碳补偿。本节主要通过建立碳补偿模型,对 2002—2016 年研究区的碳补偿价值进行计算,利用 ArcGIS10.2 软件和 Stata 软件对碳补偿价值进行空间自相关性分析。

## 一、碳补偿模型

### (一)碳补偿标准确定

本节将净碳排放量(碳源与碳汇的差值)作为碳补偿基准值确认的依据,如果研究区域内省份碳汇值高于碳源值,则可以反映出该省份的生态固碳能力较好,不仅可以吸收本省的碳排放,还可以吸收附近省份的碳排放,应该获得资金补偿;相反碳源值高于碳汇值时则应该支出资金进行补偿。碳补偿具体计算公式为

$$L_i = S_{ci} - E_{ci} \qquad\qquad (4-13)$$

其中,$L_i$ 为 $i$ 省份应该获得(或支付)的碳补偿的基准值;$S_{ci}$ 为 $i$ 省份碳吸收,$E_{ci}$ 为 $i$ 省份的碳排放量。$L_i > 0$ 时,则应该获得碳补偿资金,$L_i < 0$ 时,则应支付补偿资金。

在现实情况中,不同省份的经济发展状况、发展模式都不相同,净碳排放量差异较大,如果只考虑用净碳排放量计算碳补偿的数值,忽略经济支付是否过高的问题,计算结果就会存在一定偏差。为了让碳补偿结果更接近真实值,将研究区内各个省份设定一个阈值 $P_i$,具体公式为

$$P_i = \text{ECC} \times D = \frac{G_i}{G} \Big/ \frac{C_i}{C} \times D \qquad\qquad (4-14)$$

其中,ECC 为碳排放经济贡献系数;$D$ 为研究区各省域的碳排放平均值;$G_i$ 和 $G$ 分别为研究区省域的生产总值和国民生产总值;$C_i$ 和 $C_i$ 分别为研究区各省域和全国的碳排放总和。

除净碳排放量之间存在明显差异外,不同省域间碳排放强度也存在时空差异。结合 2002—2016 年研究区省域间碳排放强度对碳排放量进行修正,具体公式为

$$E^1_{ci} = E_{ci} \times \left( \frac{G_{t1-i}}{G_{t2-i}} - \frac{G_{T1}}{G_{T2}} + 1 \right) \times \frac{G_{ti-i}}{G_T} \qquad\qquad (4-15)$$

其中,$E^1_{ci}$ 为修正后省份的碳排放量;$G_{t1-i}$ 和 $G_{t2-i}$ 分别为 2002 年和 2016 年

研究区第 $i$ 省份的碳排放强度；$G_{T1}$ 和 $G_{T2}$ 分别为 2002 年和 2016 年研究区的总碳排放强度；$G_T$ 为 2016 年研究区各省域平均碳排放强度。经过修正后碳补偿基准值为

$$L^1_i = S_{ci} - E^1_{ci} - P_i \qquad (4-16)$$

其中，$L^1_i$ 为修正后碳补偿基准值。修正后的优点是：碳补偿率和碳排放强度更接近实际情况，如果 $L^1_i > 0$，该省份需要获得碳补偿资金；如果 $L^1_i < 0$，则该省份需要支付碳补偿资金。

### (二)碳补偿价值计算方法

结合修正后的碳排放量对碳补偿价值的核算方法为

$$M_i = |L^1_i| \times \partial \times \gamma = |S_{ci} - E^1_{ci} - P_i| \times \partial \times \gamma \qquad (4-17)$$

其中，$M_i$ 为 $i$ 省份获得或者支出的碳补偿资金；$\partial$ 为单位碳的价格。参考张颖等人的研究结果，单位碳汇的影子价格为 10.11~15.17 美元，利用汇率折合成人民币 67.85~101.81 元。由于中国水平略高于国际水平，本研究采用下限值作为单位碳的最合理价格，$\gamma$ 为生态补偿系数，核算公式为

$$\gamma = L/(1 + ae^{-bt}) \qquad (4-18)$$

其中，$L$ 为碳补偿能力，等于第 $i$ 省份 GDP 与全国 GDP 的比值；$a$、$b$ 为常数 1；$e$ 为自然对数的底数；$t$ 为研究年份全国恩格尔系数。

### (三)碳补偿价值核算分析

根据所建立的碳补偿模型，可以核算出 2002—2016 年研究区的碳补偿价值。研究期内研究区整体碳补偿总价值一直都处于需要支付碳补偿状态，从 2002 年的 155.69 亿元增加到 2016 年的 757.97 亿元，增长率为 11.97%。黑龙江、广西、四川、云南、青海 5 个省区在研究期内每年都可以获得碳补偿资金，15 年累计获得补偿总资金分别为：231.76 亿元、243.96 亿元、190.08 亿元、197.71 亿元和 181.22 亿元。内蒙古、吉林、福建、江西、湖南、海南、重庆、贵州、山西、甘肃、宁夏等 11 个省份在部分年份可以获得碳补偿资金。其余省份每年都需要支付碳补偿资金，15 年累计支付最多的省份是广西，累计支付 243.96 亿元，这与碳排放量大、补偿抵消的碳较少有直接关系。累计获得碳补偿最多的黑龙江，累计获得 231.76 亿元。本节因为对碳补偿的基本公式进行了修正，所以还

会出现部分地区碳排放量较大,但需要补偿的资金并不高,产生这种现象的主要原因是在修正过程中结合了排放效率和经济系数,如果排放效率低,在支付碳补偿资金过程中应增加金额。

## 二、省域碳补偿类型分区

依据碳补偿的价值不同,本节将研究区分成重点获补偿区、相对平衡区和重点支付区三种类型,具体分区见表4－7。

**表4－7　省域空间碳补偿分区**

| 重点获补偿区 | 相对平衡区 | 重点支付区 |
| --- | --- | --- |
| 广西、四川、云南、青海、黑龙江 | 海南、甘肃、江西、吉林 | 山东、江苏、河北、浙江、广东、天津、辽宁、山西、上海、陕西、内蒙古、河南、湖南、安徽、福建、北京、宁夏、湖北、新疆、贵州、重庆 |

注:西藏数据不可获取,未计入此表统计。

从表4－7可以看出,重点获补偿区主要分布在西南地区和东北的黑龙江,这些地区经济相对处于中等水平,碳排放量相对较少,吸收量相对较多,总和结果可以获得碳补偿资金。大部分地区都属于重点支付区,原因主要有部分省份经济发展好,部分省份是主要的工业大省,产生的碳排放量大,自身碳吸收难以抵消大量的排放,需要以经济的形式获得碳补偿。相对平衡区的4个省份,经济可以与碳排放协调发展。

## 三、省域碳补偿空间自相关性分析

为了更好地了解中国省域间碳补偿的空间自相关性,利用2002—2016年研究区碳补偿价值数据,运用ArcGIS10.2软件中空间自相关分析工具,对省域间碳补偿价值进行全局空间自相关性和局部空间自相关性分析。

### (一)碳补偿价值空间全局自相关性分析

从表4－8可以看出,2002—2016年间,研究区碳补偿价值的全局Moran's I在

1%的显著水平上均为正值,且 Moran's I 在 0.410 345~0.508 359,由此可见,我国省域碳补偿值总体上具有显著的正向空间自相关性。针对本研究,显著的空间自相关性说明了需要支付碳补偿的地区比较集中,同时获得碳补偿的区域也比较集中。

Moran's I 变化可以分为两个阶段:第一阶段在 2002—2009 年呈现先波动增长,从 0.472 62 增长到 0.490 072,其中 Moran's I 最大的年份是 2005 年的 0.508 359。第二阶段 2010—2016 年呈现下降的趋势,从 0.472 212 下降到 0.410 345,Moran's I 的不断减小说明省域间碳补偿资金的相关性在减弱,但是减弱幅度并不大。

表 4-8　2002—2016 年我国省域碳补偿价值 Moran's I

| 年份 | Moran's I | Z | P | 年份 | Moran's I | Z | P |
|---|---|---|---|---|---|---|---|
| 2002 | 0.474 26 | 4.192 653 | 0.000 028 | 2010 | 0.472 212 | 4.264 137 | 0.000 02 |
| 2003 | 0.472 303 | 4.189 621 | 0.000 028 | 2011 | 0.462 592 | 4.180 581 | 0.000 029 |
| 2004 | 0.476 778 | 4.203 188 | 0.000 026 | 2012 | 0.438 083 | 4.005 769 | 0.000 062 |
| 2005 | 0.508 359 | 4.471 445 | 0.000 008 | 2013 | 0.441 354 | 4.039 715 | 0.000 054 |
| 2006 | 0.483 783 | 4.293 865 | 0.000 018 | 2014 | 0.412 113 | 3.829 363 | 0.000 128 |
| 2007 | 0.484 653 | 4.301 773 | 0.000 017 | 2015 | 0.413 135 | 3.887 279 | 0.000 101 |
| 2008 | 0.479 23 | 4.305 158 | 0.000 017 | 2016 | 0.410 345 | 3.949 709 | 0.000 078 |
| 2009 | 0.490 072 | 4.419 24 | 0.000 01 | | | | |

**(二)碳补偿价值空间局部自相关性分析**

全局空间自相关只能对研究区整体的碳补偿值相关联性进行分析,选取研究期内 2002 年、2007 年、2012 年、2016 年碳补偿价值的数据,利用热点分析法,对局部区域碳补偿值的差异程度进行分析。

从 2002 年起,研究区内各省域碳补偿资金情况出现聚类现象,聚类可分为两个阶段:第一阶段 2002—2011 年,集聚性逐渐增强阶段;第二阶段 2012—2016 年,集聚性逐渐减弱阶段。

2002 年碳补偿热点集中地区主要出现在河北、山东、江苏、上海等地区,热点低度、中度、高度聚类均有出现,其中江苏、上海的集聚效果最高,热点地区整体集聚效果比较强;冷点地区主要在黑龙江,且为冷点低度集聚,冷点集聚效果较弱。2007 年碳补偿热点集中地区与 2002 年分布基本一致,但山东由热点中度聚类上升为热点高度聚类,其他地区热点分布不变,冷点聚类区依然只出现在黑龙江。与 2002 年、2007 年相比,2012 年冷热点出现了最明显的集聚现象。热点高度聚类区出现在山东、江苏 2 个省份,河北为热点中度聚类区,上海由之前的热点中度聚类区变为热点低度聚类区。冷点聚类区面积明显增加,空间位置变化较大,由位于东北地区的黑龙江单一的冷点低度聚类区,转移到西南地区的包括青海、四川、云南 3 个省份的冷点低度聚类区,说明在 2012 年西南地区的省份都能获得碳补偿资金。2016 年省域碳补偿资金冷热点分布与之前的几个年份略有不同,热点集聚区由原来的 4 个省份降低到 3 个省份,山东、江苏两省依然为热点高度集聚区,上海为热点中度集聚区,冷点集聚区仅剩云南一个省份,说明 2012—2016 年西南地区所能获得碳补偿资金的地区越来越少。

从总体来看,2002—2016 年研究区内碳补偿资金聚类分区呈现先增长后减少的现象。热点聚类区主要由分布在河北、山东、江苏、上海 4 个省份减少为除上海外的 3 个省份,这些省份的共同特点是分布在沿海地区。研究期内冷点聚类区空间变化明显,由东北地区的黑龙江变为西南地区的青海、四川、云南,2016 年只有云南属于冷点聚类区。

利用 Stata 软件对研究区内省域碳补偿局部空间聚集状态进行分析,得出 Moran's I 散点图,如图 4 - 2 所示。从中可以看出,省域碳补偿值整体呈现正的空间自相关性,分象限聚集较突出,选取的四个年份中,整体的碳补偿值主要分布在第一、第三象限,由此可以反映出碳补偿值整体呈现高高型和低低型聚集。

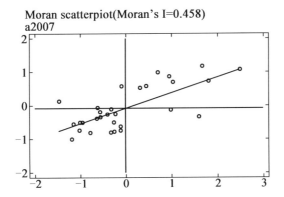

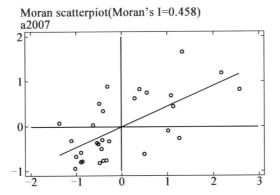

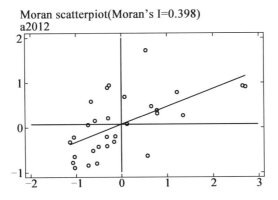

图 4－2　2002 年、2007 年、2012 年、2016 年碳补偿值 Moran's I 散点图

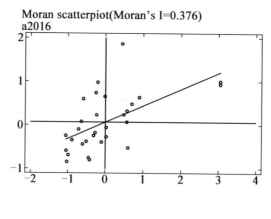

续图 4-2

以 2016 年为例,在 2002 年、2007 年、2012 年、2016 年碳补偿值冷热点空间分布图中可以得出,处于高高聚类的省份基本都位于东部沿海地区,分别是天津、河北、山西、辽宁、上海、江苏、浙江、山东等 8 个省份,共占研究区的 26.67%,说明研究区内超过 1/4 的省份属于需要支付较高碳补偿的聚集区。处于低低聚类的有吉林、黑龙江、湖北、湖南、广西、重庆、四川、贵州、云南、甘肃、青海、宁夏、新疆等 13 个省份,主要位于东北地区和西部地区,低低聚类共占研究区的 43.33%,说明近半数省份属于低碳补偿值聚集区。

# 第五节  本章小结

## 一、结论

随着经济的不断发展,环境问题成为与经济协调发展的热点问题。二氧化碳是温室气体的主要部分,控制碳排放,增强碳吸收是解决环境问题的一个主要途径。本章从碳排放公平性角度出发,建立碳补偿评价模型,对碳补偿值进行核算,对碳补偿实际情况进行空间分析,得出以下结论。

(1)2002—2016 年研究区的整体碳排放总量呈上升趋势,从 2002 年的 14.27 亿 t 增加到 2016 年的 34.03 亿 t,单位 GDP 碳排放强度总体呈下降趋势,人均碳排放量呈增长趋势,从1.11 t/人增加到2.46 t/人。人均碳排放增长量较快的地区主要集中在东北地区和西北地区。研究区碳吸收总量呈逐年增加趋势,同时净碳排放量整体也呈增长趋势。从空间分布看,东部地区碳排放量整体高于西部地区。除北京、天津以外的华北地区碳排放量高值尤为明显,虽然碳吸收量整体呈上升趋势,但地区间碳吸收具有较大差异。东南地区和北部地区碳吸收量高于中部地区和东部沿海地区。

(2)2002—2016年研究区内整体碳补偿总价值一直处于需要支付碳补偿状态,从2002年的155.69亿元增加到2016年的757.97亿元。累计需要支付最多碳补偿的省份是广西,累计支付243.96亿元;累计获得碳补偿最多的黑龙江,累计获得231.76亿元。结合碳补偿价值对需要支付和可以获得补偿资金的地区进行分区。

(3)对碳补偿价值进行空间自相关性分析,从全局空间自相关性看,2002—2016年间,碳补偿价值的全局Moran's I在1%的显著水平上均为正值,且Moran's I在0.410 345~0.508 359,我国省域碳补偿值总体上具有显著的正向空间自相关性。结合局部Moran's I散点图和热点分析法,从局部空间自相关角度看,2002—2016年,研究区内碳补偿资金聚类分区呈现先增长、后减少的现象。热点聚类区主要由分布在河北、山东、江苏、上海4个省市减少为除上海外的3个省;研究期内冷点聚类区空间变化明显,由东北地区的黑龙江变为西南地区的青海、四川、云南,2016年只有云南属于冷点聚类区。

## 二、省域空间碳补偿对策建议

(1)加大碳补偿资金覆盖范围。研究区内大部分地区需要支付大量的碳补偿资金,但碳补偿资金是有限的,在今后的发展过程中,应利用有限的碳补偿资金发挥最大的作用。首先在日常的陆地生态系统的林地、耕地、草地等方面应继续补偿,同时应将控制碳排放量作为碳补偿资金的使用方面,要坚决实行"谁保护、谁受益;谁污染、谁付费"的原则,从源头控制碳排放量的同时让碳补偿资金在最大范围发挥作用。

(2)拓宽补偿资金渠道。基于"谁得利益谁补偿"的原则对多行业收取碳补偿资金,政府需要统筹协调各区域和行业的碳补偿情况,加强各地区之间的碳补偿协作配合,可以建立碳交易平台,从源头进行碳补偿,还可以参照福利彩票的发行方式,由政府出面负责处理发行"生态彩票"。

(3)提高碳补偿标准且标准统一化。碳补偿标准应随着经济的发展,碳排放量、吸收量的变化进行适当调整,在遵循现有国家标准基础上,结合不同行业、不同领域进行动态调整,并适当提高,调整可以提高碳补偿的总体效果,制定统一的标准有利于更好地控制碳对环境的影响。

(4)完善监管力度。首先在碳排放源头要完善碳排放的监管,在碳补偿方面建立监管机构,及时完善碳补偿相关立法工作,要让碳补偿在法律层面做到有据可循。要发展与完善碳补偿资金的管理体系,对获取的碳补偿资金进行统一管理与调配,以实现对补偿资金的有效利用和管理。

# 参考文献

[1] 万伦来,孙博,任雪萍.中国省际碳排放公平性的测度与分解[J].经济学动态,2014(12):53-60.

[2] DURO J A, PADILLA E. International inequalities in per capita $CO_2$ emissions: A decomposition methodology by Kaya factors[J]. Energy economics, 2006, 28(2):170-187.

[3] HEIL M T, WODON Q T. Future inequality in $CO_2$ emissions and the impact of abatement proposals[J]. Environmental & resource economics, 2000, 17(2):163-181.

[4] GROOT L. Carbon Lorenz curves[J]. Resource & energy economics, 2010, 32(1):45-64.

[5] 张为付,李逢春,胡雅蓓.中国 $CO_2$ 排放的省际转移与减排责任度量研究[J].中国工业经济,2014(3):57-69.

[6] 杨振,王佳,叶护平.中国环境污染排放的空间公平性评价[J].华中师范大学学报(自然科学版),2009,43(3):490-494.

[7] 滕飞,何建坤,潘勋章,等.碳公平的测度:基于人均历史累计排放的碳基尼系数[J].气候变化研究进展,2010,6(6):449-455.

[8] BOHM P, LARSEN B. Fairness in a tradeable-permit treaty for carbon emissions reductions in Europe and the former Soviet Union[J]. Environmental & resource economics,1994, 4(3):219-239.

[9] KVERNDOKK S. Tradable $CO_2$ emission permits-initial distribution as a justice problem[J]. Environmental values,1995,4(2):129-148.

[10] 丁仲礼,段晓男,葛全胜,等.2050年大气 $CO_2$ 浓度控制:各国排放权计算[J].中国科学 D 辑:地球科学,2009,39(8):1009-1027.

[11] 张奥佳.典型利益相关者视阈下五台山景区旅游碳补偿研究[D].太原:山西财经大学,2017.

[12] KNOKE T, STEINBEIS O, BOSCH M. et al. Cost-effective compensation to avoid carbon emissions from forest loss: An approach to consider price-quantity effects and risk-aversion [J]. Ecological economics, 2011 (70): 1139-1153.

[13] YU J, YAO S, ZHANG B. Designing afforestation subsidies that account for the benefits of carbon sequestration: A case study using data from China's Loess Plateau[J]. Journal of forest economics, 2014(20):65-76.

[14] BARUA S K,LINTUNEN J,UUSIVUORI J, et al. On the economics of tropical deforestation: Carbon credit markets and national policies[J]. Forest policy and economics,2014(10):36-45.

[15] DHANDA K,MURPHY P J. The new wild west is green: Carbon offset markets,transactions,and providers[J]. Academy of management perspectives, 2011,25(4): 37-49.

[16] 费芩芳.旅游者碳补偿支付意愿及碳补偿模式研究——以杭州西湖风景区为例[J].江苏商论,2012(11):120-122.

[17] 余光辉,耿军军,周佩纯,等.基于碳平衡的区域生态补偿量化研究——以长株潭绿心昭山示范区为例[J].长江流域资源与环境,2012,21(4):

454-458.

[18] 武曙红,张小全,宋维明.国际自愿碳汇市场的补偿标准[J].林业科学, 2009,45(3):134-139.

[19] 公衍照,吴宗杰.论温室气体减排中的碳补偿[J].山东理工大学学报 (社会科学版),2012(1):5-10.

[20] 赵荣钦,刘英,马林,等.基于碳收支核算的河南省县域空间横向碳补偿 研究[J].自然资源学报,2016,31(10):1675-1687.

[21] 张珊珊,刘思琪,李姝萌.江苏省工业终端能源消费及企业碳补偿措施研 究.管理观察,2017(4):162-165.

[22] 赵秦龙,袁丽萍,周顺福,等.论碳补偿视角下云南林业可持续发展模式 [J].林业科技情报,2016,48(4):48-49.

[23] JACK B K, KOUSKY C, SIMS R R E. Designing payments for ecosystem services: Lessons from previous experience with incentive-based mechanisms [J]. Proceedings of the national academy of sciences, 2008 (28): 9465-9471.

[24] KOLLMUSS A,ZINK H,POLYCARP C. Making sense of the voluntary carbon market:A comparison of carbon of offset standards[R]. WWF Germany, 2008.

[25] HAMILTON K, BAYON R, TURNER G, et al. State of the Voluntary Carbon Market 2007—Picking Up Steam. New carbon finance and the ecosystem marketplace [EB/OL]. [2012-10-28]. http://ecosystemmarketplace. com/documents/acrobat/Stateofthe－Voluntary Carbon Market－Final. pdf.

[26] BUMPUS ADAM G, LIVERMAN DIANA M. Accumulation by decarbonization and the governance of carbon offsets[J]. Economic geography,2008 (84):127-155.

[27] BIENABE E, HEARNE R R. Public preferences for biodiversity conservation and scenic beauty with in a framework of environmental services payments[J]. Forest policy and economics, 2006(9):335-348.

[28] MCKERCHER B, PRIDEAUX B, CHEUNG C, et al. Achieving voluntary reductions in the carbon footprint of tourism and climate change[J]. Journal of sustainable tourism,2010,18(3):297-317.

[29] MAYOR K, Tol R S J. The impact of the UK aviation tax on carbon dioxide emission and visitor numbers[J]. Transport policy,2007,14(6):507-513.

[30] BROUWER R, BRANDER L, VAN BEUKERING P. A convenient truth air travel passengers' willingness to pay to offset their $CO_2$ emission[J]. Climate change,2008,90(3):299-313.

[31] 王立国,廖为明,黄敏,等.基于终端消费的旅游碳足迹测算——以江西省为例[J].生态经济,2011(5):121-168.

[32] 杨阳.贵州省土地利用的碳补偿研究[D].贵阳:贵州师范大学,2017.

[33] 赵荣钦,刘英,丁明磊,等.区域二元碳收支的理论方法研究进展[J].地理科学进展,2016,35(5):554-568.

[34] 张敏.中国林业碳汇交易的法律制度构建[D].武汉:中南民族大学,2012.

[35] 赖力.中国土地利用的碳排放效应研究[D].南京:南京大学,2010.

[36] 赵荣钦,刘英,李宇翔,等.区域碳补偿研究综述:机制、模式及政策建议[J].地域研究与开发,2015, 34(5):116-120.

[37] 杨阳.贵州省土地利用的碳补偿研究[D].贵阳:贵州师范大学,2017.

[38] 李波,张俊飚,李海鹏.中国农业碳排放时空特征及影响因素分解[J].中国人口·资源与环境, 2011,21(8):80-85.

[39] 宋德勇,卢忠宝.中国碳排放影响因素分解及其周期性波动研究[J].中国人口·资源与环境, 2009,19(3):18-24.

[40] ZHAO R, HUANG X, ZHONG T, et al. Carbon footprint of different industrial spaces based on energy consumption in China[J]. Journal of geographical sciences, 2011, 21(2):285.

[41] BULLOCK S H, ESCOTO-RODRIGUEZ M, SMITH S V, et al. Carbon flux of an urban system in Mexico[J]. Journal of industrial ecology, 2011, 15

（4）：512-526.

［42］ CHEN S Q，CHEN B. Network environ perspective for urban metabolism and carbon emissions：A case study of Vienna，Austria［J］. Environmental science and technology，2012，46（8）：4498-4506.

［43］ 宋德勇,刘习平.中国省际碳排放空间分配研究［J］.中国人口·资源与环境,2013,23（5）:7-13.

［44］ 李金昌.生态价值论［M］.重庆:重庆大学出版社,1999.

# 第五章　省域农业碳排放核算及效率评价研究

效率是指在社会生产中的某一个单元能够在稀缺的社会资源当中获取以达到自身的最优配置。简而言之,就是最大程度的产出。"效率"一词曾经主要应用在物理学领域,现在多应用在经济学中。通过查阅大量文献,发现对于农业碳排放效率的说法众说纷纭,而更多的学者认同用较低的碳排放换取更高的经济价值和更低的能源消耗。

## 第一节　农业碳排放效率的研究现状

目前,国内对于农业碳排放的效率评价研究仍未有确定的评价体系,但对于农业碳排放量的核算,各位学者所用方法较为一致。他们的研究从全国尺度、省域尺度、县域尺度进行核算,但是对于碳排放空间分布的分析较少。而国外在农业碳排放的效率评价的研究仍停留在对于研究方法的选择上,其中选择DEA方法成为碳排放效率评价的重要内容。除此之外,国外对于研究碳排放的效率评价更侧重于实地考察,对于碳排放的准确度来说更加精准,但这对于研究我国全国尺度的农业碳排放的核算和效益评价似乎很难实现。

### 一、不同尺度的农业碳排放研究

全国尺度上的研究包括:李国志等人通过化石燃料的燃烧测算中国农业碳排放量。Mouratiadou 等人通过分析土壤有机碳的减少侧面分析碳排放,利用农业生态系统模型、生物能源潜力和温室气体排放的估计,评估了农业管理应对已确定的农业和环境挑战的能力。Zhang 等人利用 1996—2015 年我国粮食主产区的时间序列数据,研究农业部门碳排放、能源消费与经济增长之间的关系,估算结果支持我国粮食主产区农业碳排放的环境库兹涅茨曲线假说。Moham-madi-Barsari 对能源利用模式和碳足迹的分析有助于实现农业的可持续发展,结果表明:化肥引起的温室气体排放比例最高,其次是机械的使用。

省域尺度上的研究有:徐胜等人采用 DEA 模型详细分析山东省各地级市的农业碳排放情况,并提出了 DEA 模型应用未来的趋势,但并未探讨各地级市之间的农业碳排放量的关系。赵晓强等人以山西省农业系统作为研究对象,运用实地调研和文献查阅法对山西省农业现状进行了分析,并运用农业系统的碳排放量核算方法对 2006—2015 年的农业投入要素和畜禽养殖业产生的碳排放量进行了测算。李波等人测算了 1993—2017 年湖北省农业种植和生产经营活动所耗费电能产生的农业碳排放量,并综合分析了农业生产中碳排放的时空特征。丁宝根等人测算了 2001—2017 年长江经济带种植业产值、有效灌溉面积以及种植业物资投入等统计数据,采用对数平均权重的迪氏分解(LMDI)模型分析区域种植业碳排放的驱动因素。Tian 等人估算了 1998—2012 年湖南省农业生产碳排放量,分析了湖南省农业碳排放的发展趋势及碳排放与农业产值的脱钩关系。

分析农业碳排放影响因素的研究有:Bryan 等人对农业的排放量进行了量化,根据典型的效率评估仅考虑两个目标时,效率改进涉及对其他目标的重大意外权衡,并产生了大量的机会成本。Appiah 等人研究将农业生产分解为作物生产和畜牧业生产,以阐明各变量对二氧化碳排放的贡献。实证结果表明,经济增长率、作物生产指数和畜牧业生产指数 1% 的增长将导致二氧化碳排放量相应增加 17%、28% 和 28%。相应地,使用 PMG 估计器检查变量之间的因果关系的方向。Aydogan 研究考察了人均二氧化碳排放量、经济增长、农业增加值之间的动态关系,不可再生能源消费与农业增加值呈负相关,而二氧化碳排放量与实际国内生产总值的平方与可再生能源消费呈负相关。Zaim、Zofio、Zhou 等人分别采用 DEA 模型当中不同的方法对各个国家、地区进行了二氧化碳排放效率进行评价。

## 二、DEA 方法实证案例研究

华坚等学者构建了一个剔除环境影响因素的 DEA 模型,同时也进行了随机误差的剔除,能够较为精准地评价出碳排放的效率。盖美等学者则构建了非期望产出的数据包络法(SBM)和随机前沿的模型(SFA),对辽宁省水资源进行绩效评价。Fried 等人考虑了外界环境对四阶段 DEA 模型估算结果的影响,但是四阶段法仍然无法剔除随机误差,所以进行了优化,并提出了三阶段 DEA 模型法,既调整了环境变量的影响,又剔除了随机误差项的影响,即 SFA 方法。Asavavallobh 采取了三阶段 DEA 的方法,结果显示,可以在输入多个决策单元下同时产生一个结果。Risto 等人采用 SFA 方法对碳排放效率进行测算。李科和赵丽可都采用超效率的 DEA 模型,前者研究了我国 30 个主要省份 1997—2010 年间二氧化碳的节能减排绩效;而后者更加详细地测算了平均碳排放量,并且对影响因素也进行了深入分析。李长生等人利用 DEA 模型对土壤温室气体排放进行测算。李红英等人以广西壮族自治区 11 个地市为研究对象,通过 Malmquist 生产力指数与 Malmquist-Luenberger 生产力指数实证检验农业产业化与农业碳排放绩效之间的内在影响。梁雪石、孙轶男等人都是利用 DEA 模型计算方法建立了评价的指标体系,梁雪石采用黑龙江省 13 个地级市的平均耕地集约综合利用度,进而采用 DEA-SBM 模型,基于 DEA-Solve 模型运算的平台,计算了 2013 年黑龙江省 13 个农业地级市的平均农业碳排放量效率;而孙轶男测算了黑龙江省 13 个地级市的平均农业碳排放量,然后运用 DEA 效率模型计算方法进行了效率的计算和分析。操乐刚等人利用江苏省农业县域统计数据计算并分析江苏省农业对碳排放的影响因素,进而综合分析了苏南、苏中、苏北地区之间碳排放差异。田云等人利用 DEA-Malmquist 模型计算了我国 30 个省份 1994—2012 年低碳农业的发展水平,在此基础上,运用 Kernel 密度函数和经济增长收敛理论探讨了其动态演进与收敛性。董明涛将 DEA 方法引入粗糙集理论,建立低碳农业发展效率评价模型,利用此模型对我国 29 个省份的低碳农业发展效率进行评价,并深入挖掘不同类型决策单元的决策规则和特征,在此基础上提出对不同类型决策单元进行修正和调整的政策建议。陈儒等人分析了低碳农业联合生产的资本、劳动力和技术等生产要素投入对农业碳排放量产生重的要影响,得出各因素在不同模式中影响的显著性和重要程度存在一定差异的结论。王娜以 2005—2015 年河南省农业碳排放量为基础,设定相应的评价指标,构建评价体系,利用层次分析法对河南省低碳农业的整体发展水平进行评价。曾大林等人使用 2000—2010 年的面板数据,选用包络数据分析法中的 SBM 模型和效率收敛性模型,通过三步法实证分析了我国低碳农业的发展状况,并深入剖析了当前我国各省份低碳农业发展存在的问题。

# 第二节 省域农业碳排放的核算研究

## 一、研究方法和数据来源

### (一) 研究方法

本节参考多位学者所确定的碳排放源,同时考虑数据的可得性与实践的可行性,在农业种植业方面选取的农业碳排放源为化肥、农药、农膜、农业机械生产使用、土地翻耕和农业灌溉等六类,畜牧业中动物肠道发酵和粪便处理过程中的碳排放主要来自猪、牛、羊三种牲畜。农业活动过程中产生大量碳排放的同时,也会有大量的碳吸收,这样在核算农业碳排放时具有较大困难,部分数据难以获取或准确记录。结合国内外学者的研究成果,本研究从稻田甲烷碳排放、动植物肠道发酵和粪便碳排放以及农作物耕作活动碳排放三个方面对农业碳排放进行核算。

1. 稻田甲烷碳排放

在厌氧条件下,水稻会产生大量的甲烷,是重要的甲烷排放源。根据刘欣铭的研究对我国省域稻田甲烷碳排放的估算参数进行整理,具体核算方法为

$$CE_p = A_p \times C_p \times T_p \times 12/16 \tag{5-1}$$

其中,$CE_p$ 为各省份稻田甲烷排放总量;$A_p$ 为稻田面积;$C_p$ 为甲烷排放率;$T_p$ 为水稻生长周期,其中甲烷排放率参照刘欣铭的研究结果。

2. 动物肠道发酵和粪便碳排放

结合《IPCC 国家温室气体清单指南》《中国温室气体清单研究》的参数,选取猪、牛、羊三种主要动物的参数,结合动物数量,可以计算出动物肠道发酵和粪便碳排放,具体方法为

$$CE_a = \sum_i N_{ai} \times (C1_{ai} + C2_{ai}) \tag{5-2}$$

其中,$CE_a$ 为动物的碳排放总量;$N_{ai}$ 为第 $i$ 种动物的数量;$C1_{ai}$ 为第 $i$ 种动物肠道发酵的甲烷排放系数;$C2_{ai}$ 为第 $i$ 种动物粪便的甲烷排放系数,具体数值见表 5 - 1。

表 5 - 1　动物甲烷排放参数表

单位:千克甲烷/(头·年)

| 类别 | 猪 | 牛 | 羊 |
|---|---|---|---|
| 肠道发酵 | 1 | 61 | 5 |
| 动物粪便 | 0.764 | 17.68 | 0.148 |

3. 农作物耕作活动碳排放

参考李波、宋德勇等学者建立的碳排放方程,构建农作物活动碳排放的核算方法为

$$E_t = G_f A + T_p B + (S_m C + P_m D) + F_a E + A_i F \tag{5-3}$$

其中,$A$、$B$、$C$、$D$、$E$、$F$ 均为转换系数;$E_t$ 为农业活动碳排放总量;$G_f$ 为化肥使用量;$T_p$ 为农药使用量;$S_m$ 为农作物种植面积;$P_m$ 为农业机械总动力;$F_a$ 为有效灌溉面积;$A_i$ 为农膜使用量,具体碳排放系数见表 5 - 2。

表 5 - 2　农业活动碳排放系数

| 碳源 | 碳排放系数 | 碳源 | 碳排放系数 |
|---|---|---|---|
| 化肥 | 0.895 6 kg/kg | 农业机械总动力 | 0.18 kg/kW |
| 农药 | 4.934 1 kg/kg | 有效灌溉面积 | 266.48 kg/hm² |
| 农膜 | 5.18 kg/hm² | 农作物种植面积 | 16.47 kg/hm² |

确定了农业系统的碳排放源后,再根据每一种碳排放源的数量以及各种碳排放源的排放系数,即可通过公式(5-4)核算农业系统的总碳排放量,具体计算公式为

$$T = \sum T_i = \sum E_i \times \delta_i \qquad (5-4)$$

其中,$T$ 代表农业系统的总碳排放量;$T_i$ 为第 i 类碳排放源的碳排放量;$E_i$ 和 $\delta_i$ 分别是第 i 类碳排放源的数量和碳排放系数。

**(二)数据来源**

采用 2005—2019 年我国 31 个省份的化肥、农药施用量、农膜使用量、农业机械总动力、有效灌溉面积、农作物种植面积以及猪、牛、羊三种牲畜的年末数量等数据,数据均来自 2005—2019 年《中国统计年鉴》。

## 二、中国省域农业碳排放量的结果与分析

结合以上公式,可计算得到 2004—2018 年我国 31 个省份各农作物生育期的碳排放,主要途径农业投入碳排放。数据来源均是 2005—2019 年《中国统计年鉴》《中国农村统计年鉴》,部分数据来源于各省份的统计年鉴。结果见表 5-3。

为了更加直观地动态分析 15 年间各省份的农业碳排放情况,将 2004—2018 年的碳排放量数据按照东部、中部、西部区域进行动态分析,如图 5-1、图 5-2、图 5-3 所示。

选取 2004 年、2009 年、2013 年、2018 年各区域的农业碳排放量,将 31 个省份分为四大区域,分别为农业低碳排放区(年农业碳排放在 1 万 t~1 000 万 t),农业相对低碳排放区(1 000 万 t~2 000 万 t),农业相对高碳排放区(2 000 万 t~3 000 万 t),农业高碳排放区(3 000 万 t 以上)。见表 5-4,图 5-4、图 5-5、图5-6、图 5-7。

表5-3 2004—2018年我国31个省份农业碳排放量汇总表(单位:万t)

| | | 2004 | 2005 | 2006 | 2007 | 2008 | 2009 | 2010 | 2011 | 2012 | 2013 | 2014 | 2015 | 2016 | 2017 | 2018 |
|---|---|---|---|---|---|---|---|---|---|---|---|---|---|---|---|---|
| 东部 | 北京 | 258.33 | 244.92 | 218.23 | 196.35 | 196.55 | 194.12 | 188.89 | 206.86 | 205.03 | 181.56 | 177.35 | 182.58 | 161.22 | 160.39 | 155.64 |
| | 天津 | 351.12 | 355.17 | 341.29 | 284.11 | 284.89 | 291.23 | 296.03 | 292.67 | 296.88 | 285.34 | 277.65 | 280.38 | 271.27 | 254.47 | 257.28 |
| | 河北 | 4 900.26 | 4 810.58 | 4 517.24 | 4 227.21 | 4 146.28 | 4 102.26 | 4 028.67 | 4 004.48 | 4 041.58 | 3 987.34 | 3 881.34 | 3 905.23 | 3 814.29 | 3 765.78 | 3 712.35 |
| | 辽宁 | 1 992.23 | 2 030.12 | 1 958.39 | 1 900.08 | 1 962.19 | 2 001.48 | 2 104.34 | 2 178.94 | 2 204.28 | 2 093.89 | 2 208.28 | 2 318.14 | 2 219.12 | 2 338.78 | 2 104.39 |
| | 上海 | 175.23 | 189.34 | 177.23 | 166.89 | 186.48 | 173.23 | 174.28 | 172.34 | 168.34 | 160.34 | 155.35 | 158.83 | 177.23 | 150.51 | 145.73 |
| | 江苏 | 2 864.21 | 2 860.23 | 2 834.38 | 2 642.42 | 2 581.52 | 2 619.31 | 2 644.84 | 2 703.45 | 2 704.23 | 2 641.31 | 2 578.43 | 2 589.31 | 2 566.15 | 2 601.41 | 2 551.67 |
| | 浙江 | 1 273.18 | 1 298.29 | 1 193.19 | 1 203.18 | 1 273.71 | 1 176.34 | 1 264.37 | 1 222.38 | 1 273.12 | 1 163.54 | 1 152.48 | 1 131.42 | 1 214.84 | 1 143.28 | 1 121.43 |
| | 山东 | 5 333.18 | 5 362.47 | 5 288.23 | 4 988.76 | 4 882.17 | 4 813.34 | 4 843.24 | 4 918.34 | 4 828.13 | 4 811.87 | 4 733.41 | 4 834.31 | 4 572.49 | 4 721.32 | 4 638.77 |
| | 广东 | 2 014.43 | 2 037.64 | 1 914.56 | 1 720.65 | 1 748.32 | 1 801.76 | 1 824.49 | 2 056.64 | 2 088.42 | 2 047.96 | 2 013.23 | 2 118.23 | 2 043.92 | 1 992.31 | 1 930.21 |
| | 海南 | 446.23 | 456.43 | 414.34 | 356.79 | 405.54 | 431.11 | 440.36 | 440.03 | 448.39 | 454.32 | 422.41 | 447.87 | 458.21 | 460.31 | 466.23 |
| 中部 | 山西 | 1 304.34 | 1 361.78 | 1 415.48 | 1 268.09 | 1 108.89 | 1 105.46 | 1 116.67 | 1 138.89 | 1 165.08 | 1 223.67 | 1 178.68 | 1 123.42 | 1 247.39 | 1 167.83 | 1 189.86 |
| | 内蒙古 | 3 318.45 | 3 628.34 | 3 764.57 | 3 756.78 | 3 866.48 | 4 351.26 | 4 408.05 | 4 030.02 | 4 017.89 | 3 965.34 | 4 114.82 | 4 003.12 | 4 389.62 | 4 034.19 | 3 953.38 |
| | 吉林 | 2 177.19 | 2 100.79 | 2 256.89 | 2 246.78 | 2 283.76 | 2 073.18 | 2 106.39 | 2 118.19 | 2 203.36 | 2 022.27 | 2 214.28 | 2 006.27 | 1 991.69 | 2 189.92 | 2 104.48 |
| | 黑龙江 | 2 579.79 | 2 663.68 | 2 766.23 | 2 894.28 | 2 922.39 | 3 107.32 | 3 368.26 | 3 566.72 | 3 788.73 | 4 012.31 | 4 221.42 | 4 441.83 | 4 526.35 | 4 421.53 | 4 631.57 |
| | 安徽 | 3 209.23 | 3 117.31 | 2 864.34 | 2 602.32 | 2 601.43 | 2 668.38 | 2 717.18 | 2 763.62 | 2 784.31 | 3 004.82 | 2 882.46 | 3 103.12 | 3 008.38 | 2 852.25 | 2 936.63 |
| | 江西 | 1 917.45 | 1 956.33 | 1 935.93 | 1 802.32 | 1 756.34 | 1 835.34 | 1 945.79 | 1 994.18 | 2 013.47 | 2 054.14 | 2 087.23 | 2 107.88 | 2 267.81 | 2 193.65 | 2 074.32 |
| | 河南 | 6 722.18 | 6 920.45 | 6 741.59 | 5 989.63 | 5 814.49 | 5 969.95 | 5 993.58 | 5 922.14 | 5 902.45 | 5 817.93 | 6 002.43 | 5 782.45 | 5 833.45 | 5 913.35 | 5 788.38 |
| | 湖北 | 2 547.34 | 2 500.67 | 2 441.34 | 2 366.95 | 2 548.89 | 2 537.45 | 2 678.01 | 2 711.38 | 2 801.34 | 2 952.48 | 3 004.13 | 3 102.37 | 3 134.39 | 3 163.23 | 3 212.53 |
| | 湖南 | 3 612.23 | 3 506.83 | 3 369.33 | 2 998.74 | 3 033.43 | 3 130.27 | 3 130.43 | 3 176.34 | 3 205.23 | 3 381.63 | 3 318.23 | 3 418.43 | 3 466.76 | 3 309.97 | 3 456.81 |
| | 广西 | 2 624.64 | 2 666.42 | 2 478.98 | 2 065.23 | 2 105.78 | 2 186.83 | 2 237.76 | 2 244.52 | 2 301.34 | 2 338.45 | 2 412.89 | 2 488.34 | 2 511.29 | 2 421.49 | 2 663.56 |
| | 福建 | 1 081.34 | 1 088.23 | 1 021.74 | 988.45 | 1 018.47 | 1 042.35 | 1 055.54 | 1 052.32 | 1 094.48 | 1 137.39 | 1 121.32 | 1 078.34 | 1 043.84 | 1 173.31 | 1 163.21 |

续表 5－3

| | | 2004 | 2005 | 2006 | 2007 | 2008 | 2009 | 2010 | 2011 | 2012 | 2013 | 2014 | 2015 | 2016 | 2017 | 2018 |
|---|---|---|---|---|---|---|---|---|---|---|---|---|---|---|---|---|
| 西部 | 重庆 | 993.31 | 1 018.34 | 942.46 | 855.34 | 866.32 | 916.34 | 952.78 | 969.34 | 983.19 | 993.83 | 947.82 | 1 002.45 | 984.48 | 996.31 | 923.44 |
| | 四川 | 4 523.31 | 4 631.34 | 4 678.64 | 4 354.59 | 4 430.64 | 4 534.21 | 4 543.19 | 4 528.27 | 4 553.89 | 4 558.47 | 4 602.34 | 4 589.98 | 4 552.83 | 4 573.71 | 4 633.89 |
| | 贵州 | 2 033.11 | 2 067.18 | 1 851.73 | 1 580.13 | 1 732.73 | 1 798.72 | 1 844.88 | 1 821.72 | 1 773.78 | 1 689.34 | 1 668.73 | 1 654.67 | 1 734.21 | 1 632.93 | 1 687.67 |
| | 云南 | 2 752.23 | 2 851.45 | 2 829.31 | 2 704.44 | 2 733.25 | 2 798.45 | 2 886.88 | 2 834.34 | 3 008.55 | 3 023.54 | 3 122.11 | 3 178.31 | 3 220.19 | 3 298.34 | 3 341.54 |
| | 西藏 | 1 552.11 | 1 583.43 | 1 573.45 | 1 563.69 | 1 612.56 | 1 625.63 | 1 585.31 | 1 570.84 | 1 558.42 | 1 547.31 | 1 533.67 | 1 543.19 | 1 539.73 | 1 553.73 | 1 603.51 |
| | 陕西 | 1 584.68 | 1 614.13 | 1 634.88 | 1 498.98 | 1 342.38 | 1 382.56 | 1 389.81 | 1 373.47 | 1 401.21 | 1 382.71 | 1 334.51 | 1 411.23 | 1 302.14 | 1 332.81 | 1 356.41 |
| | 甘肃 | 1 622.41 | 1 748.89 | 1 800.98 | 1 753.52 | 1 878.81 | 1 976.12 | 1 905.12 | 2 002.94 | 2 027.61 | 2 045.18 | 2 132.94 | 2 189.34 | 2 209.31 | 2 244.13 | 2 289.31 |
| | 青海 | 1 224.13 | 1 225.45 | 1 235.53 | 1 240.43 | 1 240.11 | 1 231.38 | 1 267.32 | 1 266.38 | 1 246.73 | 1 225.33 | 1 266.31 | 1 242.48 | 1 261.33 | 1 234.37 | 1 243.16 |
| | 宁夏 | 530.16 | 569.12 | 572.89 | 557.23 | 575.22 | 586.84 | 595.79 | 542.12 | 557.72 | 575.13 | 567.32 | 577.57 | 579.83 | 568.83 | 580.15 |
| | 新疆 | 3 322.35 | 3 454.42 | 3 561.41 | 3 462.53 | 3 224.62 | 3 147.42 | 3 180.46 | 3 271.04 | 3 432.73 | 3 892.99 | 3 899.71 | 3 965.06 | 4 016.53 | 3 967.34 | 4 068.02 |
| 全国 | | 70 869.89 | 72 025.96 | 70 628.16 | 66 247.05 | 66 379.22 | 67 577.23 | 68 718.98 | 69 120.27 | 70 079.91 | 70 671.73 | 71 233.27 | 71 976.15 | 72 320.29 | 71 831.78 | 71 985.53 |

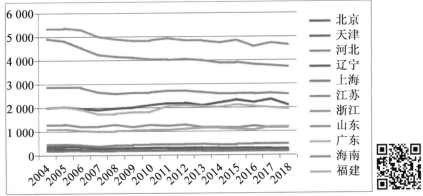

图 5 - 1　2004—2018 年东部省份农业碳排放量汇总表(单位:万 t)

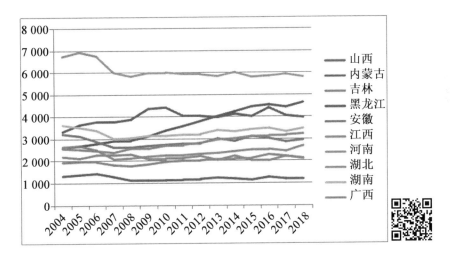

图 5 - 2　2004—2018 年中部省份农业碳排放量汇总表(单位:万 t)

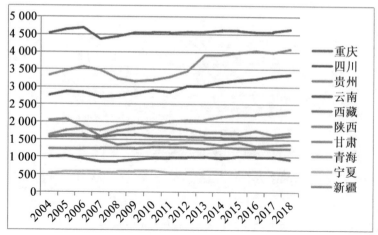

图 5 - 3  2004—2018 年西部省份农业碳排放量汇总表(单位:万 t)

表 5 - 4  2004 年、2009 年、2013 年、2018 年各省份农业碳排分区情况

| | 高碳排放区 | 相对高碳排放区 | 相对低碳排放区 | 低碳排放区 |
|---|---|---|---|---|
| 2004 | 安徽、内蒙古、新疆、湖南、四川、河北、山东、河南 | 广东、贵州、吉林、湖北、黑龙江、广西、云南、江苏 | 福建、青海、浙江、山西、西藏、陕西、甘肃、江西、辽宁 | 上海、北京、天津、海南、宁夏、重庆 |
| 2009 | 黑龙江、湖南、新疆、河北、内蒙古、四川、山东、河南 | 吉林、广西、湖北、江苏、安徽、云南、辽宁 | 福建、山西、浙江、青海、陕西、西藏、贵州、广东、江西、甘肃 | 上海、北京、天津、海南、宁夏、重庆 |
| 2013 | 安徽、云南、湖南、新疆、内蒙古、河北、黑龙江、四川、山东、河南 | 吉林、广东、江西、甘肃、辽宁、广西、江苏、湖北 | 福建、山西、浙江、青海、陕西、西藏、贵州、 | 上海、北京、天津、海南、宁夏、重庆 |

**续表 5 – 4**

|  | 高碳排放区 | 相对高碳排放区 | 相对低碳排放区 | 低碳排放区 |
|---|---|---|---|---|
| 2018 | 湖北、云南、湖南、河北、内蒙古、新疆、黑龙江、四川、山东、河南 | 甘肃、辽宁、吉林、甘肃、江苏、陕西、安徽 | 福建、青海、浙江、山西、西藏、陕西、广东、贵州 | 上海、北京、天津、海南、宁夏、重庆 |

通过研究发现,河南、山东、四川、内蒙古、河北、新疆、湖南一直处于农业高碳排放区,黑龙江、新疆的农业碳排放呈现逐渐增加的趋势,河北呈现逐渐减少的趋势。表 5 – 5 为 2004—2018 年碳排放都处于高碳排放区的省份,从中可以看出,相对于其他省份,内蒙古的动物肠道发酵和粪便碳排放都较高,这种情况与内蒙古大力发展畜牧业有关,且内蒙古的动物肠道发酵和粪便碳排放呈现逐年上升的趋势。山东和河南的农作物耕作活动碳排放量相对于其他省份较高,山东和河南的农业发展潜力巨大,粮食总产量也位居全国前列。湖南的稻田甲烷碳排放量在高碳排放区的几个省份中最高,但是呈现逐年下降的趋势,这应该与湖南近年来推进稻田综合种养有关,通过种植业和养殖业的结合,从而达到减少碳排放的目的。

为了更加直观地分析全国整体农业碳排放的趋势,将全国农业碳排放量进行年平均,并按照年份绘制如图 5 – 4 所示。

图 5 – 4 反映了全国 2004—2018 年农业碳排放量的变动情况,从趋势图可以很直观地看出,近 15 年来,全国的农业碳排放量基本呈倒 U 形曲线,经历了先减少后增加的过程。2004 年与 2018 年相比农业碳排放量相差不大,但明显这些年的变化可以分为两个阶段,以 2008 年为分界点。2008 年以前,全国农业碳排放总量呈现不断下降的态势。而在 2008 年之后又出现了不断增加的态势,说明这段时间实行的是一种较为粗放式的农业生产方式,为了提高粮食产量,大量使用农药、化肥等生产资料,而没有谨慎地考虑环境污染和节能减排的问题,需要引起相关部门的注意,在经济向好的同时,农业环境污染问题也需要解决。

表5-5　2004年、2009年、2013年、2018年高碳排放区（单位：万t）

| | | 2004 | 2005 | 2006 | 2007 | 2008 | 2009 | 2010 | 2011 | 2012 | 2013 | 2014 | 2015 | 2016 | 2017 | 2018 |
|---|---|---|---|---|---|---|---|---|---|---|---|---|---|---|---|---|
| 内蒙古 | A | 0.6877 | 0.7179 | 0.6122 | 0.6787 | 0.8318 | 0.8653 | 0.7833 | 0.7647 | 0.7593 | 0.6452 | 0.6639 | 0.6707 | 0.8364 | 0.7789 | 0.9591 |
| | B | 35.6803 | 42.2115 | 42.7677 | 45.8956 | 49.2227 | 52.1755 | 53.5388 | 53.0201 | 54.2945 | 54.6421 | 57.3071 | 56.0755 | 59.0717 | 83.9858 | 80.2576 |
| | C | 200.2425 | 215.2997 | 321.7931 | 242.2371 | 261.1775 | 295.7820 | 294.8521 | 296.0836 | 315.5499 | 329.9086 | 354.0284 | 350.0754 | 372.7400 | 346.5700 | 348.5007 |
| 新疆 | A | 0.6677 | 0.6927 | 0.6800 | 0.7095 | 0.7076 | 0.7250 | 0.6699 | 0.7059 | 0.6923 | 0.6730 | 0.7510 | 0.6620 | 0.6920 | 0.5568 | 0.5879 |
| | B | 32.2748 | 36.1665 | 32.6473 | 31.6176 | 31.4115 | 31.1945 | 32.6849 | 31.7676 | 33.6921 | 34.8929 | 36.8053 | 38.0047 | 39.7368 | 56.9015 | 57.9790 |
| | C | 238.5015 | 255.4857 | 333.3857 | 298.6752 | 332.7995 | 404.7874 | 354.7787 | 380.8944 | 395.7939 | 435.6240 | 501.7387 | 503.2275 | 518.4800 | 394.6500 | 508.7785 |
| 湖南 | A | 138.9721 | 138.9972 | 138.9910 | 137.8475 | 138.7849 | 138.9571 | 138.5375 | 138.3812 | 136.6445 | 135.0096 | 133.8397 | 128.0041 | 125.8067 | 54.9973 | 52.0168 |
| | B | 26.3098 | 27.9953 | 21.9085 | 21.8512 | 22.6905 | 24.2032 | 24.8444 | 24.2283 | 25.1899 | 26.0553 | 27.1532 | 27.5808 | 27.7674 | 40.2574 | 40.5057 |
| | C | 351.4271 | 359.9635 | 485.5905 | 370.4492 | 377.0294 | 366.0834 | 395.7321 | 403.1354 | 412.2970 | 423.7197 | 424.3254 | 362.7066 | 422.1800 | 435.7000 | 360.3282 |
| 四川 | A | 50.5003 | 51.0828 | 50.9515 | 49.8316 | 49.8472 | 49.6379 | 49.0859 | 49.1715 | 48.9240 | 48.7530 | 48.7857 | 48.7746 | 48.7550 | 10.8277 | 10.8224 |
| | B | 37.4192 | 39.9730 | 38.5095 | 38.0873 | 39.0059 | 40.1247 | 41.0754 | 40.0895 | 40.6817 | 41.8810 | 43.4662 | 44.7564 | 45.2684 | 83.0833 | 79.8989 |
| | C | 346.6412 | 355.7736 | 508.9328 | 376.9184 | 383.7791 | 415.9383 | 396.1436 | 404.5127 | 409.5698 | 407.0781 | 408.5811 | 381.8690 | 411.9700 | 366.2500 | 367.7144 |
| 河北 | A | 1.2195 | 1.2798 | 1.2955 | 1.2340 | 1.1903 | 1.2425 | 1.1635 | 1.2121 | 1.2544 | 1.2673 | 1.2381 | 1.2381 | 1.1899 | 0.8215 | 0.8588 |
| | B | 63.3096 | 66.6190 | 42.0575 | 42.7433 | 43.5777 | 43.5712 | 45.1391 | 42.9358 | 43.4330 | 42.5210 | 42.9135 | 43.4754 | 44.0313 | 32.3985 | 36.1930 |
| | C | 485.7514 | 506.5907 | 638.7339 | 517.3272 | 519.6748 | 540.8390 | 529.7311 | 536.1142 | 541.5597 | 541.9226 | 548.2838 | 507.0092 | 543.6400 | 501.3000 | 471.2805 |
| 山东 | A | 2.4886 | 2.3960 | 2.5454 | 2.6100 | 2.6138 | 2.6922 | 2.5640 | 2.4908 | 2.4770 | 2.4620 | 2.4480 | 2.3260 | 2.1160 | 1.6329 | 1.7075 |
| | B | 68.1323 | 71.0097 | 57.6722 | 57.6874 | 58.9161 | 58.8159 | 58.4123 | 56.5038 | 57.5303 | 58.6255 | 59.4734 | 60.1922 | 60.2538 | 45.9827 | 44.4858 |
| | C | 795.4075 | 814.3621 | 1007.9477 | 854.9492 | 827.6294 | 891.1580 | 826.3273 | 823.3282 | 826.1588 | 812.9886 | 805.6155 | 724.2615 | 793.8600 | 694.7900 | 679.5266 |

续表 5 - 5

| | | 2004 | 2005 | 2006 | 2007 | 2008 | 2009 | 2010 | 2011 | 2012 | 2013 | 2014 | 2015 | 2016 | 2017 | 2018 |
|---|---|---|---|---|---|---|---|---|---|---|---|---|---|---|---|---|
| 河南 | A | 8.645 0 | 8.688 2 | 9.712 6 | 10.200 0 | 10.279 4 | 10.392 1 | 10.676 0 | 10.846 0 | 11.018 7 | 10.902 1 | 11.044 9 | 11.152 0 | 11.135 0 | 7.841 6 | 7.910 2 |
| | B | 82.410 8 | 85.479 0 | 63.143 1 | 62.017 2 | 64.041 1 | 64.316 8 | 63.822 0 | 62.891 2 | 62.578 2 | 63.174 5 | 64.839 1 | 64.994 5 | 65.045 3 | 45.726 9 | 45.957 1 |
| | C | 696.978 1 | 726.022 2 | 966.595 6 | 790.847 8 | 823.315 0 | 865.247 8 | 885.198 4 | 908.052 5 | 920.791 0 | 932.799 4 | 942.553 7 | 890.022 3 | 952.900 0 | 921.610 0 | 866.765 7 |

注：A——稻田甲烷碳排放，B——动物肠道发酵和粪便碳排放，C——农作物耕作活动碳排放。

161

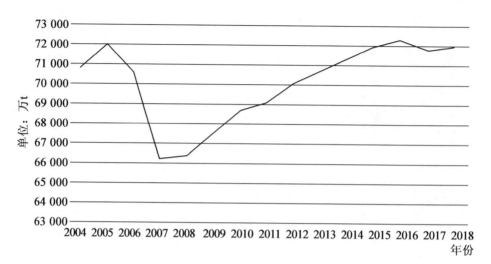

**图 5 – 4    2004—2018 年全国农业碳排放量趋势**

为了更好地呈现出全国各省份年度农业碳排放量的时间动态变化,进一步计算了 2004—2018 年的农业碳排放的增长情况,见表 5 – 6。可以明显看出黑龙江的农业碳排放总量虽不是最高,但增长率最高,这与最近几年黑龙江大力发展农业有关,但与此同时应当适当减少农业碳排放。京津冀地区农业碳排放增长率下降比较明显,这与国家和当地政府的政策实施相关。长三角及珠三角地区呈现略微下降的趋势,总体来看,经济相对欠发达地区农业碳排放呈现正增长。

表5-6　我国31个省份农业碳排放年增长率

| | | 2005 | 2006 | 2007 | 2008 | 2009 | 2010 | 2011 | 2012 | 2013 | 2014 | 2015 | 2016 | 2017 | 2018 |
|---|---|---|---|---|---|---|---|---|---|---|---|---|---|---|---|
| 东部 | 北京 | -5.19% | -10.90% | -10.03% | 0.10% | -1.24% | -2.69% | 9.51% | -0.88% | -11.45% | -2.32% | 2.95% | -11.70% | -0.51% | -2.96% |
| | 天津 | 1.15% | -3.91% | -16.75% | 0.27% | 2.23% | 1.65% | -1.14% | 1.44% | -3.89% | -2.70% | 0.98% | -3.25% | -6.19% | 1.10% |
| | 河北 | -1.83% | -6.10% | -6.42% | -1.91% | -1.06% | -1.79% | -0.60% | 0.93% | -1.34% | -2.66% | 0.62% | -2.33% | -1.27% | -1.42% |
| | 辽宁 | 1.90% | -3.53% | -2.98% | 3.27% | 2.00% | 5.14% | 3.55% | 1.16% | -5.01% | 5.46% | 4.97% | -4.27% | 5.39% | -10.02% |
| | 上海 | 8.05% | -6.40% | -5.83% | 11.74% | -7.11% | 0.61% | -1.11% | -2.32% | -4.75% | -3.11% | 2.24% | 11.58% | -15.08% | -3.18% |
| | 江苏 | -0.14% | -0.90% | -6.77% | -2.30% | 1.46% | 0.97% | 2.22% | 0.03% | -2.33% | -2.38% | 0.42% | -0.89% | 1.37% | -1.91% |
| | 浙江 | 1.97% | -8.10% | 0.84% | 5.86% | -7.64% | 7.48% | -3.32% | 4.15% | -8.61% | -0.95% | -1.83% | 7.37% | -5.89% | -1.91% |
| | 山东 | 0.55% | -1.38% | -5.66% | -2.14% | -1.41% | 0.62% | 1.55% | -1.83% | -0.34% | -1.63% | 2.13% | -5.42% | 3.25% | -1.75% |
| | 广东 | 1.18% | -6.57% | -9.77% | 1.95% | 2.87% | 0.72% | 14.15% | 0.73% | -1.94% | -1.70% | 5.22% | -3.51% | -2.53% | -3.12% |
| | 海南 | 0.12% | -8.77% | -16.33% | 14.08% | 6.26% | 2.05% | -0.03% | 1.88% | 1.32% | -7.02% | 6.03% | 2.31% | 0.46% | 1.29% |
| | 山西 | 4.40% | 3.94% | -10.41% | -12.55% | -0.31% | 1.01% | 1.99% | 2.30% | 5.03% | -3.68% | -4.69% | 11.04% | -6.38% | 1.89% |
| | 内蒙古 | 9.34% | 3.75% | -0.21% | 2.92% | 12.54% | 1.31% | -8.58% | -0.30% | -1.31% | 3.77% | -2.71% | 9.65% | -8.10% | -2.00% |
| | 吉林 | -3.51% | 7.43% | -0.45% | 1.65% | -9.22% | 1.60% | 0.56% | 4.02% | -8.22% | 9.49% | -9.39% | -0.73% | 9.95% | -3.90% |
| | 黑龙江 | 3.25% | 3.85% | 4.63% | 0.97% | 6.33% | 8.40% | 5.89% | 6.22% | 5.90% | 5.21% | 5.22% | 1.90% | -2.32% | 4.75% |
| 中部 | 安徽 | -2.86% | -8.12% | -9.15% | -0.03% | 2.57% | 1.83% | 1.71% | 0.75% | 7.92% | -4.07% | 7.66% | -3.05% | -5.19% | 2.96% |
| | 江西 | 2.03% | -1.04% | -6.90% | -2.55% | 4.50% | 6.02% | 2.49% | 0.97% | 2.02% | 1.61% | 0.99% | 7.59% | -3.27% | -5.44% |
| | 河南 | 2.95% | -2.58% | -11.15% | -2.92% | 2.67% | 0.40% | -1.19% | -0.33% | -1.43% | 3.17% | -3.66% | 0.88% | 1.37% | -2.11% |
| | 湖北 | -1.83% | -2.37% | -3.05% | 7.69% | -0.45% | 5.54% | 1.25% | 3.32% | 5.40% | 1.75% | 3.27% | 1.03% | 0.92% | 1.56% |
| | 湖南 | -2.92% | -3.92% | -11.00% | 1.16% | 3.19% | 0.01% | 1.47% | 0.91% | 5.50% | -1.88% | 3.02% | 1.41% | -4.52% | 4.44% |
| | 广西 | 1.53% | -6.27% | -16.78% | 1.14% | 4.04% | 2.41% | 0.03% | 2.68% | 1.61% | 3.18% | 3.13% | 0.92% | -3.58% | 10.00% |
| | 福建 | 0.64% | -6.11% | -3.26% | 3.04% | 2.34% | 1.27% | -0.31% | 4.01% | 3.92% | -1.41% | -3.83% | -3.20% | 12.40% | -0.86% |

163

续表 5−6

| | | 2005 | 2006 | 2007 | 2008 | 2009 | 2010 | 2011 | 2012 | 2013 | 2014 | 2015 | 2016 | 2017 | 2018 |
|---|---|---|---|---|---|---|---|---|---|---|---|---|---|---|---|
| 西部 | 重庆 | 2.52% | −7.45% | −9.24% | 1.28% | 5.77% | 3.98% | 1.74% | 1.43% | 1.08% | −4.63% | 5.76% | −1.79% | 1.20% | −7.31% |
| | 四川 | 4.15% | −0.66% | −7.06% | 1.95% | 2.29% | 0.32% | −0.50% | 0.51% | 0.10% | 0.96% | −0.27% | −0.81% | 0.46% | 1.32% |
| | 贵州 | 2.08% | −10.70% | −14.93% | 9.62% | 3.82% | 2.65% | −1.21% | −2.63% | −4.76% | −1.22% | −0.84% | 4.81% | −5.84% | 3.35% |
| | 云南 | 3.61% | −0.78% | −4.41% | 1.07% | 2.39% | 3.16% | −1.82% | 6.15% | 0.50% | 3.26% | 1.80% | 1.32% | 2.43% | 1.31% |
| | 西藏 | 2.02% | −0.63% | −0.62% | 3.13% | 0.81% | −2.48% | −0.91% | −0.79% | −0.71% | −0.88% | 0.62% | −0.22% | 0.91% | 3.20% |
| | 陕西 | 1.86% | 1.29% | −8.31% | −10.45% | 2.99% | 0.52% | −1.18% | 2.02% | −1.32% | −3.49% | 5.75% | −7.73% | 2.36% | 1.77% |
| | 甘肃 | 7.75% | 3.08% | −2.70% | 7.47% | 2.73% | −1.90% | 5.83% | 0.76% | 0.87% | 4.29% | 2.64% | 0.91% | 1.58% | 2.01% |
| | 青海 | 0.11% | 0.82% | 0.40% | −0.03% | −0.70% | 2.92% | −0.07% | −1.55% | −1.72% | 3.34% | −1.88% | 1.52% | −2.14% | 0.71% |
| | 宁夏 | 7.35% | 0.66% | −2.73% | 3.23% | 2.02% | 1.53% | −9.01% | 2.88% | 3.12% | −1.36% | 1.81% | 0.39% | −1.90% | 1.99% |
| | 新疆 | 3.98% | 3.10% | −2.78% | −6.87% | −2.39% | 1.05% | 2.85% | 4.94% | 13.41% | 0.17% | 1.68% | 1.30% | −1.22% | 2.54% |
| 全国 | | 1.63% | −1.94% | −6.20% | 0.20% | 1.80% | 1.69% | 0.58% | 1.39% | 0.84% | 0.79% | 1.04% | 0.48% | −0.68% | 0.21% |

# 第三节　省域农业碳排放的效率评价

## 一、评价方法的选择与步骤

DEA 方法是综合评价方法的一种,具有较为广泛的适用性,可以处理一对一、一对多、多对多的数据,尤其在处理多对多的系统有效性评价方面具有绝对优势。它不需要预设生产函数,不需要估计函数的参数,也不需要对投入数据进行无量纲化处理。

DEA 方法的使用过程可分为六个步骤:

(1)确定评价活动的目的和意义。

(2)确定待评价的决策单元(DMU)的类型及数量。

(3)根据评价目的和决策单元的特点,构建效率评价指标体系。

(4)选择所需模型,确定基本选项。

(5)运用软件求解,计算评价值。

(6)得出结论。

## 二、变量的选取与指标选择

### (一)农业投入变量的选取

农业生产是经济生产之一,也要满足经济生产当中的投入和产出要素。通过大量的国内外文献阅读,并参考王亚对于农业碳排放投入变量的选取,同时结合本研究需要以及数据的可得性,选取了劳动投入、土地劳动力投入、化肥投入、农药投入、农膜的使用、农业机械投入六类农业生产基本投入作为农业生产的投入变量。

### (二)农业产出变量的选取

选择将农业生产过程中的非期望产出碳排放作为一种产出变量,即把碳排放作为农业生产过程中环境要素的投入。根据科斯的产权制度理论,我国现阶段清洁的环境所有权是社会大众的,因此也是一种资源的投入,有一定的社会成本。农业生产过程中的碳排放对于个人来说是零成本的,但是对于社会来说却是有一定的成本的,社会需要花费一定的财力、物力去治理环境污染,或者通过植树造林增加碳汇保持良好的环境。如果把清洁的环境看成一种经济资源,农业碳排放相当于消耗了环境资源,减少了大众所拥有的清洁环境资源。我们在农业生产过程中希望投入越少的碳排放来获取最大的期望产出,这与 DEA 方法对投入指标的要求也是相符的。本研究选取前一节核算出的全国各省份的农业碳排放量作为农业生产过程中环境要素的产出,测算农业生产的效率。

## 三、农业碳排放的效率评价的实证研究

### (一) 基于 Undesirable Outputs-SBM 模型的静态评价

为了弥补传统径向模型的缺点,将松弛变量直接放到目标函数中研究,一方面剔除了松弛变量不自由变化对效率评价的影响,同时也为含有非期望产出指标的系统评价提供了一种新思路。具体用到的 SBM 模型的表达式为

$$
s.t. \begin{cases} \min \rho = \dfrac{1 - \dfrac{1}{M}\sum\limits_{m=1}^{M}\dfrac{S_{\overline{m}}}{X_{m0}}}{1 + \dfrac{1}{G+B}\left(\sum\limits_{g=1}^{G}\dfrac{S_g^+}{y_{g0}} + \sum\limits_{b=1}^{B}\dfrac{S_{\overline{b}}}{y_{b0}}\right)} \\ X\lambda + S^- = X_0 \\ Y^g\lambda - S^{g+} = y_0^g \\ Y^b\lambda + S^{b+} = y_0^b \\ \lambda, S^-, S^{g+}, S^{b+} \geqslant 0 \end{cases} \tag{5-5}
$$

公式(5-5)是一个分式规划,其中决策单元一共有 $M$ 种投入($X_1, X_2, \cdots, X_m$),$G$ 种期望产出($y_{g1}, y_{g2}, \cdots$),$S^-$、$S^{g+}$、$S^{b+}$ 分别代表了投入、期望产出和非期望产出的松弛变量。当 $S^-$、$S^{b+} > 0$ 时,表示存在生产资料的过度投入和非期望产出的增加,当 $S^{g+} > 0$ 时,表示存在期望产出不足。总体来说,在 SBM 的模型中,当 $\rho = 1$ 时,决策单元是有效的,此时的 $S^-$、$S^{g+}$、$S^{b+} = 0$,不存在投入的冗余或者产出的不足。当 $\rho < 1$ 时,则表示决策单元是无效的,需要调整投入要素或者非期望产出以达到最优解。

将我国 31 个省份的农业数据进行静态评价,采用的是 2018 年的数据,以 31 个省份的农业数据作为决策单元。运用包含非期望产出的 Undesirable Outputs-SBM 模型,通过 MaxDEA Pro 软件进行分析。运算结果见表 5 – 7。

表 5 – 7　2018 年全国 31 个省份农业碳排放效率分析(SBM)

| DMU | SCORE | S⁻(1) | S⁻(2) | S⁻(3) | S⁻(4) | S⁻(5) | S⁻(6) | S⁺(1) | S⁺(2) | S⁺(3) |
|------|-------|--------|-----------|-----------|-----------|-------|-------|-------|-------|-------|
| 北京 | 1 | 0 | 0 | 0 | 0 | 0 | 0 | 0 | 0 | 0 |
| 天津 | 1 | 0 | 0 | 0 | 0 | 0 | 0 | 0 | 0 | 0 |
| 河北 | 1 | 0 | 0 | 0 | 0 | 0 | 0 | 0 | 0 | 0 |
| 山西 | 1 | 0 | 0 | 0 | 0 | 0 | 0 | 0 | 0 | 0 |
| 内蒙古 | 0.82 | 0 | – 7 888 732 | – 198 337 | – 98 827 | 0 | 0 | 0 | 56 | – 26 |
| 辽宁 | 1 | 0 | 0 | 0 | 0 | 0 | 0 | 0 | 0 | 0 |
| 吉林 | 0.89 | 0 | – 2 187 521 | – 209 882 | – 54 745 | 0 | 0 | 0 | 0 | – 65 |
| 黑龙江 | 0.77 | 0 | – 8 183 652 | – 367 748 | – 175 644 | 0 | 0 | 0 | 788 | – 89 |
| 上海 | 1 | 0 | 0 | 0 | 0 | 0 | 0 | 0 | 0 | 0 |
| 江苏 | 1 | 0 | 0 | 0 | 0 | 0 | 0 | 0 | 0 | 0 |
| 浙江 | 1 | 0 | 0 | 0 | 0 | 0 | 0 | 0 | 0 | 0 |
| 安徽 | 0.92 | – 12 | – 1 156 433 | – 97 737 | – 23 329 | 0 | 0 | 0 | 0 | – 12 |
| 福建 | 1 | 0 | 0 | 0 | 0 | 0 | 0 | 0 | 0 | 0 |
| 江西 | 0.88 | – 23 | – 947 328 | – 148 422 | – 143 982 | 0 | 0 | 0 | 54 | – 58 |
| 山东 | 1 | 0 | 0 | 0 | 0 | 0 | 0 | 0 | 0 | 0 |
| 河南 | 0.93 | – 34 | – 1 671 435 | – 73 321 | – 9 340 | 0 | 0 | 0 | 0 | – 8 |
| 湖北 | 0.83 | 0 | – 6 538 312 | – 215 661 | – 155 672 | 0 | 0 | 0 | 0 | – 43 |
| 湖南 | 1 | 0 | 0 | 0 | 0 | 0 | 0 | 0 | 0 | 0 |
| 广东 | 1 | 0 | 0 | 0 | 0 | 0 | 0 | 0 | 0 | 0 |
| 广西 | 0.85 | 0 | – 3 347 551 | – 122 897 | – 143 879 | 0 | 0 | 0 | 39 | – 56 |
| 海南 | 1 | 0 | 0 | 0 | 0 | 0 | 0 | 0 | 0 | 0 |
| 重庆 | 1 | 0 | 0 | 0 | 0 | 0 | 0 | 0 | 0 | 0 |
| 四川 | 1 | 0 | 0 | 0 | 0 | 0 | 0 | 0 | 0 | 0 |

续表 5 - 7

| DMU | SCORE | S⁻(1) | S⁻(2) | S⁻(3) | S⁻(4) | S⁻(5) | S⁻(6) | S⁺(1) | S⁺(2) | S⁺(3) |
|------|-------|-------|-----------|----------|----------|-------|-------|-------|-------|------|
| 贵州 | 1 | 0 | 0 | 0 | 0 | 0 | 0 | 0 | 0 | 0 |
| 云南 | 1 | 0 | 0 | 0 | 0 | 0 | 0 | 0 | 0 | 0 |
| 西藏 | 1 | 0 | 0 | 0 | 0 | 0 | 0 | 0 | 0 | 0 |
| 陕西 | 1 | 0 | 0 | 0 | 0 | 0 | 0 | 0 | 0 | 0 |
| 甘肃 | 0.81 | 0 | - 8 113 549 | - 200 873 | - 115 431 | 0 | 0 | 0 | 431 | - 34 |
| 青海 | 1 | 0 | 0 | 0 | 0 | 0 | 0 | 0 | 0 | 0 |
| 宁夏 | 1 | 0 | 0 | 0 | 0 | 0 | 0 | 0 | 0 | 0 |
| 新疆 | 0.87 | 0 | - 6 233 795 | - 135 561 | - 94 547 | 0 | 0 | 0 | 31 | - 51 |

表 5 - 7 中,Score 值代表农业碳排放的效率,S⁻(1)、S⁻(2)、S⁻(3)、S⁻(4)、S⁻(5)、S⁻(6)分别代表劳动力、土地、化肥、农药、农膜以及农业机械的投入松弛量。S⁺(1)、S⁺(2)、S⁺(3)则分别代表农林牧渔业总产值、造林面积和农业碳排放量的产出松弛量。

从表 5 - 7 中可以看出,2018 年我国农业碳排放效率评价无效的省份有 10 个($\rho < 1$)。其中,黑龙江的农业碳排放效率最低,表明黑龙江农业碳排放主要是以粗放型的排放为主,在农业生产活动中存在着大量投入冗余的现象。通过 DEA 方法中投影模型的应用可对无效率的省份进行调整,提高其农业碳排放效率。

更加直观地分析各个省份的农业碳排放效率时间上的差异,列举出 2004 年、2009 年、2013 年及 2018 年的 Socre 值,见表 5 - 8。

表 5 - 8 部分年份 31 个省份的 Score 值

| 省份 | 2004 | 2009 | 2013 | 2018 |
|------|------|------|------|------|
| 北京 | 1 | 1 | 1 | 1 |
| 天津 | 1 | 1 | 0.82 | 1 |
| 河北 | 0.87 | 1 | 1 | 1 |
| 山西 | 1 | 1 | 1 | 1 |

续表 5 - 8

| 省份 | 2004 | 2009 | 2013 | 2018 |
|---|---|---|---|---|
| 内蒙古 | 0.91 | 0.87 | 0.87 | 0.82 |
| 辽宁 | 1 | 1 | 1 | 1 |
| 吉林 | 0.88 | 0.91 | 0.83 | 0.89 |
| 黑龙江 | 0.83 | 0.85 | 0.89 | 0.77 |
| 上海 | 1 | 1 | 1 | 1 |
| 江苏 | 1 | 1 | 1 | 1 |
| 浙江 | 1 | 1 | 1 | 1 |
| 安徽 | 0.86 | 0.92 | 0.82 | 0.92 |
| 福建 | 1 | 1 | 1 | 1 |
| 江西 | 0.89 | 0.81 | 0.87 | 0.88 |
| 山东 | 1 | 1 | 1 | 1 |
| 河南 | 0.89 | 0.92 | 0.92 | 0.93 |
| 湖北 | 0.93 | 0.94 | 0.98 | 0.83 |
| 湖南 | 1 | 1 | 1 | 1 |
| 广东 | 1 | 1 | 1 | 1 |
| 广西 | 0.95 | 0.95 | 0.85 | 0.85 |
| 海南 | 1 | 1 | 1 | 1 |
| 重庆 | 1 | 1 | 1 | 1 |
| 四川 | 1 | 1 | 1 | 1 |
| 贵州 | 1 | 1 | 1 | 1 |
| 云南 | 1 | 1 | 1 | 1 |
| 西藏 | 1 | 1 | 1 | 1 |
| 陕西 | 1 | 1 | 1 | 1 |
| 甘肃 | 0.87 | 0.89 | 0.79 | 0.81 |
| 青海 | 1 | 1 | 1 | 1 |
| 宁夏 | 1 | 1 | 1 | 1 |
| 新疆 | 0.92 | 0.89 | 0.87 | 0.89 |

研究发现,农业碳排放效率较低的主要集中在农业大省,如黑龙江、吉林、

河南等。这说明我国农业生产主要以粗放型为主,农业产值的增加是以环境的污染以及温室气体的增加作为代价的。结合第三章研究碳排放核算的内容可以发现,农业碳排放的增加也带来了农业碳排放效率的低下,如甘肃、广西等。其中也不乏像山东、辽宁这样的农业碳排放大省的农业碳排放效率较好,这说明对生产资料的投入配置平衡,不存在冗余的现象,农业碳排放效率值为1,属于 DEA 有效。

### (二)基于 DEA-Malmquist Luenberger 指数的动态评价

基于以上的理论和相关的数据,利用 DEA-Malmquist Luenberger 分解法,从时间序列角度动态地分析全国 31 个省份的农业碳排放效率。将综合生产指数分解成技术效率指数(Effch)和技术进步指数(Tech),这样可以更加客观、全面地分析全国 31 个省份的农业碳排放效率的变化规律及趋势。

$$ML_t^{t+1} = \left[ \frac{1 + D_0^t(x^t, y_g^t, y_b^t; g^t)}{1 + D_0^t(x^{t+1}, y_g^{t+1}, y_b^{t+1}; g^{t+1})} \times \frac{1 + D_0^{t+1}(x^t, y_g^t, y_b^t; g^t)}{1 + D_0^{t+1}(x^{t+1}, y_g^{t+1}, y_b^{t+1}; g^{t+1})} \right] 1/2$$

$$(5-6)$$

从公式(5-6)可以看出,ML 指数是指 t 到 t+1 两个时刻的几何平均值,是由资源投入、期望产出、非期望产出所构成的前沿函数计算得出的。

将 ML 指数分解为技术进步指数(Tech)和效率变动指数(Effch),具体表达式为

$$ML_t^{t+1} = Tech_t^{t+1} \times Effch_t^{t+1} \qquad (5-7)$$

Tech 表示两个阶段因技术进步带来的决策单元在生产前沿面上的移动,反映两个时期之间生产技术变化的程度。Effch 表示决策单元提高或降低生产效率的程度,表现为决策单元在生产前沿面上的追赶。计算结果见表 5-9。

由表 5-9 可以明显看出,位于东部的省份 ML 指数普遍大于 1,位于中部的省份 ML 指数普遍约等于 1,位于西部的省份 ML 指数普遍小于 1。这说明沿海地区的省份经济相对发达,在技术进步上速度更快;中部地区的省份经济相对较发达,在技术进步上也能够追赶日益增加的碳排放;而西部经济欠发达地区则表现出技术进步的速度不及农业生产活动中所产生的碳排放。为了进一步宏观地研究 ML 指数与 Tech、Effch 的关系,选取 31 个省份的平均数进行 ML 指数分解,见表 5-10、图 5-5。

表 5 - 9　2004—2018 年我国 31 个省份的 ML 指数表

| 区域 | ML 指数 | 2005 | 2006 | 2007 | 2008 | 2009 | 2010 | 2011 | 2012 | 2013 | 2014 | 2015 | 2016 | 2017 | 2018 |
|---|---|---|---|---|---|---|---|---|---|---|---|---|---|---|---|
| 东部 | 北京 | 1.012 | 1.011 | 1.025 | 1.046 | 1.025 | 1.021 | 1.019 | 1.013 | 1.033 | 1.011 | 1.036 | 1.031 | 1.029 | 1.027 |
|  | 天津 | 1.017 | 1.013 | 1.022 | 1.039 | 1.015 | 1.011 | 1.025 | 1.022 | 1.031 | 1.019 | 1.033 | 1.032 | 1.028 | 1.027 |
|  | 河北 | 1.023 | 1.023 | 1.029 | 1.037 | 1.013 | 1.012 | 1.021 | 1.016 | 1.026 | 1.020 | 1.023 | 1.020 | 1.023 | 1.021 |
|  | 浙江 | 1.005 | 1.006 | 1.016 | 1.029 | 1.011 | 1.013 | 1.002 | 1.006 | 1.021 | 1.005 | 1.031 | 1.019 | 1.011 | 1.021 |
|  | 海南 | 0.980 | 0.975 | 0.981 | 0.991 | 0.986 | 0.983 | 0.987 | 0.981 | 1.009 | 0.983 | 1.015 | 1.006 | 1.004 | 1.015 |
|  | 辽宁 | 0.998 | 0.995 | 0.996 | 0.998 | 0.992 | 0.987 | 0.996 | 0.995 | 1.009 | 0.993 | 1.017 | 1.010 | 1.006 | 1.014 |
|  | 广东 | 1.020 | 1.019 | 1.024 | 1.031 | 1.013 | 1.007 | 1.017 | 1.003 | 1.021 | 1.018 | 1.031 | 1.020 | 1.018 | 1.028 |
|  | 山东 | 0.996 | 0.994 | 1.001 | 1.012 | 0.992 | 0.983 | 1.006 | 0.996 | 1.012 | 1.001 | 1.019 | 1.013 | 1.016 | 1.017 |
|  | 上海 | 1.021 | 1.022 | 1.029 | 1.039 | 1.022 | 1.017 | 1.029 | 1.020 | 1.032 | 1.015 | 1.030 | 1.026 | 1.021 | 1.022 |
|  | 江苏 | 0.985 | 0.986 | 0.999 | 1.006 | 0.995 | 0.991 | 1.009 | 1.001 | 1.016 | 1.007 | 1.019 | 1.013 | 1.012 | 1.017 |
| 中部 | 吉林 | 0.989 | 0.987 | 0.991 | 0.993 | 0.988 | 0.981 | 0.992 | 0.987 | 1.013 | 0.991 | 1.021 | 1.012 | 1.003 | 1.017 |
|  | 安徽 | 0.986 | 0.984 | 0.987 | 0.999 | 0.983 | 0.976 | 0.986 | 0.989 | 1.009 | 0.988 | 1.017 | 1.007 | 1.009 | 1.016 |
|  | 福建 | 1.001 | 0.999 | 1.006 | 1.023 | 1.004 | 1.005 | 0.989 | 0.981 | 1.010 | 0.988 | 1.013 | 1.018 | 1.013 | 1.015 |
|  | 江西 | 0.991 | 0.988 | 0.993 | 1.004 | 0.991 | 0.986 | 1.007 | 1.011 | 1.013 | 1.005 | 1.018 | 1.015 | 1.014 | 1.011 |
|  | 黑龙江 | 0.985 | 0.975 | 0.981 | 0.989 | 0.983 | 0.982 | 0.985 | 0.981 | 1.017 | 0.980 | 1.019 | 1.016 | 1.014 | 1.011 |
|  | 河南 | 0.992 | 0.994 | 1.002 | 1.017 | 1.002 | 1.005 | 0.997 | 0.989 | 0.998 | 0.993 | 1.008 | 0.996 | 0.993 | 1.013 |
|  | 湖北 | 0.982 | 0.981 | 0.998 | 1.012 | 0.991 | 0.987 | 1.011 | 1.003 | 1.018 | 1.009 | 1.026 | 1.017 | 1.015 | 1.020 |
|  | 湖南 | 0.987 | 0.987 | 0.999 | 1.015 | 1.002 | 0.997 | 0.994 | 0.996 | 1.008 | 0.993 | 1.019 | 1.009 | 1.004 | 1.016 |
|  | 山西 | 0.982 | 0.978 | 0.981 | 0.991 | 0.984 | 0.988 | 0.996 | 0.993 | 1.013 | 0.993 | 1.018 | 1.011 | 1.005 | 1.015 |
|  | 广西 | 0.978 | 0.971 | 0.977 | 0.982 | 0.974 | 0.971 | 0.989 | 0.990 | 1.007 | 0.986 | 1.017 | 1.008 | 1.007 | 1.017 |
|  | 内蒙古 | 0.977 | 0.971 | 0.972 | 0.976 | 0.965 | 0.969 | 0.980 | 0.979 | 1.007 | 0.981 | 1.015 | 1.006 | 1.007 | 1.016 |

续表 5 - 9

| | ML指数 | 2005 | 2006 | 2007 | 2008 | 2009 | 2010 | 2011 | 2012 | 2013 | 2014 | 2015 | 2016 | 2017 | 2018 |
|---|---|---|---|---|---|---|---|---|---|---|---|---|---|---|---|
| 西部 | 重庆 | 0.999 | 0.999 | 1.003 | 1.009 | 1.003 | 0.993 | 1.016 | 1.005 | 1.027 | 1.019 | 1.026 | 1.025 | 1.021 | 1.026 |
| | 四川 | 0.995 | 0.992 | 0.997 | 1.007 | 0.992 | 0.993 | 0.993 | 0.985 | 1.009 | 0.991 | 1.013 | 1.004 | 1.001 | 1.017 |
| | 贵州 | 0.981 | 0.976 | 0.988 | 0.992 | 0.983 | 0.984 | 0.993 | 0.991 | 1.013 | 0.993 | 1.021 | 1.011 | 1.007 | 1.019 |
| | 云南 | 0.995 | 0.989 | 0.998 | 1.004 | 0.984 | 0.982 | 0.986 | 0.981 | 1.002 | 0.988 | 1.002 | 1.001 | 1.001 | 1.002 |
| | 西藏 | 0.988 | 0.981 | 0.989 | 0.991 | 0.982 | 0.985 | 0.997 | 0.989 | 1.006 | 0.992 | 1.018 | 1.005 | 1.004 | 1.019 |
| | 陕西 | 0.984 | 0.979 | 0.986 | 0.994 | 0.983 | 0.984 | 0.991 | 0.990 | 1.003 | 0.989 | 1.014 | 1.002 | 1.002 | 1.017 |
| | 甘肃 | 0.969 | 0.964 | 0.971 | 0.979 | 0.969 | 0.971 | 0.983 | 0.978 | 1.001 | 0.989 | 1.011 | 1.002 | 1.003 | 1.013 |
| | 青海 | 0.963 | 0.961 | 0.965 | 0.971 | 0.961 | 0.963 | 0.978 | 0.971 | 0.996 | 0.981 | 0.998 | 0.995 | 0.991 | 0.997 |
| | 宁夏 | 0.975 | 0.971 | 0.977 | 0.982 | 0.971 | 0.971 | 0.983 | 0.979 | 1.001 | 0.983 | 1.014 | 1.005 | 1.007 | 1.012 |
| | 新疆 | 0.979 | 0.974 | 0.982 | 0.989 | 0.972 | 0.972 | 0.981 | 0.975 | 0.997 | 0.982 | 0.996 | 0.994 | 0.993 | 0.995 |
| 全国 | | 0.991 | 0.989 | 0.996 | 1.005 | 0.991 | 0.989 | 0.998 | 0.993 | 1.012 | 0.996 | 1.018 | 1.011 | 1.009 | 1.016 |

表 5 - 10　全国 31 个省份 2004—2018 年平均 ML 指数及分解

| 省份 | ML | Effch | Tech | 省份 | ML | Effch | Tech |
|---|---|---|---|---|---|---|---|
| 北京 | 1.048 | 1 | 1.048 | 湖北 | 0.981 | 0.988 | 0.993 |
| 天津 | 1.009 | 1 | 1.009 | 湖南 | 0.947 | 0.987 | 0.959 |
| 河北 | 0.997 | 0.981 | 1.016 | 广东 | 1.021 | 0.989 | 1.032 |
| 山西 | 0.984 | 0.978 | 1.006 | 广西 | 0.935 | 0.977 | 0.957 |
| 内蒙古 | 0.973 | 0.993 | 0.980 | 海南 | 1.019 | 1 | 1.019 |
| 辽宁 | 1.012 | 1 | 1.012 | 重庆 | 1.021 | 1 | 1.021 |
| 吉林 | 1.024 | 0.978 | 1.047 | 四川 | 0.986 | 0.989 | 0.997 |
| 黑龙江 | 0.991 | 0.975 | 1.016 | 贵州 | 0.973 | 0.984 | 0.989 |
| 上海 | 1.074 | 1 | 1.074 | 云南 | 0.972 | 0.981 | 0.991 |
| 江苏 | 0.956 | 0.969 | 0.987 | 西藏 | 1.011 | 1 | 1.011 |
| 浙江 | 1.016 | 1 | 1.016 | 陕西 | 0.938 | 0.985 | 0.952 |
| 安徽 | 0.971 | 0.979 | 0.992 | 甘肃 | 0.923 | 0.985 | 0.937 |
| 福建 | 0.988 | 0.991 | 0.997 | 青海 | 1.025 | 1 | 1.025 |
| 江西 | 1.051 | 0.963 | 1.091 | 宁夏 | 1.002 | 0.984 | 1.018 |
| 山东 | 1.203 | 1 | 1.203 | 新疆 | 0.993 | 0.999 | 0.994 |
| 河南 | 0.998 | 0.983 | 1.015 | 全国 | 1.001 | 0.988 | 1.013 |

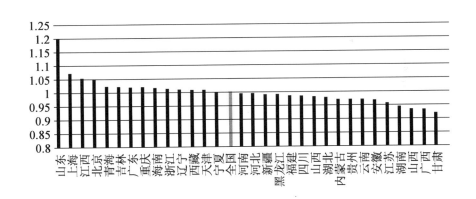

图 5 - 5　全国 31 个省份 2004—2018 年平均 ML 指数

总体来说,2004—2018 年这 15 年间,全国的农业碳排放效率值为 1.001。

173

这表明 15 年间我国农业碳排放的效率呈现基本不变的趋势,也从侧面反映出我国农业生产要素的投入仍然出现了不合理的现象,产生了很多不必要的碳排放,同时也影响了全要素状态下的生产率。在全国 31 个省级行政区内,只有 14 个省份出现农业碳排放效率增长的情况,占比为 45.1%,表明我国的农业碳排放主要还是以粗放型的排放类型为主。

具体来看,山东、上海、江西、北京等呈现农业碳排放效率增长的趋势(ML 指数 > 1),这些省市中,绝大部分不属于农业主要输出省份,所以对于农业碳排放的效率管控更加容易提高效率。而山东、辽宁是农业大省,但这两个省份的农业碳排放效率呈现增长的情况,说明国家提出的低碳农业政策在这两个省份试验落实得相对完善,其他的农业大省应当参考这两个省份的农业投入比例及具体措施,汲取借鉴这两个省份的经验,从而提高农业碳排放的效率。河南、河北、新疆、黑龙江的 ML 平均指数分别为 0.998、0.997、0.993 和 0.991,农业碳排放效率值接近 1,这表明这些省份的农业碳排放效率略有下降,但是效率水平基本保持不变,维持在原有的农业碳排放效率的基础上,而这几个省份增加的农业碳排放量是上升较大的。排名靠后的甘肃、广西等省份的 ML 平均指数远小于 1,农业碳排放效率下降极为明显,说明这几个省份的农业生产投入上不合理,甚至出现大量投入冗余的现象,即投入与产出的碳排放量和农业价值比例不协调,当然,这也与过去这几个省份农业发展不发达,近些年这几个省份开始重视农业发展有关。在全国 31 个省份中,有 17 个省份的碳排放效率值低于全国平均水平。

进一步分析我国 31 个省份农业碳排放效率的影响因素,将 2004—2018 年的全国 ML 指数绘制如图 5 - 6 所示。

从图 5 - 6 可以明显看出,我国农业碳排放效率呈现波动上升的趋势,但总体上升的幅度不明显,碳排放效率缓慢提高。同时将碳排放效率分解为技术效率指数(Effch)和技术进步指数(Tech)的动态变化放入农业碳排放效率中,如图 5 - 7 所示。

进一步求解各单项指标的 Pearson 相关系数并进行显著性检验,其结果见表 5 - 11。

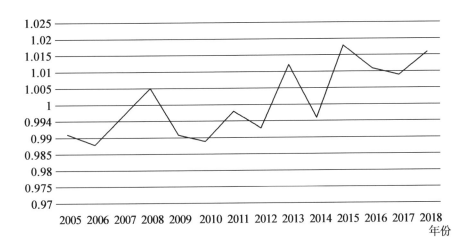

图 5 - 6 我国农业碳排放效率动态变化(2004—2018 年)

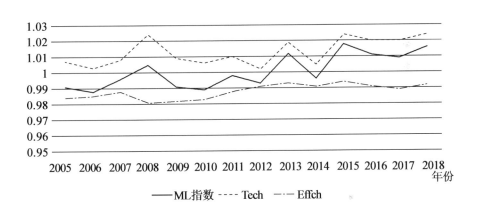

图 5 - 7 我国农业碳排放效率动态变化分解图(2004—2018 年)

表 5 - 11 各单项指标相关系数矩阵

| 指标 | ML | Tech | Effch |
|------|------|------|-------|
| ML | 1.000 | 0.919 * * * | 0.656 * * |
| Tech | 0.919 * * * | 1.000 | 0.306 |
| Effch | 0.656 * * | 0.306 | 1.000 |

注:*、* *、* * *分别为10%、5%、1%显著水平下显著。

175

通过图 5 – 7 中的折线图对比以及表 5 – 11 中的 Pearson 相关系数矩阵,可以明显发现技术进步指数(Tech)的波动与 ML 指数的波动基本呈现一致,二者的相关系数较大,达到 0.919,且通过了 1% 显著性检验;而技术效率指数(Eff-ch)的波动则与 ML 指数的波动大致相似,二者的相关系数相对较小,为 0.656,通过了 5% 显著性检验。这足以说明,技术进步指数对农业碳排放效率的提高起着决定性的作用,而在技术效率指数上对农业碳排放效率的影响则是有限的。由于技术本身具有的周期性和对生产率的强制推动性,每次农业生产技术的提升都能带来农业碳排放效率的明显进步。所以全国农业碳排放效率 ML 指数呈现波动式的缓慢增长。

结合前面的研究可以发现,农业碳排放效率较低的地区主要集中在西部地区以及经济欠发达地区,这是因为经济欠发达地区在生产技术上有更大的潜力使它们在生产前沿面上追赶得更快。这也从侧面反映了生产技术的进步对农业碳排放效率起着决定性作用。

# 第四节　本章小结

## 一、研究结论

(1)全国的农业碳排放量基本呈倒 U 形曲线,经历了先减少后增加的过程。2004 年与 2018 年相比农业碳排放量相差不大,但明显这 15 年的变化可以分为两个阶段,以 2008 年为分界点。2008 年以前,全国农业碳排放总量呈现不断下降的态势。而在 2008 年之后又出现了不断增加的态势,说明这段时间实行的是一种较为粗放式的农业生产方式,为了提高粮食产量,大量使用农药、化肥等生产资料,而没有过多地考虑环境污染和节能减排的问题。

(2)我国农业生产主要仍是粗放型。2018 年我国农业碳排放效率评价无效的省份有 10 个,农业碳排放的增加也带来了农业碳排放效率的低下,如甘肃、广西等。但其中也不乏像山东、辽宁这样的农业碳排放大省的农业碳排放效率较好,这说明对生产资料的投入配置平衡,不存在冗余的现象,可以成为其他低碳排放效率省份的榜样。

（3）全国的农业碳排放效率值为 1.001，呈现波动微小幅度上升的趋势，技术进步指数对农业碳排放效率的提高起着决定性的作用。15 年间我国农业碳排放的效率呈现微小幅度上升的趋势，也从侧面反映出我国农业生产要素的投入仍然出现了不合理的现象，产生了很多不必要的碳排放，同时也影响了全要素状态下的生产率。在全国 31 个省级行政区内，只有 14 个省份出现农业碳排放效率增长的情况，占比为 45.1%。

（4）技术进步指数（Tech）的波动与 ML 指数的波动基本呈现一致，而技术效率指数（Effch）则与 ML 指数大致相似。这足以说明，技术进步指数对农业碳排放效率的提高起着决定性的作用，而在技术效率指数上对农业碳排放效率的影响则是有限的。

## 二、政策建议

（1）倡导低碳农业，提高农民低碳生产的理念。政府以及农业部门的宣传工作要采取多种形式、多种渠道向农民宣传、宣讲低碳农业的相关知识，并告知低碳农业带来的益处，也可采取奖励的方式鼓励农民学习"低碳社会，低碳农业"的知识。

（2）推动跨区域的交流合作，学习先进省份的低碳农业经验。农业碳排放效率较低的主要集中在农业大省，但是也有像山东、辽宁这样的农业碳排放高、农业碳排放效率较高的省份。其他农业碳排放效率较低的省份应该积极向这两个省份学习低碳农业的经验，进行交流合作，共同促进低碳农业、低碳社会的政策实施。同时，也能使碳排放较高地区少走弯路。

（3）促进农业技术进步与技术效率协同发展。研究结论表明，技术进步是提高农业碳排放效率的主要原因，而技术效率的变动对农业碳排放效率的作用则较小。所以，促进农业技术的进步尤为重要，应该注重低碳农业的技术创新，早日实现全国性的低碳农业。

# 参考文献

［1］ 李国志,李宗植.中国农业能源消费碳排放因素分解实证分析——基于 LMDI 模型［J］.农业技术经济,2010(10):66-72.

［2］ MOURATIADOU I,STELLA T,GAISER T,et al. Sustainable intensification of crop residue exploitation for bioenergy:Opportunities and challenges［J］. GCB bioenergy,2020(1):71-89.

［3］ ZHANG L, PANG J X, CHEN X P. Carbon emissions, energy consumption and economic growth:Evidence from the agricultural sector of China's main grain-producing areas［J］. Science of the total environment, 2019(5): 1017-1025.

［4］ MOHAMMADI-BARSARI A,FIROUZI S,AMINPANAH H. Energy-use pattern and carbon footprint of rain-fed watermelon production in Iran［J］. Information processing in agriculture,2016(6):69-75.

［5］ 徐胜,杨娟.辽宁省碳排放经济绩效评价分析［J］.中国渔业经济,2013 (30):76-82.

［6］ 赵晓强,张元庆.山西省农业温室气体排放探析［J］.中国农业资源与区划,2019(8):38-44.

［7］ 李波,杜建国,刘雪琪.湖北省农业碳排放的时空特征及经济关联性［J］.中国农业科学,2019(23):4309-4319.

［8］ 丁宝根,赵玉.基于 DEA 模型的长江经济带农业生态效率的测度与评价［J］.老区建设,2019(6):45-49.

［9］ TIAN J X,YANG H,XIANG P,et al. Drivers of agricultural carbon emissions in Hunan Province, China［J］. Environmental earth sciences, 2016(2): 1-17.

［10］ BRYAN B A, CROSSMAN N D,NOLAN M et al. Land use efficiency:Anticipating future demand for land-sector greenhouse gas emissions abatement and managing trade-offs with agriculture, water, and biodiversity[J]. Global change biology,2015(4):4098-4114.

[11]　APPIAH K,DU J,POKU J. Causal relationship between agricultural production and carbon dioxide emissions in selected emerging economies[J]. Environmental science and pollution research international,2018(6):2508-2523.

[12]　AYDOĞAN B. Evaluating the role of renewable energy, economic growth and agriculture on $CO_2$ emission in E7 countries[J]. International journal of sustainable energy,2020, 39(4):335-348.

[13]　ZAIM O, TASKIN F. Environmental efficiency in carbon dioxide emissions in the OECD:A non-parametric approach[J]. Journal of environmental management, 2000(2):95-107.

[14]　ZOFIO J L, PRIETO A M. Environmental efficiency and regulatory standards:The case of $CO_2$ emissions from OECD industries[J]. Resources and energy, 2001(1):63-83.

[15]　ZHOU P,ANG B W,HAN J Y. Total factor carbon emission performance:A Malmquist index analysis[J]. Energy economics, 2010(1):194-201.

[16]　华坚,任俊,徐敏,等.基于三阶段 DEA 的中国区域碳排放效率评价研究[J].资源科学,2013(7):1447-1454.

[17]　盖美,连冬,田成诗,等.辽宁省环境绩效及其时空分异[J].地理研究,2014,33(12):2345-2357.

[18]　孙才志,李红新.辽宁省水资源利用相对绩效的时空分异[J].资源科学,2008, 30(10):1442-1448.

[19]　FRIED H O,LOVELL C A K,SCHMIDT S S,et al. Accounting for environmental effects and statistical noise in data envelopment analysis[J]. Journal of productivity analysis,2011(17):157-174.

[20]　ASAVAVALLOBH N. Introducing a new DEA methodology for environmental inputs[J]. Applied economics letters, 2013(20):1592-1595.

[21]　HERRALA R,GOEL R K. Global $CO_2$ efficiency:Country-wise estimates u-

sing a stochastic cost frontier[J]. Energy policy, 2012,45(7):762-770.

[22] 李科.中国省际节能减排绩效及其动态特征分析[J].中国软科学,2013
(5):144-157.

[23] 赵丽可.基于 DEA 模型的碳排放效率区域差异性研究[D].长沙:湖南
大学,2014.

[24] 李长生,肖向明,FROLKING S,等.中国农田的温室气体排放[J].第四纪
研究,2003(5):493-503.

[25] 李红英,袁海瑛.基于 Malmquist 指数法的广西农业碳排放绩效实证[J].
江苏农业科学,2019(7):347-351.

[26] 梁雪石,郑福云,郭文栋.基于 SBM 模型的黑龙江省耕地集约利用的碳
排放效率研究[J].国土资源情报,2017(12):9-14,28.

[27] 孙轶男,梁静溪.基于 DEA 效率模型的黑龙江省域低碳农业综合评价研
究[J].科技与管理,2017(6):39-45,72.

[28] 操乐刚,孙颖.江苏省农业碳排放的影响因素和地区差异分析[J].农村
经济与科技,2018(7):52-53.

[29] 田云,张俊飚,尹朝静,等.中国农业碳排放分布动态与趋势演进——基
于 31 个省(市、区)2002—2011 年的面板数据分析[J].中国人口·资源
与环境,2014(7):91-98.

[30] 董明涛.我国低碳农业发展效率的评价模型及其应用[J].资源开发与市
场,2016(8):944-948,1000.

[31] 陈儒,姜志德.农户低碳农业生产生态补偿标准研究[J].干旱区资源与
境,2018(9):53-70.

[32] 陈儒,邓悦,姜志德.基于修正碳计量的区域农业碳补偿时空格局[J].经
济地理,2018(6):168-177.

[33] 陈儒,姜志德.中国省域低碳农业横向空间生态补偿研究[J].中国人口·
资源与环境,2018(4):87-97.

[34] 王娜.河南省低碳农业发展水平及其评价[J].中国农业资源与区划,
2018(2):123-127.

[35] 曾大林,纪凡荣,李山峰.中国省际低碳农业发展的实证分析[J].中国人口·资源与环境,2013(11):30-35.

[36] 许红.国外低碳农业发展经验及借鉴[J].农业经济,2019(4):9-11.

[37] 钟婷婷,郑晶,廖福霖,等.省域低碳农业发展水平评价研究[J].福建农林大学学报(哲学社会科学版),2014(6):43-48.

[38] 舒畅,乔娟.欧美低碳农业政策体系的发展以及对中国的启示[J].农村经济,2014(3):125-129.

[39] 张晓萱,秦耀辰,吴乐英.农业温室气体排放研究进展[J].河南大学学报(自然科学版),2019(6):649-662,713.

[40] 卢俊宇,黄贤金,戴靓,等.基于时空尺度的中国省级区域能源消费碳排放公平性分析[J].自然资源学报,2012,27(12):2006-2017.

[41] 刘欣铭.基于碳公平的省域碳补偿时空变化特征研究[D].哈尔滨:哈尔滨师范大学,2019.

[42] 李波,张俊飚,李海鹏.中国农业碳排放时空特征及影响因素分解[J].中国人口·资源与环境,2011,21(8):80-85.

[43] 宋德勇,卢忠宝.中国碳排放影响因素分解及其周期性波动研究[J].中国人口·资源与环境,2009,19(3):18-24.

[44] 周嘉,王钰萱,刘学荣,等.基于土地利用变化的中国省域碳排放时空差异及碳补偿研究[J].地理科学,2019(12):1955-1961.

[45] 王亚.吉林省农业碳排放的效率评价研究[D].长春:吉林大学,2014.

# 第六章 环境规制对区域碳排放的影响路径分析

党的十九大报告明确提出,要把"我国建设成为富强民主文明和谐美丽的社会主义现代化强国"。在 21 世纪的今天,"美丽"代表了国家对生态文明建设的高度重视,不仅要金山银山还要碧水青山。在国际上,我国政府也承担起了碳减排的重任。2009 年在联合国气候变化问题会议上提出碳排放强度到 2020 年比 2005 年降低 40% ~ 45%。2015 年在巴黎气候变化大会的《巴黎协定》又承诺:到 2030 年碳排放强度要比 2005 年下降 60% ~ 65%,森林蓄积量要增加 45 亿立方米,非化石能源在总能源当中的比例提升到 20% 左右,碳排放量争取尽早达到峰值。表明我国应对全球气候变化,节能减排的雄心、自信,这对我国经济的发展无疑是巨大的挑战,同时也是我国环境质量改善的一个契机。

由于气候变化所产生的不可忽视的全球影响,我国开始致力于用综合性政治经济手段控制温室气体排放,并遵循低碳转型的大趋势,转变其能源结构,加快经济结构优化升级,减少煤炭供应,增加清洁能源供应。未来短期内我国能源消费总量还将继续增加,如何在提高能源消费总量的同时,降低碳排放的增速,甚至减少碳排放总量,是亟须攻克的难题。

## 第一节 研究思路

本章分为两部分:首先,基于 IPCC 碳排放系数法核算东北三省的能源消费碳排放总量,根据 Kaya 模型核算东北三省 36 市(州、地区)的碳排放量,然后运用中介效应法分析研究了环境规制对东北三省碳排放的作用路径,然后采用门槛模型,分别以环境规制和人均国内生产总值、人均实际外商投资利用情况为门槛变量分析了环境规制对碳排放效应和由地方政府晋升引起的碳排放效应,最后通过设定地理邻接矩阵,运用 Moran's I 对环境规制及碳排放量做了空间效应分析,采用3种计量模型(SAR、SEM、SDM)分析了环境规制及对碳排放的空间效应。其次,测算中国省域碳生产率和不同类型环境规制强度,在此基础上分析各省域碳生产率的时空演变特征,同时考虑到由于各省域经济状况、资源禀赋以及产业结构的不同,可能存在省域间的相互作用关系,纳入空间影响因素,并针对环境规制对碳生产率的区域影响差异进行深入系统的分析,据此为区域差异化环境规制和碳减排政策的制定提供参考依据,进而提升中国碳生产率,促进中国生态文明建设。

# 一、相关概念概述

## (一)环境规制

"规制"一词最早源于英文"Regulation"或"Regulatory Constraint",后在日文中以"规制"广为应用,也有学者译为"管制"或"监管",表示针对经济活动主体的行为通过法律、规章和政策制度等手段进行规范和制约。日本经济学家植草益在《微观规制经济学》一书中,把规制表述为"对构成特定社会、机构,特定经济主体所得,并按照一定的规章制度采取的限制的行为"。此后,美国经济学家施蒂格勒认为规制是国家为了满足某些利益集团要求而制定和实施一系列强制权规则措施的总和。丹尼尔·F.史普博则对规制概念解释为"由行政机构制定并执行的直接干预市场机制或间接改变企业和消费者供需决策的一般规则或特殊行为"。张红凤等人认为环境规制属于公共规制下社会型规制的主要研究范畴。

目前对于环境规制的内涵和概念尚无明确、权威的界定,学术界的研究也在逐步发展和完善。起初认为环境规制是政府以行政手段为主,通过制定法律法规或环境保护标准,直接对污染企业的环境资源利用行为进行限制和强制干预,进而减少污染排放,改善环境质量。此后,随着环保形势和市场经济的发展,政府逐步尝试采用环境税、环境补贴、押金返还制度和排污权交易等以市场为基础的经济手段,对环境规制的含义进行了重新定义:政府综合运用行政措施与经济手段,对污染企业的环境资源利用行为施加直接干预与间接干预相结合的方式,逐渐强调发挥市场调节的作用,以实现环境保护与经济的协调发展。随着人们环保意识的提高,来自普通民众和非政府组织对环境规制的参与行为逐渐增多,生态标签、环境认证和减排协议等自愿性规制手段越来越普遍,环境规制的内涵进一步完善。

国内外许多学者从不同视角界定了环境规制的内涵。有学者从环境规制主体、对象、成本和效率等方面,提出环境规制是运用有形的政策制度与无形的环境保护概念、意识和认识等手段达到保护环境的社会性规制。还有学者将环境规制定义为一种社会性规制,政府通过制定保护环境的相应法律法规与政策措施,解决环境污染的负外部性,同时对导致环境污染的企业或消费者的经济活动进行调节,以实现环境保护与经济的可持续增长。也有学者认为环境规制是对企业施加环境约束、增加环境成本,同时实施市场驱动政策,调整企业生产,解决产能过剩问题。还有学者将环境规制划分为命令控制型、市场激励型与公众参与型三类。此外,也有将环境规制细分为区域环境法规和工业环境法规、地方法规和民事法规以及经济、监督和法律环境法规等。

结合国内外的研究成果,本章将环境规制界定为:政府通过法律法规、政策措施和标准条例等正式制度来限制环境污染,改善环境质量,从而达到环境保护,实现经济、社会和生态环境和谐发展的行为。一般将环境规制划分为命令控制型、市场激励型与公众参与型三类。命令控制型环境规制是指政府通过制定环境保护相关的规章、制度和法律,以行政命令的方式监督或限制企业污染物的排放行为,以实现改善环境质量的目的。市场激励型环境规制是政府利用排污收费制度与可交易许可证制度等市场手段,向排污企业提供经济和减排激励来减少污染物排放数量。公众参与型环境规制是指公众自愿在环境保护方面做出行动或者企业自愿承担环保义务,来激励企业减少排污行为,主要包括环境公众参与、环境信息公开以及自愿性环境协议等。

**(二)环境规制指标**

目前,学术界并未形成权威统一的衡量环境规制强度水平的指标体系,主

要基于研究对象的类型和数据的可获得性来制定相应的衡量指标。对环境规制的测度整理了如下几种思路:

(1)环境污染治理成本,如环境污染治理投资额、环境污染治理投资占工业企业总产值或总成本的比例、各地区环境污染治理投资占全国污染治理投资总额或平均值的比重、污染治理设施的人均费用、单位污染物排放的环境治理投资、不同污染物的单位产值排放量以及 $GDP/CO_2$ 排放量等来衡量。

(2)环境污染治理程度,如工业二氧化硫去除率、二氧化碳排放强度工业废水排放达标率、烟(粉)尘去除率以及污染治理总量等来衡量。

(3)环境规制的相关法律法规,如排污费/税的征收、排污权交易系统、环境管理体系认证等来考察。

(4)环境规制的执行水平,如企业污染物处理情况、环保机构(部门)对企业合格排放的检测次数以及政府查处的环境违法企业数占工业企业数的比重等来考察。

(5)各类污染物排放的综合指数。

(6)构建综合评价体系。

总体来看,这些度量环境规制强度的指标,无论在表示环境规制强度还是相关数据的获取都各有利弊。

## 二、环境规制对碳排放的影响效应

关于环境规制对碳排放影响效应的研究,学者们仍在争论环境规制是否会减少碳排放。许多研究是基于线性假设来探讨环境规制对碳排放的影响。一些研究认为环境规制对碳排放起到抑制作用,但也有研究调查了"绿色悖论"机制,认为环境规制可以促进碳排放,如 Wang 等人研究了经合组织国家和新兴经济体,发现严格的环境规制能够产生"绿色悖论"效应;蓝虹等人持有类似观点,认为当前我国省域仍处在"绿色悖论"阶段。另一些研究关注环境规制与碳排放之间的非线性关系,认为环境规制对碳排放的影响呈现先促进后抑制的倒 U 形关系。还有一些研究考虑了空间区域异质性,探讨了环境规制对碳排放影响的地区差异,王雅楠等人认为在我国东部、中部和西部 3 个区域内,环境规制对碳排放的影响呈现出较为明显的差异。其他研究认为,环境规制还可以通过产业投资、能源消费结构以及技术效率等作用路径对碳排放产生间接影响。还有研究关注了环境规制与碳排放之间的长期均衡关系,发现二者之间存在双向动态影响。除上述研究外,还研究了不同类型环境规制对碳排放影响的差异性。Cheng 等人将环境规制分为两种类型,认为命令控制型环境规制能够显著抑制碳排放,而市场激励型环境规制对碳排放的抑制作用相对较弱。

## 三、环境规制对碳生产率的影响

Gao 等人应用计量经济学回归模型,检验了环境规制对工业碳生产率的协同作用,认为环境规制在污染程度不同的工业部门具有不同的影响,即低污染工业部门的环境规制与碳生产率存在正线性关系,在高污染工业部门二者呈现抛物线非线性关系,而在中等污染工业部门表现为倒 U 形关系。Guo 等人基于 Tapio 脱钩模型和 GMM 模型分析了环境规制对碳排放和碳排放强度的影响,发现环境规制与碳排放和碳排放强度之间存在显著的倒 U 形曲线关系。我国东部地区环境规制的调控效果好于中西部地区。然而,随着环境规制的实施,环境规制与碳排放之间的倒 U 形曲线逐渐变平。Cheng 等人利用动态空间面板模型,针对不同类型环境规制对碳减排的影响进行了实证检验,认为命令控制型环境规制有利于碳减排,而市场控制性环境规制对碳减排的影响相对较弱。Yin 等人认为严格的环境规制可以迫使高碳排放产业从我国东部地区向中部或西部地区转移。Zhao 等人研究了三种不同环境规制对我国电厂二氧化碳排放的影响,认为政府补贴和市场控制型环境规制均有助于减少二氧化碳排放,而命令控制型环境规制对降低碳排放量没有显著影响。胡威利用空间面板杜宾模型,分别分析了环境规制对碳生产率在地区和产业的作用效应,认为目前环境规制抑制了对本地区及邻近地区碳生产率的提升。李小平等人研究了环境规制、创新驱动等对碳生产率的影响,认为环境规制能够促进碳生产率提升,并分别研究了环境规制、创新驱动在三大地区的影响差异。

目前,学术界关于环境规制对碳生产率影响的研究相对较少。Hu 等人研究了我国环境规制对碳生产率影响的空间溢出效应,认为环境法规与碳生产率之间存在非线性关系,随着环境规制的逐步增强,对碳生产率的影响也由抑制变为促进作用。王丽等人得出相似的结论,认为环境规制对碳生产率的影响呈现先抑制后促进的 U 形关系,而且发现在不同地区其影响存在显著的异质性。Gao 等人针对不同污染水平的工业部门进行了研究,发现环境规制对高、中、低三种污染工业部门碳生产率的影响同样存在异质性。

# 第二节　东北三省环境规制与能源消费碳排放现状分析

## 一、东北地区环境规制现状变化分析

### (一)环境规制工具

随着我国经济发展水平的不断提升,环境污染问题越来越严重,因此政府对治理环境污染大力投资,并相继颁布了各类环保政策和措施。

1. 东北三省环境污染治理投资

环境污染治理投资是国家为了增大环境保护力度,针对落实相关环境规章政策措施而实施的一项财政手段,也是保障环境规制政策执行的一个重要物质保证。东北三省环境污染治理项目投资包括三方面,分别为城市环境基础设施建设投资、工业污染源治理投资、建设项目"三同时"环保投资。

图 6-1 反映了 2005—2015 年东北三省环境污染治理投资占 GDP 的比重情况(GDP 按照当年价)。从整体来看,黑吉辽三省的环境污染治理投资额占 GDP 的比重呈现波动趋势,但每个省份变动幅度情况有所不同。

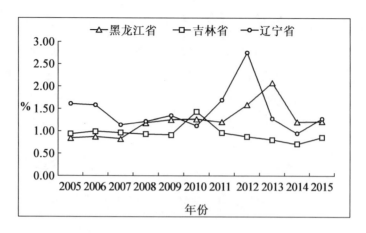

图 6－1　2005—2015 年东北三省环境污染治理投资占 GDP 的比例

其中,黑龙江省环境污染治理投资占全省 GDP 比重的上升幅度最大,在 2013 年达到最大值2.08%;其次是辽宁省在 2012 年达到最高值2.75%,之后有所下降;吉林省历年的环境污染治理投资占 GDP 比重相对稳定,年均值为 0.95%,最近几年有所下降。从环境污染治理投资总额(表 6－1)来看,东北三省都在不断地增加投资额度,呈现出上升趋势。其中辽宁省的环境污染治理投资额绝对值在历年各省份投资额中是最高的,由 2005 年的 129 亿元增长到 2012 年的 683.4 亿元,累计净增长 5.31 倍,年均增长率为 16.49%;黑龙江省的环境污染治理投资额由 2005 年的 46.7 亿元增长到 2013 年的 298.5 亿元,累计净增长 6.39 倍,年均增长率为 20.06%;而吉林省的环境污染治理投资额增长最少,由 2005 年的 34 亿元增长到 2013 年的 105.4 亿元,累计净增长 3.1 倍,年均增长率为 15.48%,到 2014 年略有下降,可能原因是在前期治理的基础上,环境质量在逐步改善,因而环境污染治理投资相对减少。虽然城市环境基础设施建设投资额也在逐年上涨,但是上涨幅度较为缓慢,黑龙江省、吉林省和辽宁省的年均增长率分别为 19.57%、14.85% 和 14.40%。工业污染源治理投资和建设项目"三同时"环保投资的东北三省年均增长率分别为29.45%和57.36%,增长速度明显快于城市环境基础设施建设投资的增长速度。2005—2010 年间,各省各项投资额增长较为缓慢,2010 年后各省各项投资额有大幅度的提高。

表 6 - 1　2005—2015 年东北三省环境污染治理投资额

| 年份 | 黑龙江省 | | 吉林省 | | 辽宁省 | |
|---|---|---|---|---|---|---|
| | 环境污染治理投资总额（亿元） | 环境污染治理投资占 GDP 比重（%） | 环境污染治理投资总额（亿元） | 环境污染治理投资占 GDP 比重（%） | 环境污染治理投资总额（亿元） | 环境污染治理投资占 GDP 比重（%） |
| 2005 | 46.7 | 0.85 | 34 | 0.94 | 129 | 1.61 |
| 2006 | 54.2 | 0.88 | 42.3 | 0.99 | 145.8 | 1.58 |
| 2007 | 58.7 | 0.83 | 50.9 | 0.96 | 125.1 | 1.14 |
| 2008 | 98.8 | 1.19 | 59.6 | 0.93 | 163.7 | 1.22 |
| 2009 | 107.8 | 1.26 | 66.1 | 0.91 | 204.9 | 1.35 |
| 2010 | 131.3 | 1.27 | 124.2 | 1.43 | 206.5 | 1.12 |
| 2011 | 152.7 | 1.21 | 101.2 | 0.96 | 376.5 | 1.69 |
| 2012 | 218.1 | 1.59 | 103.4 | 0.87 | 683.4 | 2.75 |
| 2013 | 298.5 | 2.08 | 105.4 | 0.81 | 347.6 | 1.28 |
| 2014 | 182.1 | 1.21 | 98.1 | 0.71 | 271.5 | 0.95 |
| 2015 | 185.5 | 1.22 | 121.2 | 0.86 | 367.04 | 1.28 |

## 2. 东北三省环境法治

近年来,随着东北地区老工业基地振兴战略的实施,东北地区经济社会发展加快,环境污染问题也越来越凸显。针对不断恶化的环境污染问题,东北三省相继出台了一系列与环境保护相关的法律法规(表 6 - 2),涉及大气、水等各领域,环保法治标准体系也逐步形成并不断完善,黑、吉、辽三省的环境规制体系也得以快速发展并不断完善,人们的环保意识不断增强。与此同时,黑、吉、辽三省的环境管理机构建设也在不断地完善,环境管理机构数呈现出稳步增加的趋势。

表6－2　东北三省部分环境法治标准

| 省份 | 环境规制相关的标准、法律法规 |
|---|---|
| 黑龙江省 | 《黑龙江省环境保护条例》《黑龙江省松花江流域水污染防治条例》《黑龙江省湿地保护条例》和《黑龙江省大气污染防治条例》 |
| 吉林省 | 《关于全面加强生态环境保护工作的意见》《吉林省环保厅关于进一步推进氮氧化物减排工作的通知》 |
| 辽宁省 | 《沈阳市水污染防治条例》《沈阳市大气污染防治条例》《辽宁省环境保护局行政处罚标准文书》《辽宁省工业废渣、废水、废气综合利用管理办法》《辽宁省辽河流域水污染防治条例》《辽宁省污染源自动监控管理办法（试行）》《辽宁省扬尘污染防治管理办法》 |

**（二）环境规制指标的选取**

通过大量的文献阅读为基础,对环境规制的度量整理了如下几种思路:

（1）环境规制的投入产出,如环境污染治理投资额、污染治理设施的人均费用、污染治理投资与其生产总值的比重等来衡量。

（2）环境规制下的污染物排放控制的效果,如工业二氧化硫去除率、二氧化碳排放强度、工业废水排放达标率、烟（粉）尘去除率等来衡量。

（3）环境规制的政策,如排污费/税的征收、排污权交易系统、环境管理体系认证等来考察。

（4）企业对政府制定的环境规制政策的落实程度,如企业污染物处理情况、环保机构（部门）对企业合格排放的检测次数等来考察。

（5）不同指标的综合指数,如工业二氧化硫去除率、工业废水排放达标率和烟粉尘去除率的综合指标等。

总之,这些度量环境规制强度的指标无论在表示环境规制程度还是相关数据的获取都各有利弊。为了较为准确地测度各个地区的环境规制水平,基于各个地区的实际污染指标及数据的可获取性,参考（2）和（5）中衡量思路,采用综合指数评价方法计算各地区的环境规制水平。选取东北三省及各地级市的国内生产总值、工业废水排放量、二氧化硫排放量以及烟（粉）尘排放量等指标,将采用熵值法计算的单位 GDP 的工业废水排放量、二氧化硫排放量以及烟（粉）尘排放量的综合指标作为环境规制的代理指标,由于采用的是污染物排放量,该指标为负向指标,即综合指标越低,环境规制水平越高,地方政府对环境的控制越严格。

### （三）环境规制水平的测算及分析

本节以 2005—2015 年黑龙江省 13 个市（地区）、吉林 9 个市（州）、辽宁 14 个市,共 36 个地级市的数据样本进行测算分析。数据来源于 2006—2016 年《中国城市统计年鉴》《黑龙江统计年鉴》《吉林统计年鉴》《辽宁统计年鉴》等省市统计年鉴及统计公报。将采用熵值法计算的单位 GDP 的工业废水排放量、单位 GDP 的二氧化硫排放量以及单位 GDP 的烟（粉）尘排放量 3 个指标的综合得分作为衡量环境规制水平的替代指标（GDP 以 2005 年不变价核算）。具体计算结果见表 6 - 3。

表 6 - 3  2005—2015 年东北三省 36 个市（州、地区）环境规制指标得分

| 年份 | 2005 | 2006 | 2007 | 2008 | 2009 | 2010 | 2011 | 2012 | 2013 | 2014 | 2015 |
|---|---|---|---|---|---|---|---|---|---|---|---|
| 哈尔滨 | 0.059 | 0.061 | 0.058 | 0.056 | 0.058 | 0.063 | 0.062 | 0.061 | 0.061 | 0.063 | 0.062 |
| 齐齐哈尔 | 0.077 | 0.076 | 0.082 | 0.076 | 0.074 | 0.073 | 0.082 | 0.091 | 0.085 | 0.073 | 0.077 |
| 鸡西 | 0.070 | 0.073 | 0.073 | 0.072 | 0.071 | 0.092 | 0.077 | 0.082 | 0.086 | 0.075 | 0.074 |
| 鹤岗 | 0.101 | 0.091 | 0.102 | 0.102 | 0.102 | 0.089 | 0.088 | 0.087 | 0.091 | 0.093 | 0.097 |
| 双鸭山 | 0.079 | 0.078 | 0.085 | 0.089 | 0.087 | 0.101 | 0.088 | 0.079 | 0.077 | 0.087 | 0.086 |
| 大庆 | 0.061 | 0.063 | 0.060 | 0.058 | 0.062 | 0.062 | 0.056 | 0.055 | 0.054 | 0.055 | 0.056 |
| 伊春 | 0.082 | 0.080 | 0.086 | 0.082 | 0.087 | 0.088 | 0.078 | 0.080 | 0.081 | 0.087 | 0.090 |
| 佳木斯 | 0.091 | 0.095 | 0.084 | 0.084 | 0.078 | 0.072 | 0.070 | 0.066 | 0.068 | 0.068 | 0.065 |
| 七台河 | 0.101 | 0.093 | 0.096 | 0.095 | 0.092 | 0.086 | 0.078 | 0.078 | 0.082 | 0.082 | 0.081 |
| 牡丹江 | 0.095 | 0.091 | 0.080 | 0.081 | 0.080 | 0.068 | 0.068 | 0.067 | 0.067 | 0.068 | 0.066 |
| 黑河 | 0.062 | 0.073 | 0.065 | 0.066 | 0.068 | 0.082 | 0.080 | 0.077 | 0.077 | 0.076 | 0.077 |
| 绥化 | 0.056 | 0.059 | 0.056 | 0.056 | 0.058 | 0.059 | 0.062 | 0.066 | 0.065 | 0.066 | 0.062 |

续表 6 – 3

| 年份 | 2005 | 2006 | 2007 | 2008 | 2009 | 2010 | 2011 | 2012 | 2013 | 2014 | 2015 |
|---|---|---|---|---|---|---|---|---|---|---|---|
| 大兴安岭 | 0.066 | 0.066 | 0.072 | 0.084 | 0.084 | 0.065 | 0.111 | 0.110 | 0.107 | 0.107 | 0.108 |
| 长春 | 0.077 | 0.078 | 0.079 | 0.083 | 0.082 | 0.092 | 0.091 | 0.080 | 0.082 | 0.075 | 0.081 |
| 吉林 | 0.128 | 0.128 | 0.127 | 0.122 | 0.120 | 0.128 | 0.144 | 0.115 | 0.104 | 0.114 | 0.127 |
| 四平 | 0.100 | 0.100 | 0.103 | 0.105 | 0.101 | 0.112 | 0.110 | 0.113 | 0.128 | 0.120 | 0.111 |
| 辽源 | 0.111 | 0.107 | 0.111 | 0.114 | 0.102 | 0.108 | 0.090 | 0.098 | 0.102 | 0.118 | 0.117 |
| 通化 | 0.146 | 0.145 | 0.148 | 0.137 | 0.149 | 0.150 | 0.144 | 0.153 | 0.135 | 0.148 | 0.140 |
| 白山 | 0.125 | 0.125 | 0.127 | 0.132 | 0.138 | 0.122 | 0.100 | 0.107 | 0.103 | 0.107 | 0.097 |
| 松原 | 0.090 | 0.090 | 0.089 | 0.090 | 0.090 | 0.078 | 0.098 | 0.107 | 0.124 | 0.094 | 0.096 |
| 白城 | 0.102 | 0.101 | 0.102 | 0.108 | 0.111 | 0.107 | 0.103 | 0.104 | 0.093 | 0.093 | 0.092 |
| 延边 | 0.121 | 0.126 | 0.115 | 0.109 | 0.107 | 0.104 | 0.118 | 0.124 | 0.130 | 0.130 | 0.137 |
| 沈阳 | 0.050 | 0.052 | 0.053 | 0.052 | 0.050 | 0.052 | 0.052 | 0.054 | 0.055 | 0.055 | 0.055 |
| 大连 | 0.059 | 0.058 | 0.059 | 0.057 | 0.060 | 0.062 | 0.062 | 0.064 | 0.061 | 0.065 | 0.067 |
| 鞍山 | 0.059 | 0.061 | 0.061 | 0.063 | 0.061 | 0.062 | 0.065 | 0.067 | 0.071 | 0.074 | 0.067 |
| 抚顺 | 0.071 | 0.071 | 0.071 | 0.076 | 0.077 | 0.069 | 0.066 | 0.067 | 0.068 | 0.071 | 0.065 |
| 本溪 | 0.097 | 0.100 | 0.097 | 0.093 | 0.089 | 0.082 | 0.082 | 0.077 | 0.079 | 0.069 | 0.087 |
| 丹东 | 0.064 | 0.064 | 0.064 | 0.069 | 0.074 | 0.074 | 0.073 | 0.073 | 0.072 | 0.072 | 0.070 |
| 锦州 | 0.069 | 0.069 | 0.070 | 0.072 | 0.077 | 0.076 | 0.072 | 0.073 | 0.067 | 0.065 | 0.067 |
| 营口 | 0.076 | 0.075 | 0.078 | 0.077 | 0.076 | 0.076 | 0.064 | 0.060 | 0.062 | 0.067 | 0.063 |
| 阜新 | 0.087 | 0.082 | 0.094 | 0.088 | 0.083 | 0.086 | 0.101 | 0.100 | 0.100 | 0.102 | 0.096 |
| 辽阳 | 0.069 | 0.069 | 0.067 | 0.068 | 0.068 | 0.065 | 0.085 | 0.091 | 0.082 | 0.080 | 0.079 |
| 盘锦 | 0.052 | 0.052 | 0.054 | 0.054 | 0.055 | 0.058 | 0.067 | 0.068 | 0.069 | 0.067 | 0.071 |
| 铁岭 | 0.085 | 0.081 | 0.079 | 0.073 | 0.067 | 0.071 | 0.062 | 0.061 | 0.067 | 0.059 | 0.068 |
| 朝阳 | 0.086 | 0.085 | 0.081 | 0.084 | 0.088 | 0.084 | 0.068 | 0.066 | 0.068 | 0.072 | 0.067 |
| 葫芦岛 | 0.075 | 0.078 | 0.073 | 0.074 | 0.076 | 0.084 | 0.079 | 0.079 | 0.081 | 0.082 | 0.076 |

由图 6 – 3 和表 6 – 2 可知,以时间序列来看,2005—2015 年各市(州、地区)的环境规制指标呈现波动性,但是增长的幅度不是很大,仅有黑河、大兴安岭、盘锦超过 20%,其中大兴安岭地区环境规制水平从 2005 年的 0.066 增长到 2015 年的 0.108,增长幅度为 63.6%,这说明大兴安岭地区为发展经济而降低

了环境规制的水平,这也可以从大兴安岭地区的 GDP 中看出,以 2005 年 GDP
不变价计算,其 GDP 从 2005 年的 46.1 亿元到 2015 年的 129.82 亿元,增长了
181.7%,出现了经济发展"绑定"环境规制的现象。还有 15 个市出现了负的增
长,在这些城市中,有的城市环境规制水平是持续下降,如白山、七台河、佳木
斯、牡丹江,说明环境规制水平要求越来越严格;有些城市环境规制水平趋于平
稳,变动幅度不大,如大庆变动范围仅 0.009,由于大庆能源消费以石油为主,工
业比较成熟,政府实行的环境规制政策比较平稳。

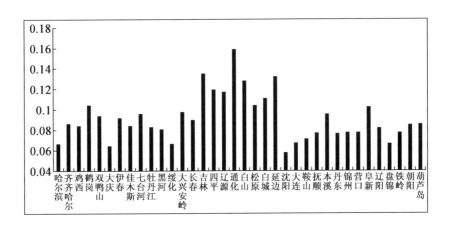

**图 6－2　2005—2015 年东北三省 36 个市(州、地区)环境规制平均得分**

从各个市(州、地区)对比来看,吉林省的环境规制指标要比其他两省的指
标高,就是说,吉林省相较于其他两省实行较为宽松的规制,其中通化市的指标
最高,环境规制平均得分为 0.159。沈阳市最低,环境规制平均得分为 0.059。
从规制水平来讲,经济发展水平高的城市的环境规制水平并不一定比经济发展
水平低的城市高,比如大兴安岭地区和吉林市。说明制约环境规制水平的因素
不是单一的经济发展水平,与资源环境、产业结构等多种因素都相关。

## 二、东北三省能源消费碳排放现状分析

根据 IPCC 提供的能源消耗碳排放模型估算能源消耗产生的二氧化碳排放
量,以原煤、焦炭、原油等 8 种主要能源消耗量分别乘以各自平均低位发热量与

排放系数,得出化石燃料燃烧产生的碳排放量。

$$CO_2 = \sum_{j=1}^{8} E_j \times NCV_j \times F_j \times CEF_j \qquad (6-1)$$

其中,$CO_2$ 为燃烧各类能源使用过程中的二氧化碳的排放量;$E_j$ 表示第 $j$ 类能源消费量;$NCV_j$ 表示第 $j$ 类能源平均低位发热量,单位为 $kJ/kg \cdot m^3$;$F_j$ 表示氧化因子,假定所有能源均充能完全氧化,取 $F_j = 1$,$CEF_j$ 表示第 $j$ 种能源二氧化碳排放系数,单位是 $kgCO_2/TJ$。各种能源平均低位发热量和二氧化碳排放系数见表 6 - 4。

表 6 - 4    所选 8 种能源的平均低位发热量及其二氧化碳排放系数

| 指标 | 煤炭 | 焦炭 | 原油 | 煤油 | 柴油 | 汽油 | 燃料油 | 天然气 |
|------|------|------|------|------|------|------|--------|--------|
| VCV | 20 908 | 28 435 | 41 816 | 43 070 | 43 070 | 42 652 | 41 816 | 38 931 |
| CEF | 95 333 | 107 000 | 73 300 | 70 000 | 71 500 | 74 100 | 77 400 | 56 100 |

需要说明的是,在计算各市碳排放量的时候,以 Kaya 恒等式为基础,首先将各省的碳排放核算得出,根据 Kaya 恒等式将碳排放系数算出,然后采用综合能源消费总量为各市能源消费量进行核算。

$$CO_2 = P_i \times \frac{GDP_i}{P_i} \times \frac{E}{GDP_i} \times \frac{CO_2}{E} \qquad (6-2)$$

其中,$i$ 为某地区;$P$ 为 $i$ 地区的人口数;GDP 是 $i$ 地区国内生产总值;$E$ 为能源消费量;$CO_2/E$ 为碳排放系数。

**(一)能源消费碳排放量特征分析**

这里核算的东北三省 36 个市(州、地区)的能源消费碳排放量,由于基于 Kaya 模型能源消费量采用的是各市(州、地区)工业企业综合能源消费量,因此各市(州、地区)相加并不等于每个省份总的碳排放量。

根据 IPCC 核算方法核算结果如下:

(1)从时间序列上看,黑吉辽三省能源消费碳排放总量在研究期间内,均随着时间的推移不断增加,且增加的峰值在 2011—2012 年间,之后缓慢下降,最终增幅分别为 46.1%,43.5%,42.1%;三省总的碳排放量,吉林省 < 黑龙江

省＜辽宁省,这是由于同样作为东北老工业基地,辽宁省成熟相对较早,钢铁制造业、色金属加工业等能耗大的企业相较于其他省份多,有著名的鞍钢、本溪钢铁等;36 个城市中有 21 个城市 2015 年比 2005 年有不同程度的下降,说明各市(州、地区)对环境质量要求在不断提升。

(2)从纵向来看,在研究期间内,黑龙江省各市(地区)的碳排放量差异很大,其中以大庆市的年均碳排放量最多,为 1 008.78 万 t,其次是哈尔滨市 553.25 万 t,最少的是大兴安岭地区仅为 16.26 万 t;由于大庆市属于石油资源型城市,能源消耗量大,而大兴安岭地区人口少、企业少、化石能源的消耗量少。吉林省各市(州)年均碳排放量属吉林市最多,其次为长春市,白城市最少,分别为 968.25 万 t、726.75 万 t、70.44 万 t。辽宁省各市年均碳排放量鞍山市最多为 1 511 万 t,其次为本溪,丹东最少为 226.32 万 t。在整个东北地区来看,年均碳排放量最多的鞍山市是最少的大兴安岭地区的 92 倍,这是由于地区的资源禀赋、环境、经济类型等众多因素造成的。

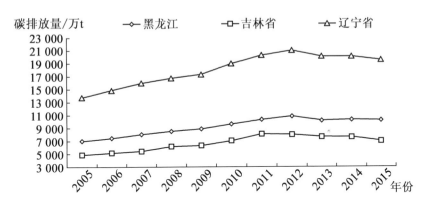

**图 6-3　东北三省能源消费碳排放总量趋势图**

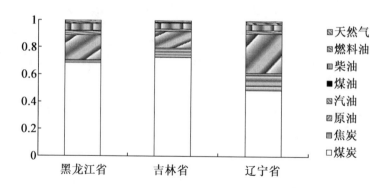

图6-4 东北三省8种能源碳排放量占总碳排放量年均占比

（3）从各个省份的能源消费结构（图6-4）来看,黑吉辽三省8种能源消费结构均以煤炭为主,原油为辅,这也验证了中国以煤炭为主要的能源消费结构模式;其中,三省煤炭年均占比辽宁省 < 黑龙江省 < 吉林省,原油占比吉林省 < 黑龙江省 < 吉林省。

表6-5 东北三省36个市（州、地区）碳排放量汇总（万t）

| 年份 | 2005 | 2006 | 2007 | 2008 | 2009 | 2010 | 2011 | 2012 | 2013 | 2014 | 2015 |
|---|---|---|---|---|---|---|---|---|---|---|---|
| 哈尔滨 | 493.64 | 601.30 | 635.16 | 607.81 | 520.67 | 530.06 | 544.73 | 588.82 | 574.36 | 494.07 | 495.10 |
| 齐齐哈尔 | 333.70 | 304.84 | 350.24 | 388.74 | 365.56 | 385.47 | 418.00 | 393.70 | 356.88 | 348.64 | 325.25 |
| 鸡西 | 304.21 | 297.66 | 304.40 | 317.36 | 277.91 | 315.97 | 337.84 | 343.04 | 283.79 | 211.53 | 195.40 |
| 鹤岗 | 171.70 | 186.35 | 198.13 | 215.50 | 234.50 | 268.42 | 235.13 | 235.06 | 183.91 | 137.74 | 131.93 |
| 双鸭山 | 129.59 | 170.21 | 226.63 | 300.35 | 288.34 | 328.09 | 314.45 | 319.64 | 301.92 | 271.88 | 257.69 |
| 大庆 | 890.67 | 891.31 | 980.28 | 924.05 | 937.09 | 964.74 | 1 023.09 | 1 063.44 | 1 107.88 | 1 210.94 | 1 103.03 |
| 伊春 | 88.42 | 88.68 | 92.92 | 96.84 | 119.98 | 122.86 | 120.02 | 121.41 | 146.39 | 92.89 | 86.31 |
| 佳木斯 | 166.89 | 157.52 | 131.77 | 121.48 | 117.05 | 123.48 | 126.11 | 126.67 | 115.31 | 105.97 | 99.74 |
| 七台河 | 362.71 | 236.01 | 242.68 | 336.92 | 379.68 | 446.79 | 366.57 | 369.96 | 295.62 | 306.49 | 295.76 |
| 牡丹江 | 251.45 | 213.71 | 213.44 | 207.00 | 205.28 | 208.06 | 213.19 | 206.75 | 180.10 | 140.65 | 132.27 |
| 黑河 | 53.99 | 33.36 | 36.78 | 40.74 | 43.22 | 48.11 | 55.86 | 60.01 | 61.95 | 60.63 | 62.50 |
| 绥化 | 51.19 | 52.54 | 65.67 | 82.07 | 89.68 | 98.01 | 105.35 | 110.47 | 125.90 | 132.27 | 150.20 |
| 大兴安岭 | 16.55 | 20.95 | 11.43 | 13.78 | 15.95 | 17.10 | 16.20 | 19.73 | 17.79 | 14.95 | 14.47 |

196

续表 6 – 5

| 年份 | 2005 | 2006 | 2007 | 2008 | 2009 | 2010 | 2011 | 2012 | 2013 | 2014 | 2015 |
|---|---|---|---|---|---|---|---|---|---|---|---|
| 长春 | 546.82 | 576.12 | 598.99 | 662.61 | 726.23 | 755.53 | 789.84 | 922.08 | 879.19 | 834.16 | 702.64 |
| 吉林 | 704.78 | 871.33 | 970.69 | 961.04 | 951.39 | 991.42 | 1 095.77 | 1 028.58 | 1 044.31 | 1 044.31 | 987.13 |
| 四平 | 346.67 | 354.54 | 302.36 | 343.81 | 385.27 | 368.12 | 383.84 | 361.68 | 353.82 | 326.66 | 270.19 |
| 辽源 | 126.52 | 115.80 | 110.08 | 207.29 | 304.50 | 184.42 | 225.16 | 210.86 | 198.71 | 196.57 | 182.99 |
| 通化 | 494.64 | 289.49 | 355.25 | 405.64 | 456.04 | 491.06 | 484.63 | 451.03 | 482.48 | 480.34 | 446.03 |
| 白山 | 253.75 | 219.44 | 262.33 | 329.16 | 395.99 | 458.90 | 325.94 | 303.79 | 294.49 | 273.76 | 220.87 |
| 松原 | 522.51 | 511.08 | 505.36 | 401.00 | 296.64 | 275.91 | 278.02 | 265.90 | 259.47 | 248.03 | 231.59 |
| 白城 | 45.75 | 29.31 | 31.45 | 36.45 | 41.46 | 52.18 | 101.50 | 107.22 | 108.65 | 112.22 | 108.65 |
| 延边 | 111.51 | 130.09 | 182.99 | 182.27 | 181.56 | 191.56 | 269.78 | 254.47 | 244.52 | 244.52 | 244.52 |
| 沈阳 | 552.23 | 726.47 | 697.66 | 799.88 | 758.03 | 853.38 | 963.14 | 945.99 | 943.94 | 868.48 | 720.99 |
| 大连 | 723.04 | 890.43 | 903.46 | 998.13 | 1186.78 | 1120.24 | 1100.34 | 1147.68 | 1159.34 | 1112.69 | 1094.17 |
| 鞍山 | 2 000.38 | 2 049.77 | 1 288.99 | 1 293.80 | 1 280.08 | 1 417.96 | 1 479.70 | 1 522.23 | 1 492.05 | 1 457.75 | 1 338.39 |
| 抚顺 | 2 060.74 | 2 044.97 | 775.87 | 708.64 | 742.94 | 742.94 | 716.87 | 713.44 | 829.37 | 871.22 | 875.34 |
| 本溪 | 1 509.89 | 1 630.62 | 958.34 | 913.75 | 1 066.04 | 1 068.79 | 1 149.74 | 1 030.37 | 977.55 | 911.69 | 810.85 |
| 丹东 | 316.93 | 240.79 | 176.30 | 161.90 | 155.04 | 596.82 | 172.87 | 174.93 | 174.93 | 174.93 | 144.06 |
| 锦州 | 1 166.89 | 1 146.31 | 343.69 | 303.21 | 350.55 | 290.18 | 257.25 | 253.82 | 231.87 | 220.21 | 211.97 |
| 营口 | 580.36 | 568.69 | 448.64 | 530.96 | 722.36 | 741.57 | 782.04 | 708.64 | 784.78 | 890.43 | 927.47 |
| 阜新 | 481.57 | 455.50 | 185.91 | 240.79 | 244.90 | 251.76 | 261.37 | 253.82 | 237.36 | 218.15 | 180.42 |
| 辽阳 | 367.01 | 770.38 | 433.55 | 399.25 | 419.83 | 415.72 | 500.78 | 465.11 | 417.09 | 369.07 | 352.60 |
| 盘锦 | 559.09 | 992.64 | 480.89 | 479.51 | 406.80 | 510.38 | 541.94 | 549.49 | 594.08 | 607.80 | 583.79 |
| 铁岭 | 366.32 | 790.96 | 394.45 | 359.46 | 325.16 | 391.71 | 468.54 | 448.64 | 420.52 | 368.38 | 338.20 |
| 朝阳 | 334.08 | 380.04 | 249.70 | 262.05 | 312.13 | 306.64 | 375.93 | 412.29 | 489.12 | 464.42 | 410.23 |
| 葫芦岛 | 1 171.00 | 1 214.22 | 449.33 | 391.02 | 380.04 | 459.62 | 513.81 | 466.48 | 424.63 | 408.86 | 406.80 |

## (二) 人均碳排放量和人均累积碳排放量特征分析

讨论减排责任时,除了当前总排放量这一指标,人均碳排放量也是一个重要的指标。2008 年 12 月 2 日波兹南气候会议上我国代表团提出的"人均累积碳排放"概念也是一个重要指标,并且得到我国有识之士的广泛认可,可以更明确地确定排放责任。人均累积碳排放量是将历史上一段时期内某一国家(地区)累积的碳排放量求和再除以该国(地区)当前人口数。

由图6-5可以看出,东北三省人均碳排放量随时间的变动趋势与碳排放总量总体趋势一致。但是人均碳排放量吉林省自2010年开始要高于黑龙江省;2015年辽宁省人均碳排放量是黑龙江省的1.71倍。2005—2015年辽宁省人均累积碳排放量是黑龙江省的1.76倍,提高了0.05个百分点,当数据放大之后,这个百分比远远不是零点几个百分点了,那么减排责任就会更大。例如2014年,我国人口数大约是美国人口数的4倍,碳排放量约为2倍,若按照人均碳排放量计算,则我国人均碳排放量几乎为美国的1/2。而1900—2014年,美国累积碳排放量是3 500亿t,我国为1 200亿t,而从人均累积碳排放量来算实际只有美国的1/12,是人均碳排放的1/6,责任被人为扩大了5倍多。

从图6-7可以看出,东北三省36市(州、地区)2005—2015年人均累积碳排放量中,辽宁省本溪市最高,为79.55t/人,黑龙江省绥化市最低,为1.94t/人;本溪市是绥化市的41倍,可见从减排责任分析本溪市减排责任远远大于绥化市;人均累积碳排放量高值区主要集中在辽宁省各市,因而辽宁省碳减排责任相较于其他两省各市责任更为重大。

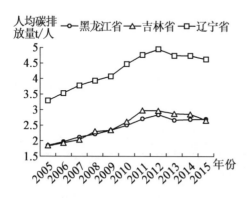

图6-5　东北三省人均碳排放量

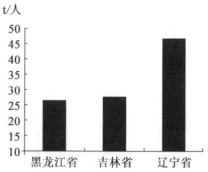

图6-6　2005—2015年东北三省人均累积
碳排放量

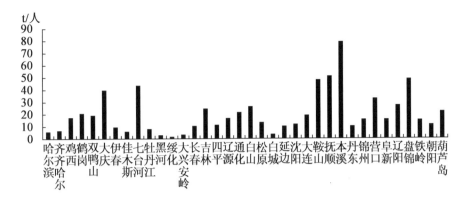

图 6 - 7　2005—2015 年东北三省 36 个市(州、地区)人均累积碳排放量

### (三)东北三省碳排放强度特征分析

碳排放强度是指每单位国民生产总值的增长所带来的二氧化碳排放量。该指标主要是用来衡量一国(地区)经济同碳排放量之间的关系,如果一国(地区)在经济增长的同时,每单位国民生产总值所带来的二氧化碳排放量在下降,那么说明该国实现了低碳的发展模式。但是降低碳强度只是降低单位 GDP 排放二氧化碳的数量,不一定会导致二氧化碳排放总量绝对值的减少。这一概念的提出体现了发展中国家在面对气候变化时"发展优先"的原则。

由图 6 - 8 可以看出,2005—2015 年黑吉辽三省的碳排放强度呈现下降的趋势,且吉林和省黑龙江省趋势变动基本一致。辽宁省下降趋势更为平滑,且在 2006 年之后碳排放强度比其他两省份更低,表明辽宁省单位 GDP 产生的二氧化碳更少。从单个省份来看,辽宁省从 2005 年的碳排放强度 1.57t/万元,降到 2015 年的 0.21t/万元,降幅 86%,平均每年降低 8.6%。黑龙江省、吉林省也都有不同程度的降幅,分别为 44% 和 54%。黑龙江省在节能减排的道路上任重道远。

由三个省份 36 个市(州、地区)碳排放强度趋势图(图 6 - 9、图 6 - 10、图 6 - 11)可以看出,辽宁省各市碳排放强度的趋势与全省总的碳排放强度的趋势最为接近;黑龙江省七台河市碳排放强度下降最多,从 2005 年的 3.6t/万元下降到 2015 年的 0.7t/万元,而降幅最大的是牡丹江市,为 84%;吉林省下降最多的是通化市,下降了1.63t/万元,降幅最大的是松原市,达到了87%;辽宁省抚顺市下降最多,从2005年的5.28t/万元降到2015年的0.23t/万元,降幅达到了95%。说明在东北三个省份中,辽宁省节能减排效果是最好的,单位GDP产生的二氧化碳排放量最少。通过研究可知,碳排放强度高的地方主要集中在抚顺市、本溪市、鞍山市、盘锦市和七台河市,也就是说,这些城市的单位GDP产生的碳排放量少,而其他地区则需要根据本省市(州、地区)情况,利用政府规制、市场调节等多种手段,制定适合的节能减排举措。

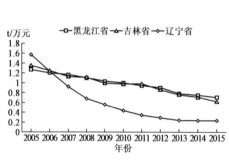

图6-8 东北三省碳排放强度

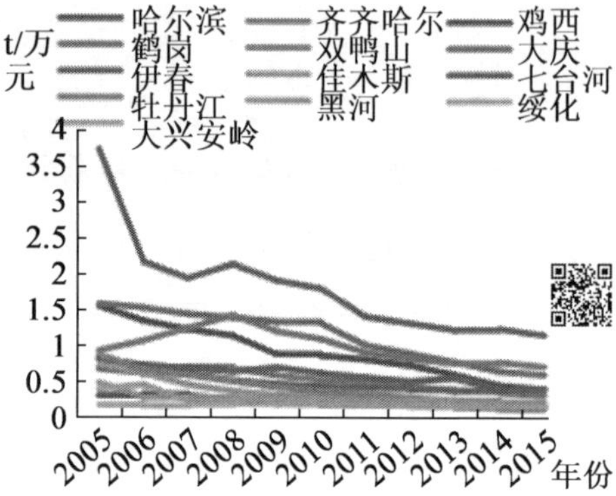

图6-9 黑龙江省各市(地区)碳排放强度

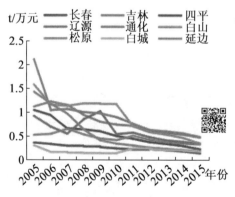

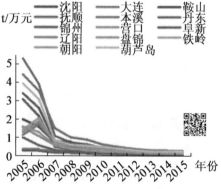

图6-10 吉林省各市(州)碳排放强度

图6-11 辽宁省各市碳排放强度

# 第三节 环境规制对东北三省碳排放的
作用路径分析

## 一、理论分析与研究假设

环境规制是政府通过制定相关的法律法规、环境保护税等手段来调控环境中由于人类生产生活活动对环境产生的不经济性,实现经济与环境相协调发展的政策手段。

由第一节的分析可知,环境规制不仅对碳排放造成直接影响,也会通过其他中间环节对碳排产生间接影响。具体来说,环境规制可以通过中间环节外商引进的力度及质量、能源结构的不同、产业结构的调整等控制因素从而达到节能减排。由此提出以下假设:

假设1:直接影响,环境规制对碳排放产生直接影响。

政府通过命令型的控制手段关停高耗能污染严重的企业,或者通过税收、节能减排政策等市场激励手段产生的"倒逼减排"效应大于"绿色悖论"。"倒逼减排"效应是政府一方面通过命令型控制环境规制手段对"三高"企业(高污染、高耗能、高排放)进行关停、整顿,使其继续生产或扩大生产规模,或者强制这些企业使用低碳技术,在一定程度上降低能源消耗强度,减少碳排放量;另一方面通过市场激励型规制手段采用征收排污税、环境保护税(自2018年1月1日开始规定不再征收排污税,改征收环境保护税)、污染治理补贴等方式,使得企事业、当事主体增加对能源使用的成本,主动创新采用环保技术等,既提高了能源使用效率,又减少了碳的排放。而"绿色悖论"则正好相反,人们在预期严格的环境规制到来时,能源成本必将上升,人们则会因此加快生产活动,那么短时间内能源被大量消耗,进而会引起大量的二氧化碳排放,势必造成环境的破坏。

假设2:间接影响,环境规制通过产业结构、外商投资、能源结构等路径间接影响碳排放。

从环境规制—产业—碳排放量来看,环境规制的严格与否对于产业结构有着较大影响,进而影响碳排放。严格的环境规制会让"三高"企业面临关停、整顿或者不再扩大生产,政府通过环境保护税收、排污费等使得高污染企业产生高昂的"环境成本费用",从而迫使这些企业向环境规制宽松的地区移动,就会出现"污染天堂"现象,即环境规制强的地区的密集型污染企业向环境规制水平弱的区域迁移,从而促进了环境规制强的区域的清洁产业的发展。从环境规制—外商投资—碳排放来看,一方面环境规制水平的提高会使污染严重的外商企业进入本区域的门槛提高,使得进入后的"环境成本费用"提高,进而影响外商投资的区位选择,影响外资的流入,外资流入带来了先进的技术,也会间接影响碳排放;另一方面一些发展中国家为了追求经济的发展会降低环境规制,使得国外污染密集型企业进入国内发展经济,这会带来更多的碳排放。从环境规制—能源结构—碳排放来看,政府通过税收增加了企业消耗化石能源的成本,会迫使企业使用清洁能源,优化能源结构,从而减少碳排放,但是能源供给者在预期环境规制越来越严格的情景下会加快能源开发利用,从而不利于能源结构的优化,所以环境规制通过能源结构影响碳排放量可能会产生两种结果。

假设3:地方政府之间竞争、晋升追求 GDP,进而影响环境规制对碳排放量的效应。

作为社会公共事务的管理者,政府是环境规制中重要的微观主体。我国各级政府对"利益"的不同考量导致其不同的行为,地区经济发展水平也各不相同。地域性经济发展水平为环境规制的碳减排效应设置了门槛,地区的外商投资企业演变成政府机关之间竞争的一种模式,追求 FDI 或者 GDP,使其维持在相应水平之上,也对碳排放量产生一定的影响。

## 二、模型构建及数据来源

### (一)模型构建

本节以黑吉辽三个省份36个市(州、地区)2005—2015年面板数据为基础,采用中介效应法探讨环境规制与碳排放量的作用路径。由前文可知,碳排放除环境规制外,地区的人口、经济发展水平也是影响碳排放的重要因素。因此选

择地区人口、经济发展水平变量作为控制变量,以碳排放量为被解释变量,环境规制为解释变量。构建以下模型

$$TCE = \alpha_0 + \beta_1 HG + \beta_2 GDP + \beta_3 COP + \varepsilon \qquad (6-3)$$

其中,TCE 为碳排放量;HG 为环境规制;GDP 和 COP 为控制变量,分别为人均国内生产总值和各市(州、地区)年末人口数;$\varepsilon$ 为随机扰动项。

由于地级市在各统计年鉴中的统计资料较少且获取困难,故暂时验证假设 2 中三条路径中的两条,环境规制—FDI—碳排放和环境规制—产业结构—碳排放,是否具有中介效应。将 FDI 和产业结构作为中间变量,依次纳入上式中,验证中介效应。在构建模型前需要说明的是,中介效应满足的三个条件:一是核心解释变量对中介变量影响显著;二是在纳入中介变量前,核心解释变量对被解释变量影响显著;三是加入中介变量后,核心解释变量对被解释变量的影响程度降低,甚至不显著。

$$Y = \alpha_0 + \beta_1 HG + \beta_2 GDP + \beta_3 COP + \varepsilon \qquad (6-4)$$

其中,$Y$ 为中介变量,人均实际外商直接投资情况(FDI)、产业结构(IND);如果 $\beta_1$ 显著,说明环境规制对中介变量影响显著,因而满足条件一。条件二在模型(6-3)中验证,在条件一、二基础上,进一步用公式(6-5)验证条件三。

$$TCE = \alpha_0 + \beta_1 HG + \beta_2 GDP + \beta_3 COP + \beta_4 Y + \varepsilon \qquad (6-5)$$

公式(6-5)中如果 $\beta_1$ 显著下降甚至不显著,但是 $\beta_4$ 仍然显著,则满足条件三。

环境规制是政府为环境经济的可持续发展而使用的调节手段,但是由于地区经济差异、地方政府之间存在着竞争及受到晋升的影响会对环境规制有不同程度的影响,为了检验环境规制对碳排放的作用关系是否受到竞争、晋升的影响,依次引入调节变量人均 GDP 和人均 FDI,并将之与环境规制相乘后的交叉项依次纳入公式(6-5)中,检验是否存在调节效应。基于以上的分析构建模型(6-6)来验证调节效应。

$$TCE = \alpha_0 + \beta_1 HG \times X + \beta_2 GDP + \beta_3 COP + \beta_4 Y + \varepsilon \qquad (6-6)$$

其中,$X$ 为调节变量,即该地区的人均国内生产总值和人均实际外商投资情况,只要 $\beta_1$ 显著,则调节变量 $X$ 与核心解释变量 HG 的交叉项就显著。

**(二)变量说明及描述性分析**

本节使用的数据来源于 2006—2016 年《中国城市统计年鉴》《黑龙江统计年鉴》《吉林统计年鉴》《辽宁统计年鉴》等统计年鉴及统计公报。

(1)被解释变量:碳排放量(TCE),以 2005—2015 年黑龙江省 13 个市(地区)、吉林 9 个市(州)、辽宁 14 个市,共 36 个地级市 8 种能源(煤炭、焦炭、原油、汽油、煤油、柴油、燃料油以及天然气)消费量核算的碳排放量。

(2)核心解释变量:环境规制(HG),将采用熵值法计算的单位 GDP 的工业废水排放量、单位 GDP 的二氧化硫排放量以及单位 GDP 的烟(粉)尘排放量 3 个指标的综合得分作为衡量环境规制水平的替代指标。

(3)控制变量:经济发展水平(GDP),将采用各市(州、地区)人均 GDP(为消除价格变动影响,GDP 采用 2005 年不变价计算)、各地区人口数量以及各市(州、地区)年末人口数(COP)作为衡量人口数量对碳排放量的影响。

(4)中介变量:产业结构(IND),选取各市(州、地区)的第三产业产值占第二产业的比重作为产业结构指标;外商投资情况(FDI),用各市人均实际利用外商投资情况衡量;由于各市(州、地区)数据资料的获取性,暂时仅对假设 2 中的两条路径验证。

## 三、环境规制对碳排放的作用路径实证检验及分析

表 6-6 对所有的变量进行了统计描述,涉及的变量与前节一致。

在进一步分析前,需要对数据序列进行单位根检验,其目的是对于存在单位根的数据序列直接进行回归分析可能会导致伪回归。面板数据单位根检验又分为相同根情形的检验和不同根情形的检验。在面板数据中,不同根情形的单位根检验方法主要有 IPS 检验、Fisher-ADF 检验和 Fisher-PP 检验;相同根情形的检验方法主要有 LLC 检验。为使数据检验的结果更为可靠,同时选择不同根的 2 种方法和同根下的 LLC 检验,对各个变量进行单位根检验,经反复测算,得到所有的数据均为一阶平稳变量。并进一步通过协整检验,证明这些变量之间具有稳定的均衡关系,可以进行下一步的分析。检验结果见表 6-7。为避免模型中存在内生性的问题,选取环境规制滞后一期数据作为核心解释变量进行分析。采用 F

检验和 Hausman 检验对模型选择随机效应面板估计、固定效应面板估计或混合面板估计。经检验,采用随机效应模型进行估计。

表6-6 变量的描述性统计

| 变量 | 均值 | 标准差 | 最小值 | 最大值 |
|---|---|---|---|---|
| TCE | 462.749 6 | 379.625 5 | 11.43 | 2 060.74 |
| HG | 0.083 325 8 | 0.021 893 4 | 0.05 | 0.153 |
| COP | 297.852 5 | 204.202 3 | 47.2 | 995.2 |
| FDI | 912.126 4 | 1 882.948 | 0.374 358 7 | 14 475.35 |
| GDP | 5.503 524 | 6.630 191 | 0.624 413 8 | 41.352 02 |
| IND | 0.970 656 6 | 0.786 285 1 | 0.085 520 4 | 12.04402 |

表6-7 各变量单位根检验结果

| 变量 | Fisher-ADF | LLC | Fisher-PP | 结果 |
|---|---|---|---|---|
| TCE | 31.261 7 | −20.575 6 | 42.797 7 | 一阶平稳 |
| | 0.000 0 | 0.000 0 | 0.000 0 | |
| HG | 21.968 6 | −17.027 8 | 15.128 8 | 一阶平稳 |
| | 0.000 0 | 0.000 0 | 0.000 0 | |
| COP | 3.957 4 | −6.194 8 | 12.913 5 | 一阶平稳 |
| | 0.000 0 | 0.000 0 | 0.000 0 | |
| FDI | 8.248 3 | −7.765 6 | 2.762 5 | 一阶平稳 |
| | 0.000 0 | 0.000 0 | 0.002 9 | |
| GDP | 6.428 0 | −4.820 2 | 6.187 5 | 一阶平稳 |
| | 0.000 0 | 0.000 0 | 0.000 0 | |
| IND | 3.121 2 | −3.269 6 | 3.121 2 | 一阶平稳 |
| | 0.000 9 | 0.000 5 | 0.000 9 | |

表6-8、表6-9回归结果的模型1所检验的环境规制对碳排放的检验结果再次证明环境规制能够抑制碳的排放,地区经济发展水平的回归系数为负

值,人口规模的回归系数为正值,且都通过了显著性检验,说明地区经济发展水平能够在一定程度上降低碳排放量,但是经济发展必然会带来资源能源的消耗,碳排放总量还是会有所上升,只是单位 GDP 产生的污染量减少,这与预期相符。经济发展水平高的地区的政府实力、企业效益更强、更好,就会有更多的资金投入绿色生产,政府更会注重环境质量,采取更多的措施降低污染,采用更先进的技术提高能源的利用效率。随着经济的发展,地区就会更加注重由"量"的需求到"质"的提升,重视生态质量水平,使得社会经济可持续发展。而人口的增加势必会造成更多的能源、资源使用,能源的消耗必定会给环境造成一定的影响,进而会导致环境污染更加严重。

在模型 2 中,显然环境规制对 FDI 和 IND 作用效果通过了 10% 的显著性检验,进而验证了环境规制对中介变量的作用效果,在这里由于城市部分数据获取的问题,暂时没有验证前文提到的环境规制通过能源结构对碳减排的影响。在此模型中,环境规制对 FDI 回归系数为负值,说明严格的环境规制不利于外商的投资,原因可能在于严格的环境规制使得污染严重的企业产生高昂的成本费用,使得污染严重的企业会向环境规制低的地区转移,就会出现"污染天堂"现象。对于产业结构,回归系数为正值,说明严格的环境规制促进其结构的优化升级。随着环境规制的增强,高耗能产业将会承担更高的环境成本,获得的利润也就变小,为了谋求更好的生存,企业就会通过升级或者转移规避带来的高额环境成本费用,促进清洁产业、服务业、信息产业等第三产业兴起,从而优化产业结构。

模型 3 中 FDI 和 IND 均通过了检验,但是加入 FDI 后,对碳排放的影响显著性并没有降低,所以只有 IND 满足存在中介效应的第 3 个条件,验证了中介效应的存在,再次证明了环境规制不仅直接作用于碳排放,也间接对碳排放有影响。

在模型 4 中加入 GDP、外商投资与环境规制(HG)的交叉项验证政府绩效考核中地区经济发展水平和外商投资对环境规制(HG)的影响程度,结果显示,环境规制(HG)对碳排放影响受到政府绩效考核的竞争、晋升的影响。环境规制与经济水平交叉项系数的绝对值要小于模型 1 中的回归系数,由此可见,经济发展水平的提高与政府放松环境规制互为前提,主要是地方政府为了追求GDP,增强本地政府的绩效成绩,从而不利于碳减排。与FDI的交叉项系数为正值,且通过了检验,说明外资的流入弱化了对碳排放的作用效果,进一步证明了地方政府为了谋求经济增长而引入高耗能高污染的FDI,因而使环境规制对碳排放作用降低。

表6-8　回归模型1、2检验

| 变量 | 模型1 | 模型2 | |
|---|---|---|---|
| | TCE | FDI | IND |
| HG | -305.219 4 * * | -591.959 9 * | 3.826 619 * |
| GDP | -3.559 526 * * | 119.815 8 * * * | 0.006 454 |
| COP | 5.259 441 * * | 11.78 174 | -.010 302 7 * |
| 常数项 | -1 058.765 * * | -3 749.76 * * | 3.684 953 * |
| F值 | 39.82 * * * | 79.3 * * * | 71.2 * * * |

表6-9　回归模型3、4检验

| 模型3 | | | 模型4 | | |
|---|---|---|---|---|---|
| 变量 | TCE | TCE | 变量 | TCE | TCE |
| HG | -307.199 9 * | -361.210 7 * * | GDP * HG | — | -263.408 5 * * |
| GDP | -3.562 866 * * | -4.692 818 * * * | FDI * HG | 0.132 306 5 * | |
| COP | 5.264 773 * * * | 5.148 002 * * * | GDP | -4.665 552 * * | 14.552 61 * |
| IND | 0.517 539 9 * | — | COP | 5.142 475 * * * | 4.422 714 * |
| FDI | — | 0.009 458 6 * | 常数项 | -1 051.582 * * * | -827.034 5 * |
| 常数项 | -1 060.673 * | -1 023.298 * * | F值 | 39.86 * * * | 40.26 * * * |
| F值 | 37.79 * * * | 39.82 * * * | | | |

注:*、* *、* * *分别为10%、5%、1%显著水平下显著。

# 第四节　环境规制对东北三省碳排放的
# 门槛效应分析

上节已经验证了环境规制不仅直接对碳排放产生影响,还通过经济水平、产业结构、FDI 等间接影响碳排放。由于地域不同,经济水平的差异,环境规制的水平是否不同?如果不同,又是怎样影响的?环境规制是否与碳排放是非线性关系?

## 一、面板门槛模型介绍

门槛即临界点,门槛值即临界值。门槛效应就是两个参数,当其中一个参数到达门槛值时,另一参数发生突发的变化。

本节借鉴 Hansen 的面板门槛估计模型(Threshold Regression)验证环境规制(HG)对碳排放的门槛效应。这种方法采用自抽样检验,避免主观划分变量区间的不足。

### (一)单一门槛模型

$$y_{it} = \mu_i + \beta_1 x_{it} I(g_{it} \leqslant \gamma) + \beta_2 x_{it} I(g_{it} > \gamma) + \varepsilon_{it} \qquad (6-7)$$

其中,$i$ 表示地区;$t$ 表示年份;$y$ 为被解释变量;$x$ 是解释变量;$\mu_i$ 是不可测因素;$g_{it}$ 是门槛变量;$\gamma$ 为未知的门槛值;$I(\cdot)$ 是示性函数;$\varepsilon_{it} \sim iidN(0, \sigma^2)$ 是随机干扰项。该方程其实等价于一个分段函数为

$$y_{it} = \begin{cases} \mu_i + \beta_1 x_{it} I + \varepsilon_{it}, g_{it} \leqslant \gamma_1 \\ \mu_i + \beta_2 x_{it} I + \varepsilon_{it}, g_{it} > \gamma_2 \end{cases} \qquad (6-8)$$

当 $g_{it} \leqslant \gamma$ 时,$x_{it}$ 的系数为 $\beta_1$;而当 $g_{it} > \gamma$ 时,$x_{it}$ 的系数为 $\beta_2$。考虑到 $\mu$ 的不可测性,此处需消除个体效应以得到参数的估计量为

$$\hat{y}_{it} = y_{it} - \frac{1}{T}\sum_{i=0}^{T} y_{it}, \hat{x}_{it} = x_{it} - \frac{1}{T}\sum_{i=0}^{T} x_{it} \qquad (6-9)$$

变化后的模型为

$$y^*_{it} = \beta_1 x^*_{it} I(g_{it} \leqslant \gamma) + \beta_2 x^*_{it} I(g_{it} > \gamma) + \varepsilon^*_{it} \qquad (6-10)$$

进一步垒叠所有观测值,将公式(6-10)表示为

$$y^* = X^*(\gamma)\beta + \varepsilon^*$$ (6-11)

要顾及门槛值 $\gamma$,可对 $\gamma$ 赋值,采用 OLS 法估计各个回归系数,并求得相应的残差平方和, $S_1(\gamma)$,从而得到 $\beta$ 的估计值。

$$\hat{\beta}(\gamma) = [X^*(\gamma)1X^*(\gamma) - 1X^*(\gamma)]y^*$$ (6-12)

**(二)多门槛模型**

下面以双门槛为例进行说明,多门槛模型在单门槛模型的基础上进行扩展。

$$y_{it} = \mu_i + \beta_1 x_{it} I(g_{it} \leq \gamma_1) + \beta_2 x_{it} I(\gamma_1 < g_{it} \leq \gamma_2) + \beta_3 x_{it} I(g_{it} > \gamma_2) + \varepsilon_{it}$$
(6-13)

也可以表示为一个分段函数

$$y_{it} = \begin{cases} \mu_i + \beta_1 x_{it} I + \varepsilon_{it}, g_{it} \leq \gamma_1 \\ \mu_i + \beta_2 x_{it} I + \varepsilon_{it}, \gamma_1 < g_{it} \leq \gamma_2 \\ \mu_i + \beta_3 x_{it} I + \varepsilon_{it}, g_{it} \leq \gamma_3 \end{cases}$$ (6-14)

双重门槛值的估计和单一门槛值的估计步骤和原理类似,首先假设由单一门槛的 $\hat{\gamma}_1$ 已知,然后对 $\gamma_2$ 进行估计。

$$S_2(\gamma_2) = \begin{cases} S(\hat{\gamma}_1, \gamma_2) 若 \hat{\gamma}_1 < \gamma_2 \\ S(\gamma_2, \hat{\gamma}_1) 若 \hat{\gamma}_1 > \gamma_2 \end{cases}$$ (6-15)

得到的估计值为

$$\hat{\gamma}_2 = \text{argmin } S_2(\gamma_2)$$ (6-16)

$\hat{\gamma}_2$ 是渐近有效的, $\hat{\gamma}_1$ 却不是,因为在估计 $\hat{\gamma}_1$ 的过程中,残差平方和中包含了我们所忽略的区间造成的影响。我们可以固定 $\hat{\gamma}_2$,然后重新估计,从而得到优化一致的估计值 $\hat{\gamma}_1$。

$$S_1(\gamma_1) = \begin{cases} S(\hat{\gamma}_2, \gamma_1) 若 \hat{\gamma}_2 < \gamma_1 \\ S(\gamma_1, \hat{\gamma}_2) 若 \hat{\gamma}_2 > \gamma_1 \end{cases}$$ (6-17)

得到的估计值为

$$\hat{\gamma}_1 = \text{argmin } S_1(\gamma_1)$$ (6-18)

在这种情况下,$\hat{\gamma}_1$也是渐近有效的。

### (三)门槛效应的检验

在估计出门槛值后,还要对其显著性和真实性进行检验。检验门槛效应的显著性是为了确定以门槛值划分的样本模型估计参数是否显著不同。门槛检验的思路是通过样本内生性确定门槛值及其门槛数量,依据渐进分布理论来建立门槛参数的置信区间,运用自抽样方法估计门槛值的显著性。门槛值 $\gamma$ 根据普通最小二乘估计最小残差平方和得到的,以双门槛模型为例进行说明。

(1)显著性检验。

$$F_2 = \frac{S_1(\hat{\gamma}_1) - S_2(\hat{\gamma}_2)}{\hat{\sigma}^2} \qquad (6-19)$$

$$\hat{\sigma}^2 = \frac{S_2(\hat{\gamma}_2)}{n(T-1)} \qquad (6-20)$$

(2)基于最小二乘法的似然比检验门槛估计值是否等于真实值。

$$\mathrm{LR}_2(\gamma) = \frac{S_2(\gamma) - S_2(\hat{\gamma}_2)}{\hat{\sigma}^2} \qquad (6-21)$$

$$\mathrm{LR}_1(\gamma) = \frac{S_1(\gamma) - S_1(\hat{\gamma}_1)}{\hat{\sigma}^2} \qquad (6-22)$$

在原假设下$\mathrm{LR}_1$,$\mathrm{LR}_2$均呈现非标准分布,Hansen 提供的计算出其非拒绝域的公式为:当$\mathrm{LR}_2(\gamma) \leqslant c(\alpha)$和$\mathrm{LR}_1(\gamma) \leqslant c(\alpha)$时,不能拒绝原假设。$c(\alpha) = -2\ln(1 - \sqrt{1-\alpha})$,$\alpha$ 表示显著水平。

## 二、以环境规制变量为门槛的检验分析

前文提到不同经济发展水平、不同的产业结构作用于碳排放的影响也不同,环境规制对于减排效果也不同,因而环境规制可能存在多个门槛值。下面以环境规制为门槛变量,检验不同环境规制下,产业结构调整的碳减排效应。

### (一)面板门槛模型的构建

模型建立为

$$\mathrm{TCE}_{it} = \alpha_0 + \alpha_1 \mathrm{INER}_{it} \times I(\mathrm{HG} \leqslant \lambda_1) + \alpha_2 \mathrm{INER}_{it} \times I(\mathrm{HG} > \lambda_1) + \cdots +$$

$$\alpha_{n+1}\mathrm{INER}_{it} \times I(\mathrm{HG} < \lambda_n) + \beta_1\mathrm{GDP}_{it} + \beta_2\mathrm{COP}_{it} + \varepsilon_{it} \tag{6-23}$$

其中,INER 是环境规制与产业结构交叉项,表示环境规制对产业结构的调节效应,其他变量含义与前文相同,$\lambda_n$ 为待估计的门槛值。

### (二)门槛检验

采用基于最小二乘法(OLS)的似然比统计量检验门槛值。

$$\mathrm{LR}(\gamma) = n\frac{S(\gamma) - S(\hat{\gamma})}{S(\hat{\gamma})} \tag{6-24}$$

当 $LR(\gamma) = 0$ 时,$\gamma = \hat{\gamma}$,即要求得的估计门槛值,利用 Stata15.0 软件对数据处理分析。采用自抽样法反复抽样 300 次得到相应的统计结果,门槛检验结果表明为双门槛模型,因检验到三重门槛时,核心解释变量没有通过显著性检验。

### (三)实证结果分析

通过检验可知,以环境规制为门槛的模型为双门槛回归模型。

表 6-10　环境规制门槛变量估计的回归结果

| | 门槛估计值 | 95% 置信区间 | P 值 |
|---|---|---|---|
| 门槛 $\lambda_1$ | 0.068 0 | [0.063 5,0.069 0] | 0.036 3 |
| 门槛 $\lambda_2$ | 0.084 0 | [0.083 0,0.085 0] | 0.097 6 |

结合表 6-10 门槛估计回归结果,把环境规制指标低于 0.068 定义为强环境规制,介于 0.068 ~ 0.084 的环境规制指标定义为中环境规制,高于 0.084 定义为弱环境规制。

表 6-11　环境规制地区分组表

| 分组 | 门槛值 | 回归系数 | 包含的市(州、地区) | 容量 |
|---|---|---|---|---|
| 强环境规制水平 | HG < 0.068 0 | -0.091 388 4 | 鞍山、大连、绥化、哈尔滨、盘锦、大庆、沈阳 | 7 |

**续表 6 - 11**

| 分组 | 门槛值 | 回归系数 | 包含的市(州、地区) | 容量 |
|---|---|---|---|---|
| 中环境规制水平 | $0.068\ 0 \leqslant HG < 0.084\ 0$ | $-0.243\ 690\ 8$ | 伊春、长春、齐齐哈尔、葫芦岛、朝阳、鸡西、佳木斯、牡丹江、辽阳、黑河、锦州、抚顺、营口、铁岭、丹东 | 15 |
| 弱环境规制水平 | $0.084\ 0 \geqslant HG$ | $0.090\ 141\ 6$ | 通化、吉林、延边、白山、四平、辽源、白城、鹤岗、松原市、阜新、七台河、大兴安岭、本溪、双鸭山、 | 14 |

由表 6 - 11 可知,目前,强环境规制水平包括鞍山、大连、绥化、哈尔滨、盘锦、大庆、沈阳七个城市,中环境规制水平包括伊春、长春、齐齐哈尔、葫芦岛、朝阳、鸡西、佳木斯、牡丹江、辽阳、黑河、锦州、抚顺、营口、铁岭、丹东,其他的城市为弱环境规制。

在弱环境规制中,环境规制的系数为正值,如果提高环境规制力度,则会增加碳的排放量,说明在弱环境规制下,由于人们预期严格的环境规制的到来,就会提前消费高碳能源,进行高耗能生产活动,以规避未来更严格的规制,因此环境规制对碳减排起到了反作用,引起了"绿色悖论"现象。当跨过低门槛值,到达中环境规制水平区间时,回归系数为负值,说明环境规制充分落实能够一定程度上减少碳的排放。在强环境规制水平下,提升环境规制水平对碳排放的阻碍比中环境规制水平要低,说明环境规制并不是改善环境质量的唯一因素,还可能与地区发展水平、资源禀赋等因素有关,比如大兴安岭地区,由于森林覆盖率达到 74%,提升环境规制的能力并不能够提升环境质量,或者说改善得不明显。当到达高环境规制区间时,环境规制的调节对碳排放产生的影响不再显著。

## 三、以地方政府晋升变量为门槛的检验分析

### (一)面板门槛模型的构建

从理论上讲,探究环境规制影响污染排放的逻辑机制需要回归到环境规制政策的本源。事实上,我国环境规制政策的制定者是中央政府,而具体实施者则是各地方政府。可见,地方政府在环境规制执行上可以根据自己区域的实际情况制定执行,具有较大的自由裁量空间。根据经济学理论,中央政府与地方政府的目标函数差异决定了各地方政府行为表现出某种"牟利性"特征,也正是这种自利性动机使得地方政府环境规制对污染排放的影响会随着技术创新水平、产业结构偏向及外商直接投资水平变化而发生变化。在国家新的供给侧改革下,政府的经济发展发展水平、外商投资流入又是怎样通过产业结构调整来影响碳的排放?

下面引入环境规制与产业结构的交叉项,表示环境规制对产业结构的调节效应,分别以地区经济发展水平、外商投资作为门槛来探究地方政府晋升中对碳排放的作用效果。

$$
\begin{aligned}
TCE_{it} = \delta_0 &+ \delta_1 INER_{it} \times I(GDP \leq \lambda_1) + \delta_2 INER_{it} \times I(GDP > \lambda_1) + \cdots + \\
&\delta_{n+1} INER_{it} \times I(GDP < \lambda_n) + \beta_1 GDP_{it} + \beta_2 COP_{it} + \varepsilon_{it}
\end{aligned} \quad (6-25)
$$

$$
\begin{aligned}
TCE_{it} = \rho_0 &+ \rho_1 INER_{it} \times I(FDI \leq \lambda_1) + \rho_2 INER_{it} \times I(FDI > \lambda_1) + \cdots + \\
&\rho_{n+1} INER_{it} \times I(FDI < \lambda_n) + \beta_1 GDP_{it} + \beta_2 COP_{it} + \varepsilon_{it}
\end{aligned} \quad (6-26)
$$

上两式中的相应变量含义与前文相同,INER 为环境规制与产业结构的交叉项,$\lambda_n$ 为门槛估计值。

### (二)门槛值确定及实证结果分析

采用自抽样法反复抽样 300 次得到相应的统计结果,门槛检验结果表明为双门槛模型,因检验到三重门槛时,三重门槛没有通过显著性检验。

根据表 6-12 回归统计结果,以人均 GDP 为门槛变量的政府晋升,把人均 GDP < 3.235 8 定义为低经济发展水平,把 3.235 8 ≤ 人均 GDP < 5.030 8 定义为中经济发展水平,把 5.030 8 ≥ 人均 GDP 定义为高经济发展水平;以人均外商投资(FDI)为门槛变量的政府晋升,把 FDI 低于 398.611 7 定义为弱吸引,把

398.611 7≤人均 FDI <783.791 2 定义为中吸引,把 783.791 2≥人均 FDI 定义为强吸引。

**表 6 – 12    政府晋升门槛变量的回归结果**

| 门槛变量 | GDP | | | FDI | | |
|---|---|---|---|---|---|---|
| | 门槛值 | 95% 置信区间 | P 值 | 门槛值 | 95% 置信区间 | P 值 |
| 单一门槛 | 3.235 8 | [3.207 0,3.269 0] | 0.054 3 | 398.611 7 | [398.383 8,401.819 5] | 0.036 0 |
| 双重门槛 | 5.030 8 | [4.923 3,5.072 9] | 0.086 7 | 783.791 2 | [749.687 7,797.543 0] | 0.0706 |

由表 6 – 12 可知,以人均 GDP 为门槛值时,双重门槛通过了 10% 的显著性检验,当三重门槛检验时没有通过 10% 的显著性检验,因而按照门槛值划分东北三省 36 个市(州、地区)以人均 GDP 为门槛值的分组情况见表 6 – 13。

**表 6 – 13    以人均国内生产总值为门槛的地区分组表**

| 分组 | 门槛值 | 回归系数 | 包含的市 | 容量 |
|---|---|---|---|---|
| 低经济发展水平 | GDP < 2.246 2 | 49.139 28 | 绥化、黑河、齐齐哈尔、伊春、大兴安岭、白城市、鹤岗、双鸭山、佳木斯、鸡西、延边、四平、七台河、牡丹江 | 14 |
| 中经济发展水平 | 2.246 2≤GDP < 5.030 8 | 16.285 62 | 通化、辽源、松原、白山、吉林、阜新、哈尔滨、葫芦岛、朝阳、长春市、铁岭 | 11 |
| 高经济发展水平 | 5.030 8≥GDP | – 1.904 796 | 锦州、丹东、抚顺、辽阳、大庆、营口、本溪、鞍山、盘锦、沈阳、大连 | 11 |

在低经济发展水平,门槛控制因素人口、经济回归系数为正值,说明环境规制基于产业结构和由人口、经济控制因素将会对碳减排有一定的影响,当跨过门槛值到高经济发展水平时,变为负值,但是极小为 – 1.904 796,且刚刚通过 10% 的检验,可以认为环境规制对高经济发展水平的地区影响并不显著。而以人均实际利用外资为门槛值得地区分组时,发现对 FDI 高吸引力的地区与经济发展高的地方相对应,说明经济水平是吸引的外资的重要因素之一。地方 GDP 是地方政府的主要绩效考评之一,而一味地追求 GDP 的增长,必然会牺牲某些

方面的效益,比如环境;而外资也作为一项重要的晋升绩效考核指标,也会促使一些地方政府降低引进外资的标准提升经济发展水平,使得环境规制政策并未真正落实。同时,经济的发展会带来一定的清洁的外商企业进入本地区,人们的环保观念增强、对环境保护的重视都会使得环境规制政策更好地实施。

表6-14　以人均实际利用外资为门槛的地区分组表

| 分组 | 门槛值 | 回归系数 | 包含的市(州、地区) | 容量 |
|---|---|---|---|---|
| 弱吸引 | FDI < 107.491 9 | 0.134 600 4 | 七台河、双鸭山、绥化、白城、伊春 | 5 |
| 中吸引 | 107.491 9 ≤ FDI < 783.791 2 | -0.092 128 | 大兴安岭、鹤岗、四平、朝阳、通化、松原、鸡西、齐齐哈尔、佳木斯、吉林、阜新、黑河、葫芦岛、延边、辽源市、白山、铁岭、抚顺、牡丹江、大庆、长春、哈尔滨、锦州 | 23 |
| 高吸引 | 783.791 2 ≥ FDI | -2.413 231 | 本溪、辽阳、鞍山、营口、丹东、盘锦、沈阳、大连 | 8 |

# 第五节　环境规制对东北三省碳排放的空间效应分析

## 一、模型设定

### (一)基本模型

1. 空间权重矩阵

进行空间计量分析的前提是度量区域之间的空间距离。定义区域 $i$ 和另一区域 $j$ 之间的距离为 $w_{ij}$,则定义 $n$ 个区域的数据的空间矩阵为

$$W = \begin{pmatrix} w_{11} & \cdots & w_{1n} \\ \vdots & \ddots & \vdots \\ w_{n1} & \cdots & w_{nn} \end{pmatrix} \tag{6-27}$$

式中,对角线上的元素为同一区域的元素显然为0。

其相邻关系有以下几种:

(1)有公共边的两个相邻地区为车相邻。

(2)有公共顶点,没有共同边的两个相邻地区为象相邻。

(3)有公共顶点或者公共边为后相邻。

2.空间自相关

空间自相关可以理解为具有相近的位置,具有相似变量取值。通常说的"高—高""低—低"就是高值与高值聚集在一起、低值与低值聚集在一起,则为正空间自相关,相反的则为负空间自相关。如果随机分布,则不存在空间自相关关系。

对于空间相关性检验目前流行的有 Moran's I、Geary's C、Getis、Join 指数等,本节采用 Moran's I 来检验。

$$\text{Moran's I} = \frac{\sum_{i=1}^{n}\sum_{j=1}^{n} w_{ij(x_i-\bar{x})(x_j-\bar{x})}}{S^2 \sum_{i=1}^{n}\sum_{j=1}^{n} w_{ij}} \quad (6-28)$$

其中, $S^2 = \dfrac{\sum_{i=1}^{n}(x_i - \bar{x})^2}{n}$ 是样本方差; $w_{ij}$ 是权重矩阵; $\sum_{i=1}^{n}\sum_{j=1}^{n} w_{ij}$ 是所有空间权重的和。若标准化,则和为 $n$,那么

$$\text{Moran's I} = \frac{\sum_{i=1}^{n}\sum_{j=1}^{n} w_{ij(x_i-\bar{x})(x_j-\bar{x})}}{\sum_{i=1}^{n}(x_i - \bar{x})^2} \quad (6-29)$$

Moran's I 的取值范围一般介于 $-1 \sim 1$,正值为正自相关,反之为负相关;等于0或者接近于0为随机分布,不存在空间自相关。一般来讲,正自相关比负自相关更为常见。

3.基本空间计量模型

参照下文空间计量模型(SAM,SEM,SDR)。

**(二)空间计量模型**

在空间经济计量模型中,目前存在这几种空间模型,通过变量的空间滞后

因子将空间相关性设定为变量的空间自相关形式,并根据观测值空间相关性分为空间滞后模型(SLM)、空间误差模型(SEM),其中空间滞后模型也称为空间自回归模型(SAR),包含空间滞后解释变量、被解释变量的模型,既可以分析因变量受本地区自变量的影响,还可以识别受其他地区自变量和因变量的影响的空间杜宾模型(SDM)。

1. 空间自回归模型(SAR)

$$y = \lambda W y + X\beta + \varepsilon, \varepsilon \sim N(0, \sigma2, I_n) \tag{6-30}$$

其中,$W$ 为空间权重矩阵;$\lambda$ 度量空间滞后 $Wy$ 对 $y$ 的影响,称为"空间自回归系数";$X$ 为 $n \times k$ 的数据矩阵;$\beta_{k \times 1}$ 为相应系数。当去除 $X\beta$ 这一解释变量项时,在形式上与时间滞后模型完全相同,只是空间权重矩阵更为复杂。因此也称为"空间滞后模型"。

2. 空间误差模型(SEM)

$$\begin{cases} y = X\beta + \mu \\ \mu = \lambda W\mu + \varepsilon, \varepsilon \sim N(0, \sigma2, I_n) \end{cases} \tag{6-31}$$

其中,$\mu$ 为扰动项。

3. 空间杜宾模型(SDM)

$$y = \lambda W y + X\beta + W X\delta + \varepsilon, \varepsilon \sim N(0, \sigma^2, I_n) \tag{6-32}$$

上面 3 种空间模型的字母的意义基本一致,$y$ 为因变量;$X$ 为 $n \times k$ 的自变量数据;$\varepsilon$ 为随机误差参数;参数 $\lambda$ 反映回归残差之间空间相关性强度。空间滞后模型与空间误差模型的缺点在于数据的空间模式也许不是仅用内生的交互效应或具有自相关性的扰动项就可以解释的,而是可能需要同时动用内生的交互效应、外生的交互效应以及具有自相关性的误差项。

4. 空间面板模型

以上三种模型都是横截面数据,由横截面数据可以推广到面板数据中。

$$\begin{cases} y_{it} = \rho w_i' y_i + x_{it}'\beta + d_i' X_i\delta + \mu_i + \gamma_i + \varepsilon_{it} \\ \varepsilon_{it} = \lambda m_i'\varepsilon_t + v_{it} \end{cases} \tag{6-33}$$

其中,$y_{it}$ 是被解释变量;$d_i' X_i\delta$ 表示解释变量的空间滞后;$d_i'$ 为相应空间权重矩阵 $D$ 的第 $i$ 行;若 $\mu_i$ 与 $x_{it}$ 相关,则为固定效应,反之为随机效应;$\gamma_i$ 为时间效应;而$m_i'$为扰动项空间权重矩阵 M 的第$i$行。

公式(6-33)中:

(1)若$\lambda = 0$,则为空间杜宾模型(SDM)。

(2)若$\lambda = 0$且$\delta = 0$,则为空间自回归模型(SAR)。

(3)若$\rho = 0$且$\delta = 0$,则为空间误差模型(SEM)。

### (三)分析模型设定

根据公式(6-33)建立空间效应的空间面板数据模型为

$$\text{LnTCE}_{i,t} = d_i'X_i\delta + \beta_1\text{LnHG}_{i,t} + \beta_2\text{LnCOP}_{i,t} + \beta_3\text{LnFDI}_{i,t} + \beta_4\text{LnIND}_{i,t} +$$
$$\beta_5\text{LnGDP}_{i,t} + \rho w_i'(\text{LnTCE}_{i,t}) + \mu_i + \gamma_i + \varepsilon_{it}$$
$$\varepsilon_{it} = \lambda m_i'\varepsilon_t + v_{it} \qquad (6-34)$$

其中变量与前文一致,为了缓解异方差和多重共线性,对变量均取了对数。

当$\lambda = 0$,为空间杜宾模型(SDM);当$\lambda = 0$且$\delta = 0$,则为空间自回归模型(SAR);当$\rho = 0$且$\delta = 0$,则为空间误差模型(SEM)。

其中对模型究竟应使用随机效应还是固定效应模型,须进行 Hausman 检验。当 Hausman 统计量为负数时,可以接受随机效应的原假设。

## 二、东北三省环境规制空间效应分析

### (一)全局空间性分析

本节运用 Stata15.0 数据分析软件对东北三省 36 个市(州、地区)的环境规制进行全局空间自相关性检验。首先需要确定空间权重矩阵,其次计算全局 Moran's I。根据研究区域的特性可以采用空间权重矩阵的方法有基于邻接性和基于距离两种。采用的分析数据来自东北三省 36 个市(州、地区),市与市之间都有共同的边界,所以更倾向利用基于邻接性的方法确定空间权重矩阵。首先,在 ArcGis10.2 空间数据分析软件中根据东北三省地图将 36 个市(州、地区)采用车邻接的方式创建一个 36×36 的 0-1 矩阵,对角线都是 0,邻接元素为 1。由此,计算得出 2005—2015 年间东北三省环境规制及碳排放量的 Moran's I。

表 6 - 15　2005—2015 年东北三省 36 个市(州、地区)环境规制 Moran's I

| 年份 | Moran's I | 期望 | 方差 | P 值 |
|---|---|---|---|---|
| 2005 | 0.470 0 | - 0.028 6 | 0.110 7 | 0.002 |
| 2006 | 0.479 9 | - 0.028 6 | 0.113 4 | 0.002 |
| 2007 | 0.451 0 | - 0.028 6 | 0.108 9 | 0.002 |
| 2008 | 0.454 7 | - 0.028 6 | 0.113 2 | 0.002 |
| 2009 | 0.432 7 | - 0.028 6 | 0.113 4 | 0.002 |
| 2010 | 0.422 2 | - 0.028 6 | 0.108 0 | 0.002 |
| 2011 | 0.321 0 | - 0.028 6 | 0.109 3 | 0.008 |
| 2012 | 0.249 3 | - 0.028 6 | 0.109 6 | 0.008 |
| 2013 | 0.230 9 | - 0.028 6 | 0.113 0 | 0.024 |
| 2014 | 0.274 8 | - 0.028 6 | 0.115 4 | 0.016 |
| 2015 | 0.298 7 | - 0.028 6 | 0.107 3 | 0.006 |

从表 6 - 15 可知,2005—2015 年东北三省环境规制的 Moran's I 均为正,在 1% 的水平上显著,说明东北三省 36 个市(州、地区)在地理空间上表现出显著的正相关性或空间依赖性。也就是说,环境规制水平较高的市域相对地趋近于环境规制水平较高的市域,或者环境规制水平低的市域相对地与趋近于环境规制水平较低的市域或存在相邻区域的空间关联性。总之,在空间上,环境规制具有一定的空间正相关性。

为进一步直观地感受环境规制水平在空间格局的分布,空间聚类分析方法利用 Arcgis10.2 软件对环境规制水平得分进行分析,选取研究期间中的 2005 年、2008 年、2011 年和 2015 年进行空间差异分析,并按照自然间断点分级法分为 5 类。在研究期内,每个市(州、地区)在不同年份的环境规制水平是不一样的,有的城市环境规制水平在上升,比如大兴安岭地区环境规制水平在不断地变为严格;有的城市环境规制水平在下降,如白山市;也有的城市在研究期内环境规制水平没有变化或者说变化不明显,如大庆市、绥化市、哈尔滨市。从整体空间来看,高的环境规制对应的周边市(州、地区)的环境规制也较高,环境规制水平低的区域周边的环境规制规制水平相对也较低,在空间上具有一定的空间聚集性。

### (二)局部空间性分析

基于以上全局空间自相关检验的研究结果证明了东北三省 36 个市(州、地区)碳排放量及环境规制存在空间集聚的现象,但分析的结果并没有给出东北三省 36 个市(州、地区)碳排放量及环境规制的空间集聚特征。因此,有必要考虑运用 Moran's I 散点图对我国污染产业的空间集聚特征及其显著性进行具体分析。为了更为有效地比较分析东北三省 36 个市(州、地区)碳排放量及环境规制的空间集聚特征,下面选取 2005 年、2008 年、2011 年和 2015 年的 Moran's I 散点图进行分析。

根据散点图的第一象限表示"H－H"类型区域,按照环境规制测度指标,值越高表明环境规制越弱,但是在本节中所有变量均取其对数,则其表达的意义相一致,落在第一象限的城市为环境规制强的城市,且其周围城市的环境规制也较强。而第三象限表示"L－L"类型区域,对应环境规制的"H－H"类型区,即落在该区域的城市本身环境规制较强,且其周围城市的环境规制也较强。相应地,第二象限为"L－H"类型区,自身环境规制弱,邻近城市环境规制强。第四象限为"H－L"类型区,自身环境规制强,邻近城市环境规制弱。这与前文的以环境规制为门槛的划分相一致,个别城市如鹤岗市、大兴安岭地区存在差异。

由图 6－12 可知,2005 年处于高—高的正自相关关系的集群(H－H 型)即位于第一象限的有:鹤岗、佳木斯、牡丹江、吉林、四平、辽源、通化、白山、延边、铁岭;处于第二象限即低—高的负自相关关系的集群(L－H 型):哈尔滨、鸡西、双鸭山、大庆、长春、抚顺、丹东;处于第三象限即低—低的空间自相关关系的集群(L－L 型):齐齐哈尔、黑河、绥化、大兴安岭、沈阳、大连、鞍山、锦州、营口、辽阳、盘锦、葫芦岛;处于第四象限即高—低的空间自相关关系的集群(H－L 型):伊春、松原、白城、本溪、阜新和朝阳;七台河横跨了第一、四象限。由图 6－13、图 6－14 和 6－15 可知,2015 年处于高—高的正自相关关系的集群(H－H 型)即位于第一象限的有:吉林、四平、辽源、通化、白山、松原、延边;处于第二象限即低—高的负自相关关系的集群(L－H 型):哈尔滨、大庆、伊春、佳木斯、牡丹江、抚顺、丹东、铁岭、朝阳;处于第三象限即低—低的空间自相关关系的集群

(L-L型):齐齐哈尔、黑河、绥化、沈阳、大连、鞍山、锦州、营口、辽阳、盘锦、葫芦岛;处于第四象限即高—低的空间自相关关系的集群(H-L型):鹤岗、双鸭山、白城、阜新;长春横跨了第一、二象限,鸡西横跨了第二、三象限,七台河横跨了第二、三象限,大兴安岭和本溪则横跨了第一、四象限。

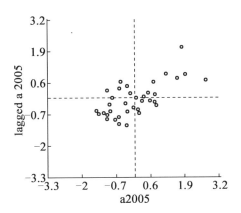

图 6-12   2005 年环境规制局部 Moran's I

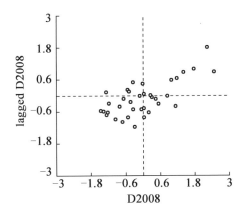

图 6-13   2008 年环境规制局部 Moran's I

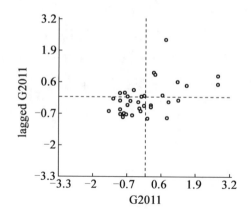

图 6 - 14    2011 年环境规制局部 Moran's I

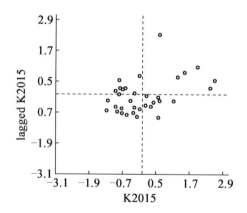

图 6 - 15    2015 年环境规制局部 Moran's I

## 三、环境规制对碳排放的空间效应分析

### (一)空间自相关检验

1. Moran's I 检验

Moran's I 检验的原假设为变量间不存在任何形式的空间相关性,备择假设为变量间至少存在某种形式的空间相关性。前文已对变量进行了检验,证明存在一定的空间相关性。

## 2. LR 检验

LR 检验是似然比检验(likelihood ratio),是反映真实性的一种指标。通过对约束模型和非约束模型的极大似然函数值进行比较,检验约束条件是否成立。LR 检验统计量是服从渐近了 $\chi^2(p)$,$p$ 是自由度,等于约束条件的个数。其表达式为

$$LR = 2(LR_{ur} - LR_r) \qquad (6-35)$$

### (二)实证结果及分析

由于面板估计模型中存在固定效应和随机效应,在对面板数据模型进行估计时,通常根据面板数据样本空间关系,将模型设定为固定效应模型比较合理。根据实际情况进行了更为准确的检验,用 Hausman 检验最终确定为随机效应模型,无论对 SAR、SDM、SEM,结果均为负值,拒绝原假设。

本节基于 0 - 1 地理邻接相邻矩阵分别对 SAR、SDM、SEM 进行了估计,相关估计结果见表 6 - 16。

表 6 - 16 三种模型的回归结果

| 变量 | SAR | SEM | SDM |
|---|---|---|---|
| lnHG | 0.013 125 5 * | 0.027 011 1 * | 0.142 894 6 * |
| lnCOP | 0.707 086 6 * * * | 0.803 156 9 * * * | 0.772 289 6 * * * |
| lnGDP | − 0.002 844 * | 0.092 328 * | 0.345 958 3 * |
| lnIND | − 0.138 747 9 * | − 0.147 710 5 * | − 0.097 137 2 |
| lnFDI | 0.053 167 * | 0.017 079 * | − 0.002 492 86 * |
| 常数 | 0.279 705 4 | 1.360 45 | 1.252 766 |
| $\rho$ | 0.268 736 5 | 0 | 0.260 913 1 |
| $\delta$ | 0 | 0 | 0.065 713 8 |
| $\lambda$ | 0 | 0.251 504 8 | 0 |
| R-sq | 0.837 2 | 0.842 0 | 0.809 8 |
| Log-L | − 110.334 7 | − 112.858 9 | − 103.610 6 |
| LR | 1.035 794 * | 1.960 222 3 * | 2.155 207 * * * |

注:*、* *、* * * 分别表示统计值在 10%、5%、1% 的显著水平下显著。未标注的也通过了 15% 的显著性检验。

由表6－16中基于0－1地理邻接矩阵的三种空间模型的结果可知：

（1）无论是在空间自相关模型（SAR）、空间误差模型（SEM）还是在空间杜宾模型（SDM）中，环境规制的回归系数均为正值，均通过10％的检验，说明空间邻域内环境规制强度对本地区及周边与碳排放成正相关的聚集状态，且随着环境规制水平强度的提升会促进碳的排放，出现了"绿色悖论"现象，即环境规制的实施并没有抑制碳的排放，这与实施环境政策的本意相违背，这与Sinn、柴泽阳和孙建等学者的研究结论基本一致。人们在预期严格的环境规制的到来，加大了对能源资源的消耗，并且可能由于市场机制、环境规制落实力度滞后等原因引起了与本意相违背的现象。

（2）在这三个模型中，人口回归系数均为正值，且通过了1％显著水平的检验，说明人口的增加势必会使碳排放量增加。人口的增加会消耗更多的能源资源来满足人们的物质需求。

（3）在SAR模型中人均GDP的值虽为负值，但是更接近于0，其他两个模型均为正值，均通过10％的显著性检验，说明GDP的增长在一定程度上也带来了碳排放量的增加。可能的原因有，东北三省本就是老工业基地，长期以来，东北三省的经济增长方式为粗放式的经济增长模式，这种模式最大特点是高投入、高能耗和高排放，较多地注重经济增长数量，忽略环境保护的需要，近些年来碳排放强度虽然有所下降，但是东北地区能源消费结构仍然以第二产业为主，GDP的增长依然是第二产业主导，这就导致GDP的增长势必会使能源消耗增加，从而带来碳排放量的增加。

（4）在这三个模型中，产业结构均为负值，三个模型中的两个模型均通过了10％的检验，说明产业结构的调整一定程度上可以抑制碳排放量的增长，而其不显著可能是由于不同市域的规制强度不同，污染密集型企业会转移到相对环境规制较弱的市域，降低了当地的环境质量水平，出现了"污染天堂"效应。

（5）外商实际利用投资（FDI）在三种模型中有不同的正负值，其中两个模型中为正值，且通过了10％的显著性检验，可以认为外商投资在总体上提升了地区碳排放总量。其主要原因在于东北地区是以第二产业为主导产业的地区，外来投资大多集中在污染密集型较高的行业，在促进地区产业发展的同时也加大了化石能源消费和碳排放。

# 第六节　不同类型环境规制对碳生产率
# 影响空间异质性分析

目前,在环境规制与碳减排关系问题上仅仅探讨了环境规制对碳排放量的影响,忽视了碳生产率(国内生产总值与二氧化碳排放量的比值)是基于经济发展和碳减排的双重考虑,直接研究环境规制与碳生产率之间的作用效应,更符合当前中国的碳减排实际。将环境规制、经济增长和碳排放纳入同一分析框架以考察全国及各省域不同环境规制对碳生产率的影响机制,有利于厘清环境规制与碳生产率二者之间的关系,能够最大限度地发挥环境规制对碳生产率的提升作用,对于提高各省域乃至中国的环境规制绩效和低碳经济发展等方面具有重要意义。

## 一、我国省域碳生产率的时空演变分析

### (一)碳生产率时间变化趋势分析

在对碳生产率分析之前,首先对我国省域能源消费碳排放量进行估算。本节以2000—2016年我国省域数据样本进行测算分析,基础数据来源于《中国统计年鉴》《中国环境统计年鉴》《中国环境年鉴》《中国能源统计年鉴》以及其他相关省域年鉴与统计报表。计算碳排放量均为8种能源(煤炭、焦炭、原油、汽油、煤油、柴油、燃料油、天然气)终端消费碳排放量,依据《中国能源统计年鉴》附录中各种能源折算标准煤参考系数,碳排放系数源自《2006年IPCC国家温室气体清单指南》。本节主要根据联合国政府间气候变化专门委员会(IPCC)提供的碳排放量计算方法测算中国省域能源消费碳排放量,其计算公式为

$$C = \sum_{i=1}^{8} EN_i \times EF_i \qquad (6-36)$$

其中,$C$为各类能源消费碳排放总量;$EN_i$为第$i$类能源通过折算后的标准煤消费量;$EF_i$为第$i$类能源碳排放系数;$i$为能源种类数目。各类能源折标煤系

数和碳排放系数见表 6 – 17。

表 6 – 17　主要能源折算标煤系数与碳排放系数

| 碳源 | 折标煤系数 | 碳排放系数 |
|------|-----------|-----------|
| 煤炭 | 0.714 3 t. t$^{-1}$ | 0.755 9 |
| 焦炭 | 0.971 4 t. t$^{-1}$ | 0.855 6 |
| 原油 | 1.428 6 t. t$^{-1}$ | 0.586 0 |
| 汽油 | 1.471 4 t. t$^{-1}$ | 0.553 8 |
| 煤油 | 1.471 4 t. t$^{-1}$ | 0.574 3 |
| 柴油 | 1.457 4 t. t$^{-1}$ | 0.591 8 |
| 燃料油 | 1.428 6 t. t$^{-1}$ | 0.618 2 |
| 天然气 | 1.33 × 10$^{-3}$ t. m$^{-3}$ | 0.448 3 |

利用我国省域相应 GDP 与估算的能源消费碳排放量之比得出我国省域碳生产率。我国各省域生产总值以 2000 年不变价核算,以消除价格波动的影响。为了分析我国省域碳生产率的时间变化趋势,下面通过建立碳生产率与时间的一元线性回归模型,利用线性倾向估计计算 2000—2016 年我国省域碳生产率倾向值(SLOPE),线性倾向值用最小二乘法估计,计算公式为

$$\text{SLOPE} = \frac{\sum_{i=1}^{n} x_i t_i - \frac{1}{n} \left( \sum_{i=1}^{n} x_i \right) \left( \sum_{i=1}^{n} t_i \right)}{\sum_{i=1}^{n} t_i^2 - \frac{1}{n} \left( \sum_{i=1}^{n} t_i \right)^2} \qquad (6-37)$$

其中,$n$ 为总年数,等于 17;$t_i$ 表示第 $i$ 年(2000 年为第一年);$x_i$ 表示第 $i$ 年对应的碳生产率。倾向值(SLOPE)的符号表示我国各省域碳生产率的倾向趋势。SLOPE > 0 表明随着时间增加碳生产率呈上升趋势,SLOPE < 0 表明随着时间增加碳生产率呈下降趋势。倾向值(SLOPE)的大小反映了碳生产率上升或者下降的速率,即表示碳生产率上升或下降的倾向程度。利用公式(6 – 37)线性倾向估计计算 2000—2016 年我国省域年平均碳生产率倾向值。为了对比分析我国省域碳生产率时间变化趋势,利用 ArcGIS 自然间断点法将计算出的我国省域年平均碳生产率变化倾向值划分为 5 个趋势类型,即缓慢增长型、较慢

增长型、中速增长型、较快增长型和迅猛增长型,见表6-18。

表6-18　我国省域碳生产率增长趋势类型

| 类型 | 城市 | 合计 |
|------|------|------|
| 缓慢增长型 | 山西、宁夏、内蒙古、新疆 | 4 |
| 较慢增长型 | 黑龙江、辽宁、河北、山东、贵州、陕西、甘肃、青海 | 8 |
| 中速增长型 | 吉林、河南、江苏、安徽、江西、福建、海南、广西、云南 | 9 |
| 较快增长型 | 天津、上海、浙江、广东、湖南、湖北、重庆、四川 | 8 |
| 迅猛增长型 | 北京 | 1 |

注:西藏数据不可获取,未计入此表统计。

　　整体来看,我国省域碳生产率增长趋势呈现出明显差异,自东南向西北增长速率逐渐变缓。从我国省域碳生产率增长趋势类型来看:①北京的碳生产率增长速率最高,达到13.09%,属于迅猛增长型。②全国有8个省份属于较快增长型、9有个省份属于中速增长型,主要集中分布于东部沿海和经济较发达的内陆地区。③另外有8个省份属于较慢增长型、4个省份属于缓慢增长型,主要集中分布于东北部、中部的重工业和资源能源产出大省以及西部欠发达地区。

　　由此可见,我国省域碳生产率增长速率在省份间水平分布上的差异与东部、中部、西部、东北部等地区之间的产业结构、能源消费结构和经济发展速度差异有密切关系。北京、广东和上海等省份高能耗高污染企业淘汰升级较快,能源消费结构中煤炭消费比重逐年下降,其碳生产率增长速率相对较大,显著推动了我国碳生产率增长速率的上升。而山西、辽宁、内蒙古、河北和山东等省份产业转型升级相对较慢,地区经济发展仍然依靠化石能源和重工业为主,其碳生产率增长速率相对较小。从时间趋势来看,研究期内绝大多数省份碳生产率均呈现出稳步上升态势。

### (二)碳生产率探索性空间分析

　　探索性空间分析的核心基础是空间关联测度,能够对研究对象的空间分布格局进行描述和可视化,进而揭示研究对象之间在空间的分布特征以及空间依赖性。探索性空间分析包括全局 Moran's I 和局部 Moran's I 两种。

227

为了检验我国省域碳生产率集聚的空间相关性存在与否,基于 2000—2016 年我国省际面板数据,运用探索性空间分析方法,利用全局 Moran's I、局部 Moran's I 及 Moran's I 散点图来检验我国省域碳生产率的分布格局并分析动态变化。

1. 全局自相关分析

全局 Moran's I 指数是用以揭示我国省域碳生产率的全局空间相关性,考察我国省域碳生产率是否在地理空间上倾向于集聚,其空间特征分为空间集聚、空间离散和空间随机三种。全局 Moran's I 计算公式为

$$
\text{Moran's I} = \frac{n \sum\limits_{i=1}^{n} \sum\limits_{j=1}^{n} W_{ij}(y_i - \bar{y})(y_j - \bar{y})}{\sum\limits_{i=1}^{n} \sum\limits_{j=1}^{n} W_{ij} \sum\limits_{i=1}^{n} (y_i - \bar{y})^2} \qquad (6-38)
$$

其中,$n$ 为省域数量;$y_i$ 和 $y_j$ 分别为省域 i 和省域 j 的碳生产率;$\bar{y}$ 为所有省域碳生产率的平均值;$W_{ij}$ 为二进制邻接空间权重矩阵,采用 0-1 邻接矩阵来设置,遵循 Rook 相邻规则,即两个省域相邻取值为 1,不相邻取值为 0。在检验之前,对矩阵 $W_{ij}$ 标准化处理。其中因海南地理位置特殊,按照一般做法假定海南与广东相邻。Moran's I 的取值范围为 -1~1。其值大于 0,表示碳生产率较高或较低的省域在空间上聚集,该区域为空间正相关,值越接近于 1,表明各区域间空间正相关性越强;其值小于 0,表示碳生产率较高(较低)的省域与较低(较高)省域在空间上聚集,该区域为空间负相关,值越接近于 -1,表明各区域间空间差异越大;其值等于 0,表示不存在显著的空间相关性。根据公式(6-38),利用 Stata 15.0 软件计算 2000—2016 年我国省域碳生产率的全局 Moran's I 及其检验值,结果见表 6-19。

表 6-19　2000—2016 年我国省域碳生产率全局 Moran's I

| 年份 | Moran's I | 期望值 | 标准差 | Z 值 | P 值 |
|---|---|---|---|---|---|
| 2000 | 0.519 | -0.034 | 0.121 | 4.580 | 0.000 |
| 2001 | 0.390 | -0.034 | 0.104 | 4.094 | 0.000 |

续表 6－19

| 年份 | Moran's I | 期望值 | 标准差 | Z 值 | P 值 |
|---|---|---|---|---|---|
| 2002 | 0.534 | －0.034 | 0.122 | 4.673 | 0.000 |
| 2003 | 0.506 | －0.034 | 0.124 | 4.357 | 0.000 |
| 2004 | 0.521 | －0.034 | 0.124 | 4.484 | 0.000 |
| 2005 | 0.554 | －0.034 | 0.123 | 4.783 | 0.000 |
| 2006 | 0.504 | －0.034 | 0.123 | 4.387 | 0.000 |
| 2007 | 0.377 | －0.034 | 0.121 | 3.386 | 0.001 |
| 2008 | 0.408 | －0.034 | 0.122 | 3.628 | 0.000 |
| 2009 | 0.393 | －0.034 | 0.122 | 3.508 | 0.000 |
| 2010 | 0.370 | －0.034 | 0.120 | 3.360 | 0.001 |
| 2011 | 0.312 | －0.034 | 0.116 | 2.982 | 0.003 |
| 2012 | 0.329 | －0.034 | 0.117 | 3.097 | 0.002 |
| 2013 | 0.286 | －0.034 | 0.114 | 2.804 | 0.005 |
| 2014 | 0.312 | －0.034 | 0.116 | 2.984 | 0.003 |
| 2015 | 0.283 | －0.034 | 0.115 | 2.767 | 0.006 |
| 2016 | 0.180 | －0.034 | 0.097 | 2.208 | 0.027 |

　　2000—2016 年我国省域碳生产率的全局 Moran's I 都大于 0,正态统计量 Z 值均为正且均大于 1.96,即拒绝了原假设,这表明我国省域碳生产率在空间分布上具有明显的正自相关关系。说明我国省域碳生产率的空间分布并非是完全随机的状态,而是表现出相似值之间的空间集聚,正的空间相关代表相邻省份的特性类似,即具有较高碳生产率的省份相对地趋于与较高碳生产率的省份相靠近,或者较低碳生产率的省份相对地趋于与较低碳生产率的省份相邻的空间联系结构。因此,整体来看我国省域之间的碳生产率存在空间相关性,即在空间上呈现出显著的空间集聚特征。

　　从变化趋势来看(图 6－16),我国省域碳生产率的空间自相关大致经历了先波动上升后连续下降的 3 个阶段:①2000—2005 年全局 Moran's I 呈波动上升趋势,由 2000 年的 0.519 上升到 2005 年的 0.554,表明我国省域碳生产率的空间集聚效应进一步加强。②2005—2011 年全局 Moran's I 呈急剧下降趋势,由

2005年的0.554下降到2011年的0.312,表明我国省域碳生产率的空间集聚效应整体在减弱。③2011—2016年全局Moran's I呈波动下降趋势,由2011年的0.312下降到2016年的0.18,表明我国省域碳生产率空间集聚效应整体在减弱,总体空间差异在不断缩小。根据上述全局Moran's I的变化趋势得出,我国省域碳生产率空间集聚的变化主要发生在2000年、2005年、2011年和2016年这4个时间点。因此,下面基于这4个时间点依据局部Moran's I及Moran's I散点图做进一步分析。

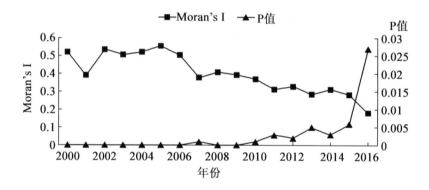

图6-16 2000—2016年我国省域碳生产率全局Moran's I变化趋势

2.局部自相关分析

全局Moran's I可以反映我国省域碳生产率在空间整体上的集聚程度,但并不能体现出相应的内部分布特征及区域相关程度。而局部Moran's I可以分析每个研究对象在局部区域的空间分布情况,识别集聚程度和集聚种类,探测空间异质等。局部Moran's I的计算公式为

$$\text{Local Moran's I} = \frac{(y_i - \bar{y}) \sum_{j=1}^{n} W_{ij}(y_i - \bar{y})}{\sum_{i=1}^{n} (y_i - \bar{y})^2} \qquad (6-39)$$

公式(6-39)中,当I大于0时,区域研究对象与相邻研究对象的属性值存在正自相关,呈局部空间集聚,即碳生产率高值省域被相邻高值省域所包围,形成高—高型聚集区(H-H),或者碳生产率低值省域被相邻低值省域所包围,形

成低—低型聚集区(L－L)；当 I 小于 0 时,区域研究对象与相邻研究对象的属性值存在负自相关,呈局部空间离散,即碳生产率低值省域被四周高值省域所包围,形成低—高型聚集区(L－H),或者碳生产率高值省域被四周低值省域所包围,形成高—低型聚集区(H－L)。

根据上述全局 Moran's I 得到的 4 个时间节点,利用 Stata 15.0 软件绘制局部 Moran's I 散点图来考察我国省域碳生产率的内部分布情况及局部空间相关性,进一步分析碳生产率的区域空间分布特征。局部 Moran's I 散点图以$(z, W_z)$为坐标点,$(z_i = x_i - \bar{x})$为空间滞后因子,$W$ 为空间权重矩阵,是对空间滞后因子$(z, W_z)$数据对的二维图示,$W_z$ 表示对邻近省份观测值的空间加权平均。结果如图 6－17 所示,分别为 2000 年、2005 年、2011 年、2016 年我国省域碳生产率局部 Moran's I 散点图。

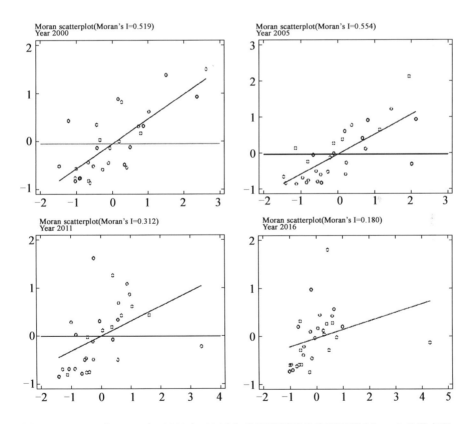

**图 6－17　2000 年、2005 年、2011 年、2016 年我国省域碳生产率局部 Moran's I 散点图**

　　从历年我国省域碳生产率局部 Moran's I 散点图可知,2000 年、2005 年、2011 年和 2016 年处于第一、三象限的省份较多,占到全国的 80.0% ~ 83.3%,处于第二、四象限的省份则较少,为 16.7% ~ 20.0%,这说明我国省域碳生产率主要呈现出高—高型(H–H)和低—低型(L–L)空间聚集特征,表明碳生产率在局部范围内具有较高的空间依赖关系,同时也更加直观地印证了上述全局 Moran's I 所表明的我国省域碳生产率具有显著的全局正空间自相关性。

### (三)碳生产率空间集聚分析

　　为了更清晰地分析我国各个省域碳生产率在局部空间的分布状况,依据上述全局 Moran's I 得到的 4 个时间节点,利用 ArcGIS 10.2 软件绘制在 5% 显著性水平下的 LISA(Local Indicators of Spatial Association)集聚图,并根据 LISA 指数将我国省域碳生产率划分为高—高集聚、低—低集聚、低—高集聚和高—低集聚 4 种空间集聚类型。

　　在 2000—2016 年中的 4 个时间节点上,我国省域碳生产率局部空间集聚效应表现出非均衡发展格局,在 5% 显著性水平下,碳生产率的高—高集聚型省份主要分布在东南部沿海地区,而低—低集聚型和高—低集聚型省份多处在西部和中部地区。从 2000 年的碳生产率 LISA 集聚图来看,高—高集聚型显著的省份主要以浙江、福建、广东、广西和海南 5 个省份为中心,到 2005 年碳生产率高—高集聚型中心地带不再包括广西,海南也在 2011 年退出了碳生产率高—高集聚型,仅存在广东、福建和浙江 3 个省域,而 2011 年之后,东南部沿海地区的高—高集聚区省份逐渐破碎化、呈减少趋势,至 2016 年已不存在属于高—高集聚型的省份,表明这些地区对提高周边省份碳生产率的带动作用在不断减弱。尽管如此,位于我国东南部沿海地带的广东、福建和浙江由于其经济发展水平较高、技术水平发达,对周边的带动作用仍然较强,依然存在较明显的正向辐射效应。低—低集聚型省份主要分布在中部和西部经济欠发达地区,并呈减少趋势。2000 年,在中部和西部形成了宁夏—山西的低—低集聚区,这些省份经济发展水平相对滞后,能源结构的低碳程度相对较低。2005 年,山西脱离低—低集聚型区域。到 2011 年和 2016 年规模进一步缩减,已不存在碳生产率的低—低集聚型中心区域,说明宁夏和山西对降低周边省份碳生产率的负向带

动作用逐渐减弱。碳生产率高—低集聚区在 2000 年没有省份,2005 年、2011
年和 2016 年仅有北京一个省份。同样,碳生产率低—高集聚区在 2000 年和
2005 年没有省份,直到 2011 和 2016 年仅存在河北,表明我国省域碳生产率的
空间差距正在逐步缩小。北京与河北紧密相邻,又同时处于高—低和低—高集
聚型区域,这是由于两个相邻的城市经济发展水平和能源消费结构差异较大的
缘故。

　　由此可以看出,我国碳生产率空间分布呈现不断优化的趋势,高—高集聚
型和低—低集聚型区域均在不断减少。其中,碳生产率高—高集聚型主要分布
在东南部沿海经济发展水平较高的区域,低—低集聚型大部分处于能源禀赋较
强而经济发展水平相对落后的中部和西部地区,高—低与低—高集聚型则发生
在经济发展水平差异较大的相邻省份。因此,我国省域碳生产率的空间分布格
局与区域经济发展水平差异有显著的相关因素。

### (四)碳生产率标准差椭圆分析

　　标准差椭圆是空间计量分析方法中用来定量解释地理要素空间差异与精
确揭示地理要素空间分布特征的方法,最早由美国学者 Lefever 于 1926 年提出,
后经不断完善。标准差椭圆方法通过以重心(中心点)、转角 $\theta$、长半轴、短半轴
为构成要素的空间分布椭圆,定量解释地理要素的空间分布整体特征。具体来
说,标准差椭圆以地理要素空间分布的重心为中心,分别计算其在 Y 轴方向和
X 轴方向上的标准差,以此定义包含地理要素分布的椭圆的主轴和辅轴。使用
该椭圆能够查看地理要素在主轴和辅轴方向上的离散情况,反映地理要素空间
结构的总体轮廓和特定方向分布。

　　标准差椭圆方法根据地理要素的空间分布和空间结构,能够从全局和空间
的角度精确揭示研究对象空间分布的中心性、展布性、密集性、方向性及空间形
态等特征。标准差椭圆的分布范围即为地理要素空间分布的主体区域。椭圆
的中心点即地理要素在空间上分布的相对位置,转角 $\theta$ 表示地理要素空间分布
的主趋势方向,即正北方向与顺时针旋转的椭圆长轴之间的夹角。长半轴表示
地理要素在主趋势方向上的离散程度,短半轴表示地理要素在次要方向上的离
散程度,长短半轴的差值越大(扁率越大),表示地理要素呈现的向心力越明显;

反之,长短半轴的差值越小(扁率越小),表示地理要素的离散程度越大。同样,若长半轴与短半轴完全相等,则表示地理要素没有任何的分布特征。标准差椭圆计算公式如下。

标准差椭圆的圆心计算公式为

$$\mathrm{SDE}_x = \sqrt{\frac{\sum\limits_{i=1}^{n}(x_i - \overline{X})^2}{n}} \tag{6-40}$$

$$\mathrm{SDE}_y = \sqrt{\frac{\sum\limits_{i=1}^{n}(y_i - \overline{Y})^2}{n}} \tag{6-41}$$

其中,$x_i$和$y_i$是地理要素$i$的坐标;$\overline{X}$和$\overline{Y}$表示地理要素的平均中心;$n$为地理要素的总数。

转角$\theta$的计算公式为

$$\tan\theta = \frac{A+B}{C} \tag{6-42}$$

$$A = \left(\sum\limits_{i=1}^{n}\tilde{x_i}^2 - \sum\limits_{i=1}^{n}\tilde{y_i}^2\right) \tag{6-43}$$

$$B = \sqrt{\left(\sum\limits_{i=1}^{n}\tilde{x_i}^2 - \sum\limits_{i=1}^{n}\tilde{y_i}^2\right)^2 + 4\left(\sum\limits_{i=1}^{n}\tilde{x_i}\,\tilde{y_i}\right)^2} \tag{6-44}$$

$$C = 2\sum\limits_{i=1}^{n}\tilde{x_i}\,\tilde{y_i} \tag{6-45}$$

其中,$\tilde{x_i}$和$\tilde{y_i}$是平均中心与$x$坐标、$y$坐标的偏差。

$x$轴和$y$轴的标准差公式为

$$\sigma_x = \sqrt{2}\sqrt{\frac{\sum\limits_{i=1}^{n}(\tilde{x_i}\cos\theta - \tilde{y_i}\cos\theta)^2}{n}} \tag{6-46}$$

$$\sigma_y = \sqrt{2}\sqrt{\frac{\sum\limits_{i=1}^{n}(\tilde{x_i}\sin\theta - \tilde{y_i}\sin\theta)^2}{n}} \tag{6-47}$$

2000—2016年我国省域碳生产率的重心及标准差椭圆参数结果见表6-20。

表6-20　2000—2016年我国省域碳生产率重心迁移及标准差椭圆参数

| 年份 | 重心坐标 | | 迁移方向 | 移动距离（km） | 速度（km/a） | 沿 y 轴的标准差（km） | 沿 x 轴的标准差（km） | 转角 $\theta(°)$ |
|---|---|---|---|---|---|---|---|---|
| 2000 | 112.97°E | 31.11°N | | | | 1162.41 | 914.31 | 56.71 |
| 2005 | 113.38°E | 31.71°N | 东偏北 65.27° | 77.86 | 15.57 | 1173.40 | 914.71 | 56.21 |
| 2011 | 113.65°E | 32.46°N | 东偏北 78.81° | 78.79 | 13.14 | 1125.43 | 879.31 | 58.28 |
| 2016 | 113.67°E | 32.53°N | 东偏北 78.52° | 7.47 | 1.49 | 1119.07 | 807.95 | 50.94 |

　　2000—2016年标准差椭圆均以各特征时点的重心为中心,其范围变化幅度逐渐缩小,表明碳生产率的空间分布格局逐渐趋于集中。总体来看,椭圆主要居于我国东南部,其范围包括华北、华东和华南的全部或者大部分,如山西、河北、广西和广东的全部,四川和宁夏的大部分以及辽宁、甘肃和云南的一部分均位于椭圆范围内。2000—2016年间,我国省域碳生产率标准差椭圆空间分布范围整体上呈现收缩态势,主要原因是我国进入21世纪以来更加注重保护环境,相继出台了一系列减排措施和优惠政策,促使各省区市大力发展经济的同时,实施节能减排,逐步减少碳排放量。

　　从研究期碳生产率重心迁移轨迹来看,各时期的重心在112.97°~113.67°E,31.11°~32.53°N范围内浮动,东西跨度0.7°,南北跨度1.42°,重心主要位于湖北与河南的交界处。重心总体上呈现向东北方向偏移的趋势,其中,2000年碳生产率重心最为偏南,主要是由于东南沿海地区以技术经济为主,经济发展水平较高,同时碳排放量相对较少,碳生产率高;而北部地区主要以重工业经济为主,煤炭和石油等能源消费量大,碳排放量较多,碳生产率低。2000—2005年重心向东北方向迁移77.86km,迁移方向为65.27°;2005—2011年重心继续向东北方向迁移了78.79km,迁移方向为78.81°;2011—2016年重心向东北方向迁移距离大幅缩短,仅为7.47km,迁移方向基本保持不变。从碳生产率的重心迁移速度来看,总体上呈现"平稳—降低"态势,即 2000—2005 年最为快速,迁移速度为 15.57 km/a,2005—2011 年迁移速度与上一时期保持平稳,随后 2011—2016 年逐渐降低,仅为 1.49 km/a。这是由于 21 世纪初期,我国政府出台了大量节能减排技术措施,各省份碳排放量不断减少,原本以能源资源和重工业为主的碳排放量较大的北部省份,其碳排放量也得到了有效控制,碳生产率显著上升,重心快速向北部方向移动,随着我国节能减排技术措施趋于完善,各省份碳排放量变化也趋于平缓,因而到了后期碳生产率重心迁移速度逐渐降低。

从转角 $\theta$ 变化趋势来看(表 6-20),2000—2016 年转角 $\theta$ 介于 50.94°~58.28°,其变化波动较小,整体呈现"增大—减小"态势,碳生产率空间分布格局呈现东北—西南格局。其中,2000—2005 年转角 $\theta$ 从 56.71°减小至56.21°,表明碳生产率的东北—西南空间分布格局呈弱化态势;2005—2011 年转角 $\theta$ 从 56.21°增大到 58.28°,使东北—西南空间分布格局得到加强;2011—2016 年,随着中部和北部省份经济增长速度加快,同时碳排放量不断减少,碳生产率进一步提升,转角 $\theta$ 下降至 50.94°,末期较初期略有下降,表明碳生产率的东北—西南空间分布格局出现弱化。

从表 6-20 可以看出,在主轴方向上,主轴呈现了先扩大后缩小的态势。2000—2005 年主轴不断延伸,主半轴标准差由 1162.41 km 增加到 1173.40 km,表明碳生产率空间分布在东北—西南方向上出现分散现象;2005—2011 年、2011—2016 年主轴开始缩小,主半轴标准差分别减少至 1125.43 km 和 1119.07 km,表明碳生产率在主要方向上越来越极化。在辅轴方向上,辅轴则呈现不断缩小的态势,2000—2016 年辅半轴标准差从 914.31 km 缩小到 807.95 km,表明整体上碳生产率在西北—东南方向上呈现出不断极化现象。

## 二、环境规制对碳生产率影响的空间差异分析

### (一)数据来源与变量选取

1. 数据来源

本节以 2000—2016 年我国省域数据样本进行测算分析,基础数据来源于

《中国统计年鉴》《中国环境统计年鉴》《中国环境年鉴》《中国能源统计年鉴》以及其他相关省域年鉴与统计报表。为消除价格因素对涉及价格指数的变量指标的影响,增加变量指标间的可比性,将涉及价格指数的变量指标以2000年不变价核算。由于混合地理加权回归模型运用的是截面数据,为减少截面数据部分指标波动异常对实证研究结果造成的影响,采用2000—2016年各指标的平均值来建立混合地理加权回归模型。

2. 变量选取

(1)碳生产率。

在分析我国省域环境规制对碳生产率影响的空间差异性时,选取我国省域碳生产率作为因变量。我国省域碳排放量均为8种能源(煤炭、焦炭、原油、汽油、煤油、柴油、燃料油、天然气)终端消费碳排放量,依据《中国能源统计年鉴》附录中各种能源折算标准煤参考系数,碳排放系数源自《2006年IPCC国家温室气体清单指南》。利用我国省域相应GDP与估算的能源消费碳排放量之比得出中国省域碳生产率(CP),其中我国省域碳生产率测算已在第三章中完成。

(2)环境规制。

分别从命令控制型环境规制(ER1)、市场激励型环境规制(ER2)和公众参与型环境规制(ER3)三个方面分析不同类型环境规制对碳生产率影响的空间差异性。

①命令控制型环境规制综合指数的测度。

采用2000—2016年我国各省域当年颁布地方性法规和地方政府规章数、当年备案的地方环境标准数、受理环境行政处罚案件数和两会环境提案数等单项指标,运用因子分析法计算综合得分来衡量命令控制型环境规制强度。

首先对原始数据进行标准化处理,进而求解各单项指标的相关系数,并进行KMO和Bartlett检验。各单项指标的相关系数矩阵以及KMO和Bartlett检验结果见表6-21和表6-22。

从表6-21的相关系数矩阵中可以看出多个单项指标间的相关系数较大,说明这些变量之间存在着显著的相关性,进而说明有进行因子分析的必要。此外,由表6-22可以看出,KMO统计量为0.655,而Bartlett检验的显著性为

0.000,由此可知各单项变量间显著相关,可以进行因子分析。

表 6-21　各单项指标相关系数矩阵

| 指标 | $X_1$ | $X_2$ | $X_3$ | $X_4$ | $X_5$ | $X_6$ |
|---|---|---|---|---|---|---|
| $X_1$ | 1.000 | 0.429 | 0.346 | 0.220 | 0.349 | 0.260 |
| $X_2$ | 0.429 | 1.000 | 0.216 | -0.233 | 0.237 | 0.202 |
| $X_3$ | 0.346 | 0.216 | 1.000 | 0.230 | 0.527 | 0.378 |
| $X_4$ | 0.220 | -0.233 | 0.230 | 1.000 | 0.271 | 0.256 |
| $X_5$ | 0.349 | 0.237 | 0.527 | 0.271 | 1.000 | 0.604 |
| $X_6$ | 0.260 | 0.202 | 0.378 | 0.256 | 0.604 | 1.000 |

$X_1$、$X_2$、$X_3$、$X_4$、$X_5$、$X_6$ 分别为当年颁布地方性法规数、当年颁布地方政府规章数、当年备案的地方环境标准数、受理环境行政处罚案件数、承办的人大建议和政协提案数。

表 6-22　KMO 和 Bartlett 检验

| KMO 取样适切性量数 | | 0.655 |
|---|---|---|
| Bartlett 的球形度检验 | 近似卡方 | 296.028 |
| | df | 15 |
| | Sig. | 0.000 |

然后,提取公共因子。表 6-23 为总方差解释表,给出了每个公共因子所解释的方差及累积和。依据总方差解释表可以看出,前两个公共因子解释的累积方差为81.641%,而后面的公共因子的特征值较小,对解释原有变量的贡献越来越小,因此提取两个公共因子是合适的,可以较好地反映我国省域命令控制型环境规制强度的基本情况。

表 6 - 23 总方差解释

| 成分 | 初始特征值 | | | 提取载荷平方和 | | | 旋转载荷平方和 | | |
|---|---|---|---|---|---|---|---|---|---|
| | 总计 | 方差/% | 累积/% | 总计 | 方差/% | 累积/% | 总计 | 方差/% | 累积/% |
| 1 | 3.042 | 50.705 | 50.705 | 3.042 | 50.705 | 50.705 | 2.967 | 49.451 | 49.451 |
| 2 | 1.856 | 30.936 | 81.641 | 1.856 | 30.936 | 81.641 | 1.931 | 32.190 | 81.641 |
| 3 | 0.449 1 | 7.485 | 89.12 6 | | | | | | |
| 4 | 0.319 7 | 5.328 | 94.454 | | | | | | |
| 5 | 0.220 4 | 3.673 | 98.127 | | | | | | |
| 6 | 0.112 4 | 1.873 | 100.000 | | | | | | |

因子载荷是变量与公共因子的相关系数,当某变量在某公共因子中的载荷绝对值越大,表明该变量与该公共因子更加密切,该公共因子更能代表该变量。因此,进一步运用主成分分析法并通过 Kaiser 标准化最大方差法得到经过旋转后的因子载荷矩阵,见表 6 - 24。

表 6 - 24 旋转后的因子载荷

| 指标 | 因子 1 | 因子 2 |
|---|---|---|
| $X_1$ | 0.874 | 0.071 |
| $X_2$ | 0.821 | - 0.061 |
| $X_3$ | 0.540 | 0.186 |
| $X_4$ | 0.189 | - 0.136 |
| $X_5$ | - 0.064 | 0.784 |
| $X_6$ | 0.161 | 0.755 |

表 6 - 25 为因子得分系数矩阵,由此可得最终的因子得分公式为

$$F_1 = 0.037 X_1 - 0.092 X_2 + 0.291 X_3 + 0.116 X_4 + 0.487 X_5 + 0.467 X_6$$

$$(6 - 48)$$

$$F_2 = 0.601 X_1 + 0.641 X_2 + 0.112 X_3 - 0.124 X_4 - 0.005 X_5 - 0.108 X_6$$

$$(6 - 49)$$

对两个公共因子的得分进行加权求和,权数则为公共因子对应的方差贡献率,分别为49.451%和32.190%,得到我国各省域历年命令控制型环境规制强度综合指数,计算公式为

$$F = \frac{0.495 F_1 + 0.322 F_2}{0.816} \qquad (6-50)$$

最后计算2000—2016年我国省域命令控制型环境规制强度综合指数的平均值。

表6-25 因子得分系数矩阵

| 指标 | 因子1 | 因子2 |
|------|-------|-------|
| $X_1$ | 0.037 | 0.601 |
| $X_2$ | -0.092 | 0.641 |
| $X_3$ | 0.291 | 0.112 |
| $X_4$ | 0.116 | -0.124 |
| $X_5$ | 0.487 | -0.005 |
| $X_6$ | 0.467 | -0.108 |

②市场激励型环境规制综合指数的测度。

选取2000—2016年我国省域单位工业增加值的二氧化硫排放量、烟(粉)尘排放量、工业废水排放量和工业固体废物产生量,运用因子分析法计算综合得分来衡量市场激励型环境规制强度。

同样,首先对原始数据进行标准化处理,进而求解各单项指标的相关系数,并进行 KMO 和 Bartlett 检验,结果见表6-26和表6-27。

多个单项指标间的相关系数较大,变量之间存在显著的相关性。此外 KMO 统计量为0.736,而 Bartlett 检验的显著性为0.000,由此可知各单项变量间显著相关,可以进行因子分析。

表6-26 各单项指标相关系数矩阵

| 指标 | $X_1$ | $X_2$ | $X_3$ | $X_4$ |
|---|---|---|---|---|
| $X_1$ | 1.000 | 0.860 | 0.555 | 0.210 |
| $X_2$ | 0.860 | 1.000 | 0.609 | 0.180 |
| $X_3$ | 0.555 | 0.609 | 1.000 | -0.019 |
| $X_4$ | 0.210 | 0.180 | -0.019 | 1.000 |

其中,$X_1$、$X_2$、$X_3$、$X_4$分别为单位工业增加值的二氧化硫排放量、烟(粉)尘排放量、工业废水排放量和工业固体废物产生量。

表6-27 KMO 和 Bartlett 检验

| KMO 取样适切性量数 | | 0.736 |
|---|---|---|
| Bartlett 的球形度检验 | 近似卡方 | 697.687 |
| | df | 6 |
| | Sig. | 0.000 |

其次,提取公共因子。依据总方差解释表(表6-28)可以看出,前两个公共因子解释的累积方差达85.218%,而后面的公共因子的特征值较小,对解释原有变量的贡献越来越小,因此提取两个公共因子是合适的,可以较好地反映我国省域市场激励型环境规制强度的基本情况。

表6-28 总方差解释

| 成分 | 初始特征值 | | | 提取载荷平方和 | | | 旋转载荷平方和 | | |
|---|---|---|---|---|---|---|---|---|---|
| | 总计 | 方差/% | 累积/% | 总计 | 方差/% | 累积/% | 总计 | 方差/% | 累积/% |
| 1 | 2.396 | 59.895 | 59.895 | 2.396 | 59.895 | 59.895 | 2.345 | 58.627 | 58.627 |
| 2 | 1.013 | 25.323 | 85.218 | 1.013 | 25.323 | 85.218 | 1.064 | 26.592 | 85.218 |
| 3 | 0.455 | 11.363 | 96.582 | | | | | | |
| 4 | 0.137 | 3.418 | 100.000 | | | | | | |

进一步运用主成分分析法并通过 Kaiser 标准化最大方差法得到经过旋转后的因子载荷矩阵,见表 6 - 29。

表 6 - 29 旋转后的因子载荷

| 指标 | 因子 1 | 因子 2 |
|------|--------|--------|
| $X_1$ | 0.924 | 0.166 |
| $X_2$ | 0.899 | 0.216 |
| $X_3$ | 0.824 | - 0.182 |
| $X_4$ | 0.063 | 0.978 |

表 6 - 30 为因子得分系数矩阵,由此可得最终的因子得分公式为

$$F_1 = 0.371 X_1 + 0.387 X_2 + 0.381 X_3 - 0.077 X_4 \qquad (6-51)$$

$$F_2 = 0.112 X_1 + 0.062 X_2 - 0.264 X_3 + 0.938 X_4 \qquad (6-52)$$

对两个公共因子的得分进行加权求和,权数为公共因子对应的方差贡献率 58.627% 和 26.592%,得到单位工业增加值污染物排放水平综合指数,计算公式为

$$F = \frac{0.586 F_1 + 0.266 F_2}{0.852} \qquad (6-53)$$

表 6 - 30 因子得分系数矩阵

| 指标 | 因子 1 | 因子 2 |
|------|--------|--------|
| $X_1$ | 0.371 | 0.112 |
| $X_2$ | 0.387 | 0.062 |
| $X_3$ | 0.381 | - 0.264 |
| $X_4$ | - 0.077 | 0.938 |

同时,对计算得到的单位工业增加值污染物排放水平综合指数进行取负数处理,把负向指标转化为正向指标,以保持评价指标与市场激励型环境规制强度评价方向一致,即评价指标数值越高,表明该地区市场激励型环境规制强度越高。进一步计算 2000—2016 年我国省域市场激励型环境规制强度综合指数

的平均值。

③公众参与型环境规制综合指数的测度。

选取 2000—2016 年我国省域共受理信访和电话网络投诉案件总数来衡量公众参与型环境规制强度。进一步计算出各省域公众参与型环境规制强度综合指数的平均值。

（3）控制变量。

影响碳生产率的因素有多种,为避免遗漏变量对估计结果造成偏差,本节选择了多个可能影响碳生产率的因素变量,具体如下。

①经济发展水平(GDP)。一个省份的经济发展水平能够显著影响该省份的地区生产总值,同时也会影响该省份的碳排放量,进而影响碳生产率的变化。以人均 GDP 来衡量各省份的经济发展水平,同时计算 2000—2016 年我国省域经济发展水平的平均值。

②人口规模(POP)。人口规模的大小也会影响地区生产总值和碳排放量,是影响碳生产率的因素之一。以各地区年末常住人口数量衡量,并且进一步计算 2000—2016 年我国省域人口规模的平均值。

③产业结构(IND)。产业结构能够反映出各个产业所占的比重,进而可以看出该省份的产业发展是否合理。当第二产业所占比重较大时,能够促进碳排放,而当第一、三产业比重较大时,碳排放量相对较小,因而产业结构也能够影响碳生产率。以各省份第二产业增加值占地区生产总值的比重来衡量,并计算 2000—2016 年我国省域产业结构的平均值。

④能源结构(ERS)。当某省份以化石能源消耗为主时,碳排放量会相应地增大,不利于碳生产率的提升,因而地区的能源结构状况也是影响碳生产率的重要因素之一。以各省份煤炭消费量占能源消费总量的比重来衡量,同时计算 2000—2016 年我国省域能源结构的平均值。

⑤技术进步(RAD)。一个省份技术水平的高低能够影响其节能减排技术的发展,进而影响碳生产率水平。以各省份研究与开发经费投入额与地区生产总值的比值来衡量,并计算 2000—2016 年我国省域技术进步的平均值。

为减少截面数据部分指标异常波动以及量纲差距对模型估计结果带来的

影响,对所选变量中的公众参与型环境规制、人口规模和经济发展水平变量采用对数法进行无量纲化处理,混合地理加权回归模型中的变量数据均为2000—2016年的平均值。样本数据变量的统计描述见表6-31。

表6-31　样本数据变量的统计描述

| 变量 | 单位 | 样本量 | 均值 | 标准差 | 最小值 | 最大值 |
|---|---|---|---|---|---|---|
| CP | 万元/吨碳 | 30 | 0.394 4 | 0.204 8 | 0.104 4 | 1.025 1 |
| $ER_1$ | 强度指数 | 30 | 6.63e-10 | 0.484 3 | -0.640 7 | 1.289 1 |
| $ER_2$ | 强度指数 | 30 | -2.34e-17 | 0.393 8 | -1.166 6 | 0.512 8 |
| $ER_3$ | 强度指数 | 30 | 21 183.95 | 17 467.03 | 1 515.29 | 78 156.82 |
| GDP | 元/人 | 30 | 29 219.97 | 14 832.75 | 12 766.5 | 69 350.59 |
| POP | 万人 | 30 | 4 457.98 | 2 787.33 | 555.41 | 9 845.53 |
| IND | % | 30 | 0.455 1 | 0.066 5 | 0.252 4 | 0.525 6 |
| ERS | % | 30 | 0.686 2 | 0.243 4 | 0.305 1 | 1.358 2 |
| RAD | % | 30 | 0.009 55 | 0.005 7 | 0.001 9 | 0.029 1 |

### (二)混合地理加权回归模型构建

1.共线性及空间相关性检验

若混合地理加权回归模型中变量之间存在高度的相关性,即存在多重共线性,就会导致模型的估计值出现偏差。因此,在进行混合地理加权回归模型的估计时,需要检验影响碳生产率的因素是否存在多重共线性。首先利用解释变量的方差膨胀因子(VIF)进行多重共线性的检验,若VIF值高于7.5,说明该变量与其他变量存在比较严重的共线性问题,进而将VIF大于7.5的变量剔除,然后采用全局Moran's I检验解释变量的空间相关性,并由此设定混合地理加权回归模型的全局变量和局域变量。

本节利用Stata 15.1软件对变量之间进行多重共线性和全局相关性检验。从表6-32中可以看出,lnGDP和lnPOP的方差膨胀因子分别为7.70和8.14,均大于7.5,表明经济发展水平和人口规模存在多重共线性问题,因此最终选取了命令控制型、市场激励型、公众参与型环境规制以及产业结构、能源结构、技术进步作为我国省域碳生产率影响因素。

表 6 – 32　方差膨胀因子检验

| 变量 | VIF | 1/VIF |
|------|-----|-------|
| $ER_1$ | 3.54 | 0.282 7 |
| $ER_2$ | 3.85 | 0.259 9 |
| $lnER_3$ | 5.49 | 0.182 2 |
| $lnGDP$ | 7.70 | 0.129 8 |
| $lnPOP$ | 8.14 | 0.122 7 |
| IND | 2.57 | 0.389 7 |
| ERS | 2.60 | 0.383 9 |
| RAD | 3.55 | 0.281 9 |

进一步探索我国省域碳生产率影响因素的空间相关性,结果见表 6 – 33。市场激励型、公众参与型环境规制以及能源结构和技术进步均具有显著的空间正相关性,而命令控制型环境规制和产业结构不具有显著的空间相关性。这是由于各地区根据自身特点发展相关产业,并且基于不同产业结构和经济状况制定合理有效的命令控制型环境规制政策,与地理位置的相关性并不显著,因此命令控制型环境规制和产业结构在研究期内并未表现出显著的空间相关性。而市场控制型和公众参与型环境规制均呈现出显著的空间正相关性,一个地区的经济发展和对外开放程度受到地理区位影响,进而形成不同的市场经济状况,各省域根据不同市场经济状况因地制宜地制定市场控制型环境规制政策,因而表现出地理临近性。同样在经济发达的地区,人们的生活水平高,对环境质量要求高,环保意识强,在经济欠发达的地区,人们的环保意识相对落后一些,因此公众参与型环境规制也表现出空间集聚特征。由于各省域具有不同的资源禀赋,且煤炭生产分布表现出地理临近性,因此能源结构具有空间集聚特征。各省域研究与开发经费投入额与该省份的经济状况有很大关系,东部沿海经济发达省份比西部的研究与开发经费投入额要高,因而技术进步也表现出显著的空间相关性。

表 6-33　2000—2016 年我国省域碳生产率影响因素全局 Moran's I 检验结果

| 变量 | Moran's I | z | p-value | 空间相关性 |
|---|---|---|---|---|
| $ER_1$ | 0.021 | 0.507 | 0.612 | 无显著相关 |
| $ER_2$ | 0.273 | 2.846 | 0.004 | 显著正相关 |
| $lnER_3$ | 0.243 | 2.606 | 0.009 | 显著正相关 |
| IND | 0.081 | 1.106 | 0.269 | 无显著相关 |
| ERS | 0.348 | 3.507 | 0.000 | 显著正相关 |
| RAD | 0.303 | 3.036 | 0.002 | 显著正相关 |

## 2. 模型设定

通过空间相关分析可知,我国省域碳生产率的空间分布存在显著的空间相关性,表明碳生产率与影响因素之间不再满足普通最小二乘法要求的区域之间相互独立的假设,若仍采用传统回归模型对其参数进行估计,则很难反映省域间的空间异质性。

混合地理加权回归模型最早由 Brunsdon 提出,能够充分考虑影响因素的空间差异,将数据的地理位置引入模型中,并通过相邻观测值的子样本数据信息进行局部回归参数估计,当局部空间位置变化,对应的估计参数也会随之改变,进而更加准确地揭示碳生产率与影响因素之间在不同空间位置上的空间差异。模型中包含全局和局域两种变量,其中全局变量的估计参数是不随空间位置变化的常数,而局域变量所对应的估计参数会随之而改变。

为减少截面数据部分指标波动异常对实证研究结果造成的影响,采用2000—2016 年各指标的平均值来构建混合地理加权回归模型。

$$y_i = \sum_{j=1}^{q} \alpha_j x_{ij} + \beta_0(u_i, v_i) + \sum_{k=q+1}^{p} \beta_k(u_i, v_i) x_{ik} + \varepsilon_i \qquad (6-54)$$

其中, $i = 1, 2, \cdots, n$ ;样本数为 $n$ ; $y_i$ 和 $x_{i1}, x_{i2}, \cdots, x_{ik}$ 为可观测的变量; $\beta_0, \alpha_j$ , $\beta_k$ 为回归参数; $(u_i, v_i)$ 为第 $i$ 个样本的空间位置,用样本城市的经纬度坐标表示; $\varepsilon_i$ 为随机误差项。

根据表 6-32 碳生产率影响因素空间相关性检验结果,选取命令控制型环境规制和产业结构为混合地理加权回归模型的全局变量,市场激励型、公众参与型环境规制以及能源结构和技术进步设定为局域变量。

### (三)混合地理加权回归模型结果分析

我国省域碳生产率影响因素的参数估计结果见表6-34。在混合地理加权回归结果中,命令控制型环境规制和产业结构在省域为常数参数,市场激励型、公众参与型环境规制以及能源结构和技术进步在省域为变化参数。其中,能源结构和产业结构对碳生产率一直表现出负向效应,说明煤炭消费量比重的能源结构和第二产业比重的产业结构均抑制碳生产率提升,而命令控制型、市场激励型、公众参与型环境规制和技术进步则一直呈现正向效应,说明现阶段三种不同的环境规制以及技术进步对碳生产率提高起着促进作用。此外,从三种环境规制的参数值来看,公众参与型环境规制的参数值远低于命令控制型和市场激励型环境规制,而命令控制型与市场激励的参数值基本相同,说明现阶段环境规制能够促进碳生产率的提升,并且以命令控制型和市场激励型环境规制作用效应为主。不同省域间的市场激励环境规制作用效果有较大差别,这是由于各省域基于自身不同的经济状况和碳排放量水平,制定出区域差异化的环境税、环境补贴和排污权交易等市场激励型环境规制政策。虽然公众参与型环境规制对碳生产率同样起着促进作用,但其影响程度远低于其他两种环境规制,作用效应有限,还需要进一步提升公众的环保意识,充分发挥广大群众的监督作用。另外,从各影响因素的参数绝对值来看,产业结构的参数值最高,其次是能源结构参数值,说明产业结构和能源结构比其他变量显著影响碳生产率水平,通过优化产业结构和能源结构将对碳生产率提升起着至关重要的作用。

表6-34　混合地理加权回归模型变量系数描述统计

| 变量 | 最小值 | 1/4分位数 | 中位数 | 3/4分位数 | 最大值 |
|---|---|---|---|---|---|
| $ER_1$(全局变量) | 0.130 399 | 0.130 399 | 0.130 399 | 0.130 399 | 0.130 399 |
| $ER_2$(局域变量) | 0.090 825 | 0.112 290 | 0.124 723 | 0.140 559 | 0.181 322 |
| $lnER_3$(局域变量) | 0.002 057 | 0.002 075 | 0.002 097 | 0.002 119 | 0.002 234 |
| IND(全局变量) | -0.929 223 | -0.929 223 | -0.929 223 | -0.929 223 | -0.929 223 |
| ERS(局域变量) | -0.570 486 | -0.525 021 | -0.470 706 | -0.404 484 | -0.270 729 |
| RAD(局域变量) | 0.107 055 | 0.123 818 | 0.143 564 | 0.172 064 | 0.256 837 |

　　我国省域碳生产率不同影响因素的作用效应在各区域具有较大空间差异，下面基于混合地理加权回归模型的估计结果，深入分析市场激励型和公众参与型环境规制以及能源结构、技术进步四个影响因素对碳生产率影响的空间差异。

　　从市场激励型环境规制对碳生产率的影响来看，市场激励型环境规制对碳生产率为正向效应，参数值表现出自东向西递增的空间分异特征，参数值越大，则促进碳生产率的作用效应越强。这表明在碳排放量相对较多的西部地区，市场激励型环境规制能够有效抑制碳排放，进而对碳生产率的影响较大；而东部地区碳排放量相对较少，市场激励型环境规制抑制碳排放的作用效应有限，从而对碳生产率影响相对较小。因此，市场激励型环境规制对碳生产率的影响程度由西向东逐渐降低。比较不同省域市场激励型环境规制对碳生产率的影响表明，参数值较大的主要有新疆、青海、甘肃、宁夏、内蒙古、山西等省份，参数值较小的主要有福建、浙江、上海和江苏等省份，其他省域处于中间位置。研究期内西部地区的市场激励型环境规制会显著促进碳生产率，这是因为西部地区市场体系逐步健全，市场激励型环境规制不断加强，制定高于企业治污成本的排污费和环境保护税标准，充分发挥了相关环境政策对企业节能减排的激励作用，同时企业面临严格的环境约束，有效抑制了碳排放，进而促进碳生产率增长。虽然市场激励型环境规制能够促进碳生产率提升，但目前单纯依靠环境规制手段，对我国省域碳生产率提升作用是有限的，还需要通过优化产业结构和能源结构等措施。

　　公众参与型环境规制对我国省域碳生产率的影响存在空间分异特征，参数值均为正值，说明公众参与型环境规制有利于提高碳生产率。参数值的空间分布呈现出自东向西逐渐减小的趋势，东部经济发达省域的影响参数比较大，如广东、福建、浙江、上海、江苏和辽宁等，西部经济欠发达省域的影响参数较小，如新疆、青海、甘肃和内蒙古等。这说明在经济和教育条件较好的东部地区，公众的环保意识高，公众参与型环境规制对碳生产率的促进作用较高；而在公众环保意识较低的西部地区，公众参与型环境规制对碳生产率影响相对较低。公众参与型环境规制旨在调动公众参与环境保护的积极性，因此，要进一步提高我国省域碳生产率水平,充分发挥公众参与型环境规制的促进作用,必须依靠社会公众的共同参与,同时政府部门要建立健全环境污染的信息公开机制,多向公众宣传环保知识,提高公众的环保意识,积极鼓励公众参与环境保护的监督。

能源结构对不同省域碳生产率的影响存在显著的空间差异,参数绝对值呈现出由西北向东南逐渐减小的趋势,参数绝对值越小。其抑制碳生产率的程度越小。这表明在东南沿海经济发达的地区,能源结构相对合理,对碳生产率分布的影响相对较小;而在西北经济欠发达地区,能源结构中煤炭长期占据主导地位,能源消费产生的碳排放量不及其带来的经济效益,对碳生产率分布影响相对较大。根据不同省域能源结构对碳生产率的影响来看,参数绝对值较大的省份主要有新疆、内蒙古、黑龙江、吉林和辽宁等省份,参数绝对值较小的省份主要有海南、广西、广东、福建、江西等省份,其他省域的参数绝对值处于中间位置。能源结构对碳生产率影响的这种空间分异特征与各省域资源禀赋差异有关。我国煤炭主要分布在北方地区,而且西部大开发主要以快速的工业化发展为主体,能源结构中仍然以煤炭为主,能源使用效率较低,产生大量二氧化碳,抑制了西北地区各省域碳生产率的提升,而东南沿海各省域能源结构相对合理,煤炭消费比重较低,因此西北地区各省域能源结构对碳生产率影响的参数绝对值必然比东南沿海各省域大。由此,基于不同省域能源结构对碳生产率的影响大小,因地制宜地优化和改善能源结构,进一步降低煤炭消费比重,扩大清洁能源使用量是实现低碳经济发展和提升碳生产率的重要措施。

不同省域技术进步的差别对碳生产率的影响存在空间分异特征,但与产业结构和能源结构这两个影响因素相比,各省域研究与开发经费投入比重对碳生产率的影响相对较弱。从参数值的空间分布看,由南向北呈递增的趋势,这是由于研究期内,北方大部分省域研究与开发经费投入比重相比南部省域增加较快。技术进步对碳生产率影响较大的为新疆、内蒙古、黑龙江和吉林等省域,影响较小的为海南、广西、湖南和江西等省域,说明北部地区的省域碳生产率比南部省域的更容易受技术进步的影响,其原因可能是以往北部省域的地区生产总值较低,对研究与开发经费投入额相应较少,绿色清洁能源生产技术与南部经济发达省域相比也相对落后,但随着"西部大开发战略"的实施,北部省域经济不断提升,对研究与开发经费投入比重逐渐增大,进而在降低碳排放量的同时,促进了碳生产率的提升。因此,各省域要根据自身的经济现状不断增加研究与开发经费投入额,以进一步促进节能减排技术升级,从而达到降低碳排放量和提升碳生产率的双重目标。

## 三、环境规制对碳生产率的空间溢出效应分析

### (一)数据来源与空间计量模型

#### 1.数据来源及变量说明

本节主要利用空间面板数据,即在探讨横截面数据的基础上加入时间序列和空间权重矩阵,以2000—2016年我国省域数据样本进行测算分析,基础数据来源于《中国统计年鉴》《中国环境统计年鉴》《中国环境年鉴》《中国能源统计年鉴》以及其他相关省域年鉴与统计报表。为消除价格因素对涉及价格指数的变量指标的影响,增加变量指标间的可比性,将涉及价格指数的变量指标以2000年不变价核算。选取2000—2016年我国省域碳生产率(CP)为被解释变量,命令控制型(ER1)、市场激励型(ER2)和公众参与型(ER3)环境规制为解释变量,经济发展水平(GDP)、人口规模(POP)、产业结构(IND)、能源结构(ERS)和技术进步(RAD)为控制变量,各个变量的计算方法均与第四章相同。

#### 2.空间计量模型基本形式

前面的混合GWR模型探讨了我国省域三种不同环境规制对碳生产率影响的空间差异性,但实际中许多经济问题是综合性的,若仅采用横截面数据或者时间序列数据进行分析研究,很可能导致估计结果出现偏差。另外,各省域碳生产率会随时间的变化而变动,不同省域间碳生产率存在空间分异特征。因此,基于我国省域面板数据,进一步运用空间计量模型对环境规制与碳生产率的空间溢出效应进行分析。

空间经济计量模型有多种,本节主要针对空间滞后模型(SLM)、空间误差模型(SEM)和空间杜宾模型(SDM)三种计量模型,通过模型检验选取最优的相应模型进行最后估计分析。

（1）空间滞后模型。

空间滞后模型也称为空间自回归模型（SAR），该模型中的所有解释变量均通过空间传导机制直接作用于被解释变量，可用于研究临近地区影响因素对本地区影响因素的影响。具体公式为

$$y = \rho W y + X\beta + \varepsilon \qquad (6-55)$$

其中，$y$ 为被解释变量；$\rho$ 为空间自回归系数；$W$ 为空间权重矩阵；$X$ 为 $n \times k$ 阶解释变量矩阵；$\beta$ 为解释变量的回归系数；$\varepsilon$ 为随机误差项。

（2）空间误差模型。

空间误差模型能够通过模型误差项的空间相关关系体现研究对象间的空间依赖性。该模型认为误差项是形成空间交互效应的原因，区域间产生的空间溢出效应是随机冲击所致。具体公式为

$$y = X\beta + u \qquad (6-56)$$

其中，扰动项 $u$ 的生成过程为

$$u = \rho W u + \varepsilon \qquad (6-57)$$

其中，$y$ 为被解释变量；$X$ 为 $n \times k$ 阶解释变量矩阵；$\beta$ 为解释变量的回归系数；$\rho$ 为空间自回归系数；$W$ 为空间权重矩阵；$\varepsilon$ 为随机误差项。

（3）空间杜宾模型。

$$y = \rho W y + X\beta + W X \delta + \varepsilon \qquad (6-58)$$

其中，$y$ 为被解释变量；$\rho$ 为空间自回归系数；$W$ 为空间权重矩阵；$X$ 为 $n \times k$ 阶解释变量矩阵；$\beta$ 为解释变量的回归系数；$Wy$ 和 $Wx$ 分别表示被解释变量和解释变量的空间滞后项。

为反映不同类型环境规制对碳生产率影响的空间溢出效应，采用 $0-1$ 矩阵来设置二进制邻接空间权重矩阵形式，遵循 Rook 相邻规则，即两个省域相邻取值为 1，不相邻取值为 0。在检验之前，对空间权重矩阵 W 标准化处理。其中因海南地理位置特殊，按照一般做法假定海南与广东相邻。

**（二）空间杜宾模型检验及分析**

1. 面板数据检验

（1）单位根检验。

在进行面板回归分析前,需对数据序列进行单位根检验,以避免出现伪回归现象。选择 LLC 检验和 Fisher-ADF 检验,对各个变量进行单位根检验,检验结果见表6-34。经反复测算,得到所有的数据均为一阶平稳变量,即不存在单位根。

表6-34  面板单位根检验结果

| 变量 | 水平 LLC 检验 | 水平 ADF 检验 | 一阶 LLC 检验 | 一阶 ADF 检验 |
|---|---|---|---|---|
| CP | 15.086 0 | 7.752 4 | -2.330 8 * * * | -4.957 0 * * * |
| ER1 | -0.183 0 | -3.134 2 * * * | -1.695 4 * * | -2.468 2 * * * |
| ER2 | -10.749 4 * * * | -5.916 1 * * * | -8.997 2 * * * | -2.379 1 * * * |
| lnER3 | 2.546 7 | -7.867 1 * * * | -2.430 4 * * * | -4.952 9 * * * |
| lnGDP | -8.842 1 * * * | 3.034 4 | -8.871 2 * * * | -3.054 0 * * * |
| lnPOP | -2.685 1 * * * | 2.564 8 | -7.473 5 * * * | -1.551 7 * * |
| IND | -0.838 7 | 3.058 1 | -5.397 7 * * * | -1.224 1 * |
| ERS | -0.657 4 | 0.119 2 | -2.411 4 * * * | -1.680 4 * * |
| RAD | -0.270 0 | 3.243 5 | -5.198 4 * * * | -2.474 2 * * * |

注:* 、* * 、* * *分别为10% 、5% 、1% 显著水平下显著。

(2)协整检验。

进一步通过协整检验,证明这些变量之间具有稳定的均衡关系。采用 Kao 检验和 Pedroni 检验两种方法,检验结果见表6-35,据此得出变量之间存在长期稳定的均衡关系。

表6-35  面板协整检验结果

| 检验方法 | 检验假设 | 统计量名 | 统计量 |
|---|---|---|---|
| Kao 检验 | $H_0: \rho = 1$ | Dickey-Fuller t | 3.008 5 * * * |
| | $H_1: (\rho_1 = \rho) < 1$ | Augmented Dickey-Fuller t | 4.962 9 * * * |
| Pedroni 检验 | $H_0: \rho = 1$ | Modified Phillips-Perron t | 7.845 7 * * * |
| | $H_1: (\rho_1 = \rho) < 1$ | Phillips-Perron t | -5.620 4 * * * |
| | | Augmented Dickey-Fuller t | -6.507 6 * * * |

注:* 、* * 、* * *分别为10% 、5% 、1% 显著水平下显著。

2. 空间杜宾模型实证检验

进一步通过回归分析,检验面板模型回归系数,研究各变量对碳生产率的空间溢出效应。空间面板计量模型估计与检验的主要目的是明确哪种空间面板模型最合适以及应该包括随机效应还是固定效应。

首先利用普通最小二乘法(OLS)进行普通面板估计,依据拉格朗日乘数和LMlag、R-LMlag、LMerror、R-LMerror 检验方法对模型残差进行空间自相关性检验,判断空间计量模型的适用性,即空间误差模型(SEM)与空间滞后模型(SLM)哪个最恰当;进一步基于空间杜宾模型(SDM)估计,利用 Wald 和似然比(LR)对 SDM 能否简化成 SEM 或 SLM 进行检验。其次,对空间计量模型进行 Hausman 检验判断模型应该包括固定效应还是随即效应;同时,基于拟合优度 R2 和自然对数似然函数值来检验模型的拟合效果。

基于上述理论模型和变量数据,利用 Stata 15.1 软件对变量数据进行普通面板估计及检验,结果见表 6-36。

表 6-36　普通面板数据估计与检验

| 变量 | OLS |
|---|---|
| ER1 | 0.080 5 * * |
| ER2 | 0.045 7 * * |
| lnER3 | -0.008 2 |
| lnGDP | 0.242 0 * * * |
| lnPOP | 0.093 8 * * * OLS |
| IND | -1.108 0 * * * |
| ERS | -0.413 8 * * * |
| RAD | -2.384 5 |
| Constans | -1.898 0 * * |
| F | 111.43 * * * |
| R2 | 0.669 0 |
| Adj. R2 | 0.663 0 |
| LMlag | 23.357 * * * |

续表 6 - 36

| 变量 | OLS |
|------|-----|
| R-LMlag | 25.584 * * * |
| LMerror | 3.714 * |
| R-LMerror | 5.941 * |

注:* 、* * 、* * *分别为10% 、5% 、1% 显著水平下显著。

普通面板估计的拉格朗日乘数及其稳健形式均为正值,且大部分通过10%的显著性检验,说明拒绝了检验的原假设,表明模型估计残差存在空间相关性。因此,若采用传统面板估计模型,会导致模型设定和估算结果出现偏误,在传统模型中纳入空间效应,采用空间计量面板模型进行估计更符合实际。

从模型的拉格朗日乘数及其稳健形式检验结果来看,LMerror 和 R-LMerror的值分别为3.714 和5.941,二者均通过了10% 显著性检验;而 LMlag 和 R-LM-lag 均通过了1% 显著性检验,其值分别为23.357 和25.584。因此,通过对比空间误差和空间滞后的 LM 检验,得出 SLM 模型比 SEM 模型优越。

进一步基于空间杜宾模型估计结果(表6 - 37),利用 Wald 和 LR 检验统计量以确定空间杜宾模型的适用性。从空间杜宾模型的固定效应和随机效应估计结果来看,Wald 和 LR 检验统计量均通过1% 显著性水平检验,说明 SDM 为最优模型,不能简化为 SEM 或者 SLM。此外,Hausman 检验统计量为46.04,且通过1% 显著性水平检验,即拒绝随机效应模型的原假设。因此,根据上述检验结果,采用固定效应的空间杜宾模型阐释不同类型环境规制和其他影响因素对我国省域碳生产率的空间溢出效应,即表6 - 37 中的第二列。

表 6 - 37　空间杜宾模型的估计与检验结果

| 变量 | SDM_fe | SDM_re |
|------|--------|--------|
| ER1 | 0.040 9 * * | 0.051 7 * * |
| ER2 | 0.033 3 * * | 0.069 2 * |
| lnER3 | 0.013 0 * | 0.016 1 * |
| lnGDP | 0.015 0 * * * | 0.173 9 |

续表 6 – 37

| 变量 | SDM_fe | SDM_re |
|---|---|---|
| lnPOP | 0.046 3 * * * | 0.044 6 * * * |
| IND | − 0.107 2 * * | − 0.473 4 * |
| ERS | − 0.587 1 * * * | − 0.525 4 * * * |
| RAD | 0.127 4 * * * | 0.153 6 * * |
| W * ER1 | 0.015 6 * | 0.025 4 * |
| W * ER2 | 0.053 5 * * * | 0.040 2 * * |
| W * lnER3 | − 0.011 9 | 0.005 3 |
| W * lnGDP | − 0.033 3 | 0.026 0 |
| W * lnPOP | 0.060 6 | − 0.005 5 |
| W * IND | 0.221 4 | − 0.907 0 |
| W * ERS | − 0.712 7 * * * | − 0.238 8 * |
| W * RAD | 0.502 4 * * | 0.388 8 * |
| Rho | 0.083 0 * | 0.039 5 * * |
| δ2 | 0.011 38 * * * | 0.013 4 * |
| R2 | 0.869 4 | 0.731 0 |
| Log-likelihood | 368.341 1 | 285.391 2 |
| Wald 检验 | 30.37 * * * | 26.80 * * * |
| LR 检验 | 32.63 * * * | 33.42 * * * |
| Hausman 检验 | 46.04 * * * | |

注：* 、* * 、* * * 分别为10% 、5% 、1% 显著水平下显著。

　　空间杜宾模型的估计与检验结果中,碳生产率的空间滞后项为正值,且通过5% 显著性水平检验,表明各省域碳生产率存在显著的正向空间依赖性,即某省域的碳生产率在一定程度上依赖于临近省域碳生产率及其影响因素,地理位置相邻的省域可能存在相似的资源,而且相邻省域之间的信息、技术及经济传递和合作更为方便。因此,利用空间杜宾模型,将空间影响因素纳入进来研究不同类型环境规制对碳生产率的影响更为恰当。

　　命令控制型、市场激励型和公众参与型环境规制对碳生产率影响系数均为正值,且分别通过1% 、5% 和10% 显著性水平检验,表明三种环境规制对我国省域碳生产率具有正向促进作用,其影响系数分别为 0.040 9、0.033 3 和 0.013 0,则在三种环境规制中,命令控制型环境规制对提高我国省域碳生产率的贡献率最大,其次为市场激励型和公众参与型环境规制。首先,命令控制型环境规制主要是政府制定严格的环境标准或者强制碳排放企业统一采用治污生产技术来规范企业行为,因此能够短时间内减少碳排放量,显著促进碳生产率提升。其次,市场激励型环境规制相比于命令控制型具有一定的灵活性,依据本地区具体市场经济状况和碳排放水平,制定差异化的市场激励型环境规制政策措施,对碳排放企业产生不同的影响程度。另外,公众参与型环境规制虽然对碳生产率提升具有一定的促进作用,但影响效果较小。技术进步、人口规模和经济发展水平对碳生产率的影响系数分别为 0.127 4、0.046 3 和 0.015 0,且影响系数均通过 1% 显著性水平检验。技术进步能够显著促进我国省域碳生产率的提升,其研究与开发经费投入更容易激发企业研制清洁能源技术,以减少碳排放量。人口规模和经济发展水平也可以提高碳生产率,说明人口规模产生的经济效益以及当地的经济发展均超过了由此带来的碳排放量,促进了碳生产率提升。

W * ER2 和 W * ERS 的系数通过 1% 显著性水平检验,W * RAD 和空间自回归系数 $\rho$ 通过了 5% 显著性水平检验,W * ER1 的系数则在 10% 水平上显著,表明碳生产率的空间滞后项和各解释变量的空间交互项可能存在空间溢出效应,即不仅对本省域,而且对临近省域的碳生产率产生影响。其中,市场控制型和命令控制型环境规制以及技术进步可能存在正向空间溢出效应,能源结构可能存在负向空间溢出效应。

3. 空间杜宾模型效应分解

由于空间杜宾模型包含被解释变量的空间相关项以及解释变量的空间和非空间相关项,回归系数无法反映解释变量对被解释变量的全部效应。为综合分析解释变量的空间溢出作用,需要利用偏微分方法将空间总效应分解为直接效应和间接效应(表 6 - 38)。由此进一步考察三种类型环境规制以及其他影响因素的直接效应、间接效应和总效应,分析这些影响因素对碳生产率是否存在空间溢出效应。

表 6 - 38 空间杜宾模型的直接效应、间接效应和总效应

| 变量 | 直接效应 | 间接效应 | 总效应 |
|---|---|---|---|
| ER1 | 0.041 3 * * | 0.016 6 | 0.057 9 * |
| ER2 | 0.034 7 * * * | 0.015 2 * * * | 0.049 9 * * * |
| lnER3 | 0.012 1 * | 0.011 7 | 0.023 8 * |
| lnGDP | 0.016 1 * * * | - 0.007 3 | 0.000 88 * * * |
| lnPOP | 0.146 3 * * * | 0.051 4 | 0.197 8 * * * |
| IND | 0.114 6 * * | 0.198 8 | 0.313 4 * * * |
| ERS | - 0.581 8 * * * | - 0.685 4 * * * | - 1.267 2 * * * |
| RAD | 0.138 1 * * * | 0.035 5 * * * | 0.173 6 * * * |

注:*、* *、* * *分别为10%、5%、1%显著水平下显著。

命令控制型环境规制的直接效应和总效应均通过10%显著性水平检验,且系数为正值,说明命令控制型环境规制对本省域碳生产率的影响较强,严格的命令控制型环境规制有利于促进本省域碳生产率提升;但间接效应不显著,表明对邻近省域碳生产率的空间溢出效应不显著,对邻近省域碳生产率没有影响。市场激励型环境规制的直接效应、间接效应和总效应均显著为正,表明市场激励型环境规制能够提高本省域碳生产率,同时临近省域严格的市场激励型环境规制也会提高本省域碳生产率。公众参与型环境规制的直接效应、间接效应和总效应均为正值,但间接效应不显著,表明一个省域的公众参与型环境规制只对本省域碳生产率有促进作用,但对邻近省域碳生产率的空间溢出效应不显著,对邻近省域没有影响。

能源结构对碳生产率的直接效应、间接效应和总效应均为负值,且通过了1%显著性水平检验,表明一个省域煤炭消费量比重的增加不但会抑制本省域的碳生产率提高,同时还会阻碍邻近省域碳生产率的发展。原因是各省域具有不同的资源禀赋,且煤炭生产分布表现出地理临近性,与资源丰富地区相邻接的省域,其能源运输和利用成本比其他省域成本低,因此邻接省域更倾向于消费更多的能源,增加了碳排放量,抑制碳生产率提升。

技术进步的直接效应、间接效应和总效应显著为正,说明投入更多的研究与开发经费不仅能够提高本省域碳生产率水平,而且还会促进临近省域碳生产

率。原因是增加本省域的研究与开发经费投入不但可以通过改进清洁能源生产技术降低本省域碳排放量,促进本省域碳生产率水平,而且本省域先进的生产技术还可以向落后的邻近省域扩散,降低邻接省域生产过程中的碳排放量,从而促进邻近省域的碳生产率提升。

人口规模、产业结构和经济发展水平的直接效应和总效应均显著为正,表明它们可以提高本省域的碳生产率水平。此外,人口规模、产业结构和经济发展水平的间接效应均未通过显著性检验,空间溢出效应不显著,以上三个解释变量之所以对邻近省域碳生产率没有明显作用的一个可能原因是,我国基于行政区划的市场条块分割体制以及地方政府保护主义限制了人员、信息和资本等要素跨地域流动,导致这些要素在省域尺度上缺乏有效互动与联系。

# 第七节　结论及展望

在本章中,首先采用熵值法将单位 GDP 工业废水排放量、单位 GDP 二氧化硫排放量以及单位 GDP 烟(粉)尘排放量 3 个指标综合得分作为环境规制水平的替代指标,利用 IPCC 碳排放系数法核算了东北三省及其 36 个地级市的碳排放总量,采用中介效应法分析了环境规制—产业结构—碳排放和环境规制—外商投资—碳排放两条路径,在此基础上利用门槛模型探究以环境规制为门槛变量和分别以人均 GDP、人均 FDI 为门槛变量的政府竞争对碳减排的影响,最后结合 Moran's I、三种空间计量模型验证了环境规制对碳排放有一定的正空间相关性,并分析了其差异性。研究发现:

(1)总体看来,2005—2015 年 36 个市(州、地区)的环境规制指标呈现波动性,但是增长的幅度不是很大,仅有黑河、大兴安岭、盘锦超过 20%;横向对比看来,吉林省的环境规制指标要比其他两省的指标高,也就是说,吉林省相较于其他两省实行较为宽松的规制。

(2)碳排放量现状,从时间序列上看,东北三省总的碳排放量,吉林省<黑龙江省<辽宁省。

(3)环境规制不仅能够直接作用于碳减排,也能通过产业结构、FDI 对于碳的排放产生影响;人口的增加势必会造成更多的能源、资源使用,而能源的消耗,必定会对环境造成一定的影响,进而会使环境污染更加严重;在对作用路径分析的时候发现,经济水平的提高必然会带来技术的发展,会使单位 GDP 产生的碳排放量减少。

(4)通过对东北三省 36 个市(州、地区)环境规制全局及局部空间自相关检验,发现 36 市(州、地区)环境规制强度在空间分布上具有显著的空间性。

(5)采用我国省域横截面数据和面板数据,分析我国省域碳生产率的时空演变特征以及不同类型环境规制对碳生产率影响的空间差异和空间溢出效应,以期为提高我国省域环境规制绩效和碳生产率水平提供政策建议。

我国省域碳生产率的全局 Moran's I 均大于 0,表明我国省域碳生产率在空间分布上具有明显的正自相关关系,呈现出显著的空间集聚特征。

通过研究,提出相关政策建议如下。

(1)要完善法律法规,继续加大污染治理投资力度。

从对东北地区环境规制梳理的现状来看,东北三省的环境污染治理投资完成额仅占 GDP 的 1%,应该继续加强环境治理投资。此外,我国政府不走也不能走"先污染,后治理"的西方国家的环境治理模式,而应该贯彻落实《环境保护法》中"三同时"治理模式。完善环境法律法规,加强标准限制包括生产标准、排放标准、产生标准等,加快空缺法规的立法工作,构建层次分明、脉络清晰、互相协调、相互支撑的法律法规体系。

(2)合理有效的环境规制是实现低碳经济可持续发展的有效保证。

从本章的研究来看,强的环境规制可能带来"绿色悖论"现象,而弱的环境规制对于本区域的环境质量改善、低碳经济的发展起不到明显的促进作用。单单靠政府命令控制型的环境规制手段,并不能够有效地控制污染的排放,而更应该充分运用激励的市场环境规制,提高环境保护的财政支出,建立完善的碳交易市场,设计符合东北区域特点的碳交易制度,同时完善相关的配套制度,使东北老工业基地成功走向低碳经济可持续发展的模式。

(3)要根据不同区域制定区域差异化的环境规制政策。

研究发现,不同经济状况、不同资源禀赋、不同产业结构等因素都是影响节能减排的重要因素。因而要根据不同区域,制定适合本地区的环境规制政策,不能搞"一刀切"。对于以能源资源、重工业、制造业为主的城市,比如大庆、沈阳、鞍山等要严格把控高耗能、高污染、高排放工企业,严格控制污染排放,促进其创新技术或者当地产业结构的优化升级。

(4)客观地看待外商直接投资这把"双刃剑",有针对地选择高质量的外资。

在本章研究中发现,外商投资在一定程度上带来了经济的发展,带来了先进的创新技术,但是也出现了"污染天堂"效应,致使地方政府为了追求经济的发展而降低对环境质量的要求。因此要有选择性、针对性地引入高质量、高效益的外资,并且要积极引导鼓励外资企业进行创新,向绿色清洁产业转变,带动区域性产业发展,最终实现经济高质增长、环境清洁发展。

(5)加强环境质量监督,优化地方政府的考核机制。

在对地方政府晋升的门槛分析中发现,政府为了追求 GDP,就会降低环境规制标准,弱化产业结构对碳减排的效应,在东北地区也存在这种现象。经济发展水平低的区域不应该只追求经济快速发展,应该注重质量,绿色 GDP 是我们应该倡导的。可以将节能减排等环境质量水平纳入绩效评价中,建立健全监督机制,充分发挥广大群众的监督作用,将措施落实到实处,真正做到公开化、透明化。

(6)建立环境规制的区域协调体系,变单一控制污染为区域协作联合控污治污格局。

在对环境规制及碳排放空间相关性分析时发现,相邻地区间环境规制与污染排放有交互作用和空间溢出,这就意味着仅依靠本地区的环境规制政策并不能解决长期的污染减排问题。不应该追求"逐底竞争",而应该利用"示范效应"影响,形成区域间相互协作、共同联合治污控污的格局。

展望未来,在以下方面将进行深入研究。

(1)由于学术界并未形成权威统一的衡量环境规制指标,并且中国环境规制体系还有待完善,本章选用的不同类型环境规制与测算的碳生产率,在指标范围上存在一点偏差,如何更加准确而全面地衡量不同类型环境规制有待进一步研究。

(2)对于环境规制与碳生产率间的影响关系,仅涉及对省域层面碳生产率的分析,并未涉及地级市以及更小的行政单位,环境规制与碳生产率间的影响关系在不同地级市层面可能是有差异的,其作用效应会更为复杂,因此在下一步的研究中,可通过建立恰当的空间计量模型,考察环境规制对碳生产率影响效应在地级市层面的空间差异。

# 参考文献

[1]  植草益. 微观规制经济学[M]. 朱绍文,译. 北京:中国发展出版社,1992.

[2]  施蒂格勒. 产业组织与政府管制[M]. 潘振民,译. 上海:上海三联书店, 1996.

[3]  史普博. 管制与市场[M]. 余晖,何帆,钱家骏,等译. 上海:上海三联书店,上海人民出版社, 1999.

[4]  张红凤,张细松. 环境规制理论研究[M]. 北京:北京大学出版社,2012.

[5]  SONG Y, YANG T T, ZHANG M. Research on the impact of environmental regulation on enterprise technology innovation—An empirical analysis based on Chinese provincial panel data[J]. Environmental science and pollution research, 2019(5): 21835-21848.

[6]  赵玉民. 环境规制的界定、分类与演进研究[J]. 中国人口·资源与环境, 2009, 19(6): 85-90.

[7]  YOU D, ZHANG Y, YUAN B, et al. Environmental regulation and firm eco-innovation: Evidence of moderating effects of fiscal decentralization and political competition from listed Chinese industrial companies[J]. Journal of cleaner production, 2019(1): 1072-1083.

[8]  傅京燕,李丽莎. 环境规制、要素禀赋与产业国际竞争力的实证研究——基于中国制造业的面板数据[J]. 管理世界, 2010(10): 87-98.

[9]  DU W J, WANG F M, LI M J. Effects of environmental regulation on capaci-

ty utilization: Evidence from energy enterprises in China[J]. Ecological indicators, 2020( 113): 106217.

[10]   CHENG Z H, LIU J, LI L S, et al. The effect of environmental regulation on capacity utilization in China's manufacturing industry[J]. Environmental science and pollution research, 2020(2):1-11.

[11]   JU K Y, ZHOU D J, WANG Q W, et al. What comes after picking pollution intensive low-hanging fruits? Transfer direction of environmental regulation in China[J]. Journal of cleaner production, 2020(258): 120-405.

[12]   SHEN N, LIAO H, DENG R, et al. Different types of environmental regulations and the heterogeneous influence on the environmental total factor productivity: Empirical analysis of China's industry[J]. Journal of cleaner production, 2019(211): 171-184.

[13]   FANG J Y, LIU C J, GAO C. The impact of environmental regulation on firm exports: Evidence from environmental information disclosure policy in China[J]. Environmental science and pollution research, 2019(11):1-13.

[14]   REN S, LI X, YUAN B, et al. The effects of three types of environmental regulation on eco-efficiency: A cross-region analysis in China[J]. Journal of cleaner production, 2018(2): 245-255.

[15]   JIANG Z, WANG Z, LI Z. The effect of mandatory environmental regulation on innovation performance: Evidence from China[J]. Journal of cleaner production, 2018(203):482-491.

[16]   LI B, WU S S. Effects of local and civil environmental regulation on green total factor productivity in China: A spatial Durbin econometric analysis[J]. Journal of cleaner production, 2017(153): 342-353.

[17]   LIU Y L, LI ZH, YIN X M. The effects of three types of environmental regulation on energy consumption—Evidence from China[J]. Environmental science and pollution Research, 2018(25): 27334-27351

[18]   余东华,孙婷.环境规制、技能溢价与制造业国际竞争力[J].中国工业经

济,2017(5):35-53.

[19] SU S, ZHANG F. Modeling the role of environmental regulations in regional green economy efficiency of China: Empirical evidence from super efficiency DEA-Tobit model[J]. Journal of environmental management, 2020, 261(1): 110227.

[20] ZHAO X M, LIU C J, YANG M, et al. The effects of environmental regulation on China's total factor productivity: An empirical study of carbon-intensive industries[J]. Journal of cleaner production, 2018(4): 325-334.

[21] 蒋伏心,侍金环.环境规制对社会劳动生产率的影响研究[J].工业技术经济,2020,39(3):154-160.

[22] 邓峰,陈春香.R&D投入强度与中国绿色创新效率——基于环境规制的门槛研究[J].工业技术经济,2020,39(2):30-36.

[23] 吴旭晓.中国区域绿色创新效率演进轨迹及形成机理研究[J].科技进步与对策,2019,36(23):36-43.

[24] 张娟,耿弘,徐功文,等.环境规制对绿色技术创新的影响研究[J].中国人口·资源与环境,2019,29(1):168-176.

[25] 杜龙政,赵云辉,陶克涛,等.环境规制、治理转型对绿色竞争力提升的复合效应——基于中国工业的经验证据[J].经济研究,2019,54(10):106-120.

[26] 陶静,胡雪萍.环境规制对中国经济增长质量的影响研究[J].中国人口·资源与环境,2019,29(6):85-96.

[27] 赵丽娟,张玉喜,潘方卉.政府R&D投入、环境规制与农业科技创新效率[J].科研管理,2019,40(2):76-85.

[28] 何爱平,安梦天.地方政府竞争、环境规制与绿色发展效率[J].中国人口·资源与环境,2019,29(3):21-30.

[29] 秦炳涛,葛力铭.相对环境规制、高污染产业转移与污染集聚[J].中国人口·资源与环境,2018,28(12):52-62.

[30] 郭宏毅.环境规制对制造业产业集聚影响的实证分析[J].统计与决策,

2018, 34(10): 139-142.

[31] 胡志高,李光勤,曹建华.环境规制视角下的区域大气污染联合治理——分区方案设计、协同状态评价及影响因素分析[J].中国工业经济,2019(5):24-42.

[32] 陈东景,孙兆旭,郭继文.中国工业用水强度收敛性的门槛效应分析[J].干旱区资源与环境,2020,34(5):85-92.

[33] HU S M, LIU S L. Do the coupling effects of environmental regulation and R&D subsidies work in the development of green innovation? Empirical evidence from China[J]. Clean technologies and environmental policy, 2019(18): 1739-1749.

[34] ZHANG K, XU D, LI S, et al. The impact of environmental regulation on environmental pollution in China: an empirical study based on the synergistic effect of industrial agglomeration[J]. Environmental science and pollution research, 2019, 26(25): 25775-25788.

[35] WEN H D, DAI J. Trade openness, environmental regulation, and human capital in China: based on ARDL cointegration and Granger causality analysis[J]. Environmental science and pollution research, 2019(11): 1-11.

[36] MA S Q, DAI J, WEN H D. The influence of trade openness on the level of human capital in China: on the basis of environmental regulation[J]. Journal of cleaner production, 2019(225):340-349.

[37] 黄清煌,高明.环境规制对经济绩效影响的实证检验[J].统计与决策,2018, 34(2): 113-117.

[38] 崔学刚,方创琳,张蔷.京津冀城市群环境规制强度与城镇化质量的协调性分析[J].自然资源学报,2018, 33(4): 563-575.

[39] CHEN X, CHEN Y E, CHANG C. The effects of environmental regulation and industrial structure on carbon dioxide emission: a non-linear investigation[J]. Environmental science and pollution research, 2019, 26(29): 30252-30267.

［40］ SHAPIRO J S, WALKER R. Why is pollution from US manufacturing decli-ning? The roles of environmental regulation, productivity, and trade［J］. A-mer icaneconomic review, 2018, 108（12）:3814-3854.

［41］ 王班班, 齐绍洲. 市场型和命令型政策工具的节能减排技术创新效应: 基于中国工业行业专利数据的实证［J］. 中国工业经济, 2016（6）: 91-108.

［42］ BRUNNERMEIER S, COHEN M A. Determinants of environmental innova-tion in US manufacturing industries［J］. Journal of environmental economics and management, 2003, 45（2）: 278-293.

［43］ 金刚,沈坤荣.以邻为壑还是以邻为伴? ——环境规制执行互动与城市生产率增长［J］.管理世界,2018,34（12）:43-55.

［44］ WANG H, LIU H. Foreign direct investment, environmental regulation, and environmental pollution: An empirical study based on threshold effects for different Chinese regions［J］. Environmental science and pollution research, 2019, 26（6）: 5394-5409.

［45］ HAO Y, DENG Y, LU Z, et al. Is environmental regulation effective in China? Evidence from city-level panel data［J］. Journal of cleaner produc-tion, 2018（7）: 966-976.

［46］ 董直庆,王辉.环境规制的"本地—邻地"绿色技术进步效应［J］.中国工业经济,2019（1）:100-118.

［47］ 叶琴,曾刚,戴劭勍,等.不同环境规制工具对中国节能减排技术创新的影响——基于285个地级市面板数据［J］.中国人口·资源与环境,2018（2）: 115-122.

［48］ ZHANG Y, WANG J, XUE Y, et al. Impact of environmental regulations on green technological innovative behavior: An empirical study in China ［J］. Journal of cleaner production, 2018（7）: 763-773.

［49］ LI J, KAGAWA S, LIN C. China's $CO_2$ emission structure for 1957 – 2017 through transitions in economic and environmental policies［J］. Journal of cleaner production, 2020(255): 120288.

[50]  HASHMI R, ALAM K. Dynamic relationship among environmental regula-
tion, innovation, $CO_2$ emissions, population, and economic growth in OECD
countries: a panel investigation[J]. Journal of cleaner production, 2019
(9): 1100-1109.

[51]  董棒棒,李莉,唐洪松,等. 环境规制、FDI 与能源消费碳排放峰值预
测——以西北五省为例[J]. 干旱区地理,2019,42(3):689-697.

[52]  于向宇,李跃,陈会英,等."资源诅咒"视角下环境规制、能源禀赋对区
域碳排放的影响[J]. 中国人口·资源与环境,2019,29(5):52-60.

[53]  WANG H, WEI W. Coordinating technological progress and environmental
regulation in $CO_2$ mitigation: The optimal levels for OECD countries & emer-
ging economies[J]. Energy economics, 2019(3): 104510.

[54]  蓝虹,王柳元.绿色发展下的区域碳排放绩效及环境规制的门槛效应研
究——基于 SE-SBM 与双门槛面板模型[J]. 软科学,2019,33(8):73-
77,97.

[55]  ZHANG W, LI G, UDDIN K, et al. Environmental regulation, foreign in-
vestment behavior, and carbon emissions for 30 provinces in China[J].
Journal of cleaner production, 2020(248):119-208.

[56]  GUO W B,CHEN Y. Assessing the efficiency of China's environmental regu-
lation on carbon emissions based on Tapio decoupling models and GMM mod-
els[J]. Energy reports, 2018(11): 713-723.

[57]  WANG Y, YAN W, MA D, et al. Carbon emissions and optimal scale of
China's manufacturing agglomeration under heterogeneous environmental reg-
ulation[J]. Journal of cleaner production, 2018(176): 140-150.

[58]  李华,马进.环境规制对碳排放影响的实证研究——基于扩展 STIRPAT
模型[J].工业技术经济,2018,37(10):143-149.

[59]  王雅楠,左艺辉,陈伟,等.环境规制对碳排放的门槛效应及其区域差异
[J].环境科学研究,2018,31(4):601-608.

［60］ ZHAO X M, LIU C J, SUN C W, et al. Does stringent environmental regulation lead to a carbon haven effect? Evidence from carbon-intensive industries in China［J］. Energy economics, 2020(86)：104631.

［61］ ZHAO J, JIANG Q E, DONG X C, et al. Would environmental regulation improve the greenhouse gas benefits of natural gas use? A Chinese case study ［J］. Energy economics, 2020(87)：104712.

［62］ PEI Y, ZHU Y M, LIU S X, et al. Environmental regulation and carbon emission：The mediation effect of technical efficiency［J］. Journal of cleaner production, 2019(236)：117599.

［63］ 庞庆华,周未沫,杨田田.长江经济带碳排放、产业结构和环境规制的影响机制研究［J］.工业技术经济,2020,39(2):141-150.

［64］ CHENG Z H, LI L, LIU J, et al. The emissions reduction effect and technical progress effect of environmental regulation policy tools［J］. Journal of cleaner production, 2017(4)：191-205.

［65］ GAO G, WANG K, ZHANG C, et al. Synergistic effects of environmental regulations on carbon productivity growth in China's major industrial sectors ［J］. Natural hazards, 2018(5)：1-18.

［66］ CHENG Z, LI L, LIU J. The emissions reduction effect and technical progress effect of environmental regulation policy tools［J］. Journal of cleaner production, 2017(149)：191-205.

［67］ YIN J, ZHENG M, CHEN J. The effects of environmental regulation and technical progress on $CO_2$ Kuznets curve：An evidence from China［J］. Energy policy, 2015(77)：97-108.

［68］ ZHAO X, YIN H, ZHAO Y. Impact of environmental regulations on the efficiency and $CO_2$ emissions of power plants in China［J］. Applied energy, 2015(149)：238-247.

［69］ 胡威. 环境规制与碳生产率变动［D］.武汉：武汉大学, 2016.

［70］ 李小平, 王树柏, 郝路露. 环境规制、创新驱动与中国省际碳生产率变

动[J]. 中国地质大学学报（社会科学版），2016，16（1）：44-54.

[71] HU W, WANG D. How does environmental regulation influence China's carbon productivity? An empirical analysis based on the spatial spillover effect [J]. Journal of cleaner production, 2020（257）：120484.

[72] 王丽，张岩，高国伦. 环境规制、技术创新与碳生产率[J]. 干旱区资源与环境，2020，34（3）：1-6.

[73] GAO G, WANG K, ZHANG C, et al. Synergistic effects of environmental regulations on carbon productivity growth in China's major industrial sectors [J]. Natural hazards, 2019，95（1）：55-72.

[74] HASSAN A M, LEE H. Toward the sustainable development of urban areas: An overview of global trends in trials and policies[J]. Land use policy, 2015（48）：199-212.

[75] 张华. 地区间环境规制的策略互动研究——对环境规制非完全执行普遍性的解释[J]. 中国工业经济，2016（7）：74-90.

[76] LESAGE J P. An lntroduction to Spatial Econometrics[J]. Revue déconmie industrielle，2008（3）：19-44.

[77] 陈强. 高级计量经济学及 Stata 应用[J]. 2 版. 北京：高等教育出版社，2014.

[78] 苏泳娴. 基于 DMSP/OLS 夜间灯光数据的中国能源消费碳排放研究[D]. 广州：中国科学院研究生院广州地球化学研究所，2015.

[79] 卢麾，施建成. 基于遥感观测的 21 世纪初中国区域地表土壤水及其变化趋势分析[J]. 科学通报，2012，57（16）：1412-1422.

[80] ANSELIN L. Interactive techniques and exploratory spatial data analysis [J]. Geographic information system principles techniques management & applications, 1999，47（2）：415-421.

[81] LESAGE J P, PACE R K. Introduction to spatial econometrics[M]. Boca Raton：CRC Press/Taylor & Francis，2009.

[82] LAUREN M S, MARK V J. Handbook of applied spatial analysis[M]. Ber-

lin:Springer-Verlag, 2010.

[83] Wong D W S. Several fundamentals in implementing spatial statistics in GIS: using centrographic measures as examples[J]. Geographic information sciences, 1999(2): 163-173.

[84] LEFEVER D W. Measuring geographic concentration by means of the standard deviational ellipse[J]. The American journal of sociology, 1926(1): 88-94.

[85] ROBERT S Y. The standard deviational ellipse: An updated tool for spatial description[J]. Geografiska Annaler. Series B, Human Geography, 1971 (1): 28-39.

[86] GONG J . Clarifying the Standard Deviational Ellipse[J]. Geographical analysis, 2002, 34(2): 155-167.

[87] WARNTZ W, NEFT D. Contributions to a statistical methodology for areal distribution[J]. Journal of geographical systems, 2011(13): 127-145.

[88] 赵璐, 赵作权. 基于特征椭圆的中国经济空间分异研究[J]. 地理科学, 2014, 34(8).

[89] 刘贤赵, 高长春, 张勇, 等. 中国省域碳强度空间依赖格局及其影响因素的空间异质性研究[J]. 地理科学, 2018(5):681-690.

[90] BRUNSDON C, FOTERINHAM A S, CHARLTON M. Some notes on parametric significance tests for geographically weighted regression[J]. Journal of regional science, 1999, 39(3): 497-524.

# 第七章  黑龙江省城市紧凑度对碳排放强度影响分析

## 第一节  研究现状

保护环境、实施可持续的发展模式是联合国在 2030 年的可持续发展目标的重要组成部分。将土地利用、科技、经济等因子作为城市综合体的一个方面与碳排放进行研究,以探究城市紧凑程度对碳排放的影响机理,进而制定相关低碳减排措施意义重大。国家实施全面振兴东北老工业基地战略,提出东北要依靠自身资源优势发挥"北方生态屏障"作用和打造"山青水绿的宜居家园",实现区域的可持续发展。

### 一、相关概念

紧凑城市的概念最早由丹齐克和萨蒂提出,后欧共体委员会(CEC)依据许多欧洲的一些著名古城镇一直都是保持紧凑而高密度的空间形态,而且此形态被广泛认可,再一次将该概念重提。在经济要发展、低碳城市需建设的时代浪潮中,紧凑城市是关键政策手段。紧凑城市的"紧凑"是有序的紧凑,是在可持续发理念下的紧凑,是现代城市发展到一定阶段的新的发展模式。紧凑城市既有利于实现城市资源的合理配置,又能够促进完善可持续发展理论在城市领域的深化以及革新城市规划理念。由于城市发展水平的差异,关于低碳城市方面的研究国外较早,有很多理论起源于西方国家,但并不适用于我国实际情况。本章在探索黑龙江省城市紧凑度对碳排放强度的影响机理中,尝试将空间影响因素纳入其中,借助地理加权回归模型尝试空间建模并进行计量分析,验证城市紧凑度对碳排放强度的影响,评估城市紧凑度的有效性。因此,本章研究中所采用的方法及所提的论点可在一定程度上促进碳排放与紧凑城市相关研究的方法创新,推进二者关系演变的深入研究,进一步丰富低碳城市理论体系,为黑龙江省实施低碳城市规划提供重要理论层面的支持。

城市紧凑度的研究开始于欧洲,丹齐克和萨蒂在《紧凑城市——适于居住的城市环境计划》中第一次提出"紧凑城市"的概念,之后这一概念受到各国学者广泛地关注,在实证研究和城市规划应用层面对紧凑城市的定量定性研究不断深入和完善。由于各自领域、专业的差异导致西方学者关于紧凑的界定并不统一,梳理概括为以下观点:①密度论,城市应寻求高密度的发展;②效率论,高效、合理的城市空间形态即为"紧凑";③两元论,认为"紧凑"具有物质和功能两个维度含义。随着精明增长这一综合城市发展策略的提出及由此衍生的新城市主义等理念的出现,引起国内学者开始对"紧凑城市"探讨。国内学者对"紧凑"的认识与国外相关学者不同,他们更倾向于"紧凑"体现的是一种城市发展战略,而不是某种特定形态。虽然对"紧凑"的宏观认识在理论层面上相对一致,但在应用方面却并不统一,相关研究者由于采用的方法不同、指标差异,甚至方法相同、指标相同,最终得到的紧凑度高低也各不相同。争议根源还是在于理念和测度方法,中心城市或中心城区持续繁荣与郊区城市化持续推进共同存在是我国城市化过程中的实际情况,故多指标综合测度法受到学者们的追捧。国内学者结合这一实际情况,进一步丰富和完善了关于城市紧凑的测量方法与指标体系。具有代表性的有:陈敏提出的紧凑——相对紧凑综合指数,李琳和黄昕佩提出的客体——主体紧凑度概念体系,方创琳等从产业、空间、交通三方面进行中国城市群紧凑度测度。综合国内外研究者的认识,紧凑城市是以可持续发展理念为指导,以实现高效率的空间组织为目的,以用地集约、功能组合优化、组织有序、人地协调为特征的城市发展战略。经济社会、地域空间结构及自然生态环境是紧凑度具现化重点关注的三大因素,利用有限的城市土地资源实现更高的产出效益,将城市的自然环境、经济环境、社会环境有机融合成一个整体,以达到功能完善、效率优先、人地和谐的最终目标。由于紧凑城市是一种城市发展战略且无统一标准,故本章在研究过程中重点考虑紧凑度的结果状态属性,是一个相对概念,可作为自变量,其数值只在本研究中有意义。在构建城市紧凑度的综合指标体系过程中,以城市紧凑度内涵分析为基础,扩展到人口、经济、土地利用、基础设施、公共服务、生态环境协同 6 个方面,进而评估2006—2017 年黑龙江省 12 个地级城市的紧凑度,并进一步分析黑龙江省城市紧凑度时空演变规律,以期为黑龙江省城市规划建设提供理论参考建议。

城市紧凑度定性、定量研究备受国内外关注,研究主要集中在紧凑城市内涵紧凑度的测度及政策的理论应用方面。当前国内外学者的相关研究领域通常限于测算方法修正与改进、影响因素分析、不同行业碳排放以及碳减排对策研究等方面。从分行业碳排放研究来看,其外延不断扩展,从早期的工业逐渐延伸至农业、交通运输业、商业等领域。而碳减排的对策研究则主要涵盖政策法规、技术革新、能源结构及资金支持等方面。国内外学者在探讨碳排放的测算方法中力求简单、准确,但不同专业领域往往要求也不同,这也导致测算方法不同、碳排放系数的标准也不统一。现阶段碳排放影响因素主要采用指标分解法进行研究,普遍认为人口、经济、能源是三大主导因素。城市紧凑度发展具有一定的关联效应,城市空间紧凑度直接影响城市交通通勤距离以及森林等生态系统的减少,间接影响工业生产、建筑等因子,从而影响城市碳排放。

## 二、研究现状

### (一)国外研究现状

20 世纪七八年代紧凑城市概念受到欧洲关注,丹齐克和萨蒂在分析城市形态的集中主义和分散主义得到启发,于 1973 年最先提出紧凑城市的概念,其著作也成为最早提到关于"紧凑城市"的代表专著。欧共体委员会(CEC)认为紧凑城市在应对当下城市问题中不失为一种有效的策略,这一体现可持续发展思想的理念逐渐成为欧洲城市规划的主要指导。此后,"紧凑城市"成为 20 世纪末学术界探讨和研究的热点话题。Breheny 奠定了紧凑城市的理论基础,城市的紧凑化过程是二次城市化过程,在此过程中老城区会再次焕发生机,同时对于保护农业用地、保障农业生态环境具有现实意义;强调在有限的城市空间内高密度发展,在用地布局上注重功能混合,在交通选择上侧重优先发展公共交通,并给出城市开发建议:在交通便捷的交通节点处开发。Newman 和 Kenworthy 对 Breheny 的理论通过大量的调研进行定量化实证研究论,得出高密度的紧凑城市对交通能耗有显著的降低作用。Rahmadya 论证了紧凑城市作为城市发展的一种可持续模式,认为其对有效降低碳排放量具有重要意义,并可以有效缓解城市的主要环境问题,是实现城市可持续发展的可行途径。Ewing 主张以住宅功能区主为中心,形成综合居住、生活服务、工作的集聚地,是城市建设用地功能多样化的高度体现。城市紧凑度的高低可表征城市的可持续发展水平,所以紧凑度测度的科学性、合理性尤为重要。"紧凑城市"这一理念是在西方经济结构转变出现的城市无序扩张蔓延以及土地资源匮乏、环境恶化的背景下应运而生。城市紧凑度与大多数地理学概念的量化方法发展相似,都经历了从简单的单一指标测度到较全面的综合指标体系测度法。1961 年 Richardson、Gibb 最早提出了城市空间几何形态的紧凑度计量方法,通过研究区域的面积及区域轮廓周长得到城市的紧凑度。Cole 则利用城市建成区面积与其几何最小外接圆面积的比值计算得到研究区域的紧凑度值。Galster 基于 GIS 将研究区过街格网化处理,再运用测度公式分别计算居住密度、城市多中心度、建设用地的连续状况和集中性、城市用地功能的混合程度等 8 个指标得分,以此来界定城市蔓延。Schwarz 则引入景观生态学中的景观指数法对欧洲多个国家城市的空间形态进行测算,结果表明,城市形态可用城市规模、密度、集聚度、边缘密度、均匀度和紧凑度等 6 个指标特征进行表征。IPCC 倡导的碳排放测算方法被大多数学者所认可,其做法是研究区内各类能源消耗量与各类能源碳排放系数乘积之和。工业的迅猛发展,城市化水平的快速提升,温室气体无节制排放,导致气候变暖这一全球性生态破坏问题的出现,并深刻影响人类社会的各个方面。Torvanger 在研究碳排放量的测算时创造性地引入指数分解法(IDA),之后此方法成为碳排放测算领域的通用方法之一。Shrestha 和 Timilsina 运用该方法测算了产业层面的二氧化碳排放强度,研究发现,能源的使用强度及其结构形态决定着中国的电力部门碳排放量增加。Ang 及 Pandiyan 运用因素分解法对国家级制造业的碳排放进行测算对比,研究表明,能源使用强度在制造业碳排放的占有较大比重。Zheng 等人采用对数均值 Divisia 指数分解法(LMDI)来研究石家庄的碳排放的影响因素,结果表明:2005 年至 2016 年,石家庄二氧化碳总排放量的影响因素主要有碳排放强度、消费结构、产业结构、人均国内生产总值(GDP)和人口。Liu 等人通过将 STIRPAT 模型与空间杜宾模型相结合,可以凭经验阐明自变量和因变量之间的空间交互作用。结果表明:财富和人口是碳排放最有影响力的驱动因素,且其影响力表现出东部、中部、西部递减的分异特点。随着城市化程度的提高,其对当地碳排放的影响从正向变为负,然后负向影响逐渐减弱。城市化、技术、财富和人口水平对中国不同地区的碳排放具有不同的空间互动影响。Gu 等人采用扩展对数平均分裂指数(LMDI)模型和系统动力学(SD)模型,研究了 1995—2016 年上海二氧化碳排放变化的决定因素,结果表明:人均 GDP 是二氧化碳排放增长的主要正向驱动力,其次是人口、人均收入水平和人均汽车拥有量。能源强度在减少碳排放中作用显著。Lin 等人利用 1980 年至 2016 年的时间序列数据,在扩展 Kaya 的自回归分析模型中,研究了碳排放的驱动因素,首次采用 Kaya 模型,得到了分解后的能源结构、能源强度及经济活动等多个影响因素。Bamminger 选取世界 10 个典型城市为研究对象,运用对比分析法对能源消耗与城市密度之的关系进行研究,发现二者之间存在较强的负相关关系。Tanniguchi 选取日本 38 个城市作为研究对象,回归分析了人口、交通、城市服务等因素与碳排放的拟合程度。结果显示:回归系数显著性较高,对城市二氧化碳排放影响显著。Grazi 在研究美国各大城市居住密度与碳排放的关系时引入空间计量方法——工具变量法,研究表明:随着人口密度的增加可以有效减少碳排放。Valle 和 Niemeier 采用相同方法以美国加利福尼亚州为研究对象,得出居住密度与机动车碳排放量呈现出明显的负相关关系。

**(二)国内研究现状**

城市是一个自然与人文、人类与环境相互融合、相互作用的复杂有机体,城市紧凑度涉及诸多方面,虽然各学科从各自角度在探索研究方法模式,但是各个学科关注点不同,很难得到最终认定。目前,城市紧凑度尚待进一步科学定义,各国对推行紧凑城市政策成果超过了对理论探讨的关注。紧凑城市理念引入中国后经过短时间的酝酿,随之迅速得到国内学者的关注,研究成果"井喷式"增加。韩笋生、李琳、祁巍峰等国内学者均就紧凑城市从多维度、多视角的内涵阐述了各自认识。将国内外学者们相关理论、认识总结,可归纳为以下几点:①城市的紧凑可视作居民、城市建筑、生产等经济活动与社会事物的高密度分布,形成城市的高密度开发模式。此开发模式对城市无序扩张有显著的抑制作用,为郊区生态保护留出后备空间,又可有效减小市民出行半径,降低对将机动车的依赖,使其用频率降至最低,同时也将有助于减轻空气污染、交通拥堵等城市问题。此外,单位城市空间社会活动的增多,必将使公共设施在相同条件下的使用效率得以提升,增加活动效率,增加单位时间、单位能耗的产出。②多功能合理的混合用地布局,即多元综合城市用地开发,形成集居住、商业、休闲等功能于一域的小区式混合布局,既可有效降低通勤距离,又能加强小区内部人与人之间的联系,促进社区文化的发展及新型小区的形成。③提倡公共交通优先。紧凑城市要求以有限的空间承载更多的活动,这必将使公共交通成为新宠。城市系统内的公交体系在改善交通状况、提升运输效率、降低污染和能耗上有目共睹。高效节约是紧凑城市内涵中应有之义,人们毗邻日常生活所必需的服务设施及工作场所而居,不仅仅是地理范畴,更应关注到城市内部要素的联系及时空概念。国内学者在研究过程中借鉴国外研究成果,拓展了研究范围,进一步丰富和完善了关于城市紧凑度的测量方法和指标体系。陈敏采用多指标定量测量方法,根据紧凑城市及城市紧凑度的内涵,以人口密度、经济效益等七大方面共 28 个指标项,构建了城市紧凑综合指数及相对紧凑综合指数两个模型,运用 Compactness 系统计算其各指标及两项综合指数。选择中港和上海为实例研究,验证结果表明了多指标紧凑度测度指标的合理性。王德利通过城市的规模、功能及形态三方面各自指标构建起三维目标综合测度模型,并在三维测度模型基础上依据其权重建立紧凑度综合测度模型,进而计算并分析了北京城市紧凑度的空间分异规律,研究结果表明,城市紧凑度与人口和建筑表征的规模密度、经济发展水平呈正相关性。黄永斌等人采用熵值法测算城市紧凑度并用超效率 DEA 计算城市效率,然后对二者进行相关分析,结果显示:城市紧凑度与城市效率同向提高,但城市效率明显具有滞后性;不同规模城市紧凑度间呈现出较弱的等级规模递增效应。大城市效率低,其城市运行成本较高,应合理布局功能区,变原有的空间组织形式为大都市—都市区—城镇。张丽伟运用 PCA 从 18 个指标中综合出 3 个主成分来进行长春城市紧凑度量化,得出长春城市紧凑度在 2000—2012 年总体呈上升趋势。国内学者对于碳排放测算的研究也逐渐深入。胡小飞等人应用碳足迹方法测算了物流业碳排放量,研究表明:物流业碳排放总量的整体波动上升与经济发展水平相符。黄霞采用实测修正的碳排放因子测算了我国 30 个省域的能源消费碳排放。结果表明,EKC 曲线模型不能很好地模拟我国总体的碳排放量同经济增长二者之间的关系,而 U 形曲线在描述城镇化率与碳排放关系时则表现更好。武翠芳等人根据各能源消耗与对应的碳排放系数乘积,计算出 2000—2013 年甘肃省交通碳排,探讨了交通碳排放结构及交通碳排放强度,分析了交通碳排放的因素。其结论是:多年碳排放总体呈增长趋势;在结构方面以煤炭、汽油、柴油、电力四种能源消费为主;在强度方面则呈下降趋势。我国城市化速度一直保持加速发展态势,粗放式的发展模式引发了碳排放的加剧,迫切需要寻求一种新的低碳发展模式。仇保兴认为城市可持续发展的关键在于建设用地的紧凑。郭韬构建了我国城市空间形态识别模型(CUF),采用自组织特征映射网络(SOFM)将我国 219 个地级市的城市空间形态划分为 5 类,并对其进行分析,进一步归纳总结中国城市空间形态的现状。结果证明:居民的交通出行方式及住宅区位的选择受城市空间形态影响显著,并依此影响了居民生活碳排放。杨水川运用层次分析法对所选城市的紧凑度进行综合分析,结果显示:城市碳排放主要受交通状况、土地利用及城市热岛影响;热岛强度的降低、紧凑的空间布局及通达性较高的公交系统可大幅减少城市碳排放。郑伯红通过对长沙所选年份城市紧凑度与碳排放量进行数据挖掘,结论表明:二者之间具有显著的线性正相关性。陈珍启等人以非工业城市的截面数据为基础利用综合指标研究城市空间形态与碳排放,论证了城市空间要素的"空间—土地—交通"有机复合系统在低碳城市发展中的作用。

## 三、研究思路

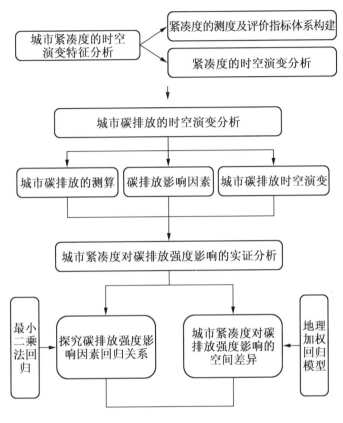

图 7 - 1 城市紧凑度与碳排放强度关系

# 第二节 碳排放强度的时空演变特征分析

## 一、碳排放强度的核算

本节对2006—2017年黑龙江省12个地级及以上城市的面板数据进行测算分析,碳排放系数参考《IPCC 2006 年国家温室气体排放清单指南》。

因黑龙江省各城市经济总量与建成区面积大小等因素有所差异,且各因素

277

随时间而变化,碳排放量自然因时因地而异,特别是在与其他因素进行联合分析时更不能说明问题,为保证研究的严密性,本节将单位国内生产总值二氧化碳排放量作为分析变量,在进行黑龙江省城市碳排放强度的定量计算中,以中科院可持续发展战略研究组提出的碳排放测算模型(7-1)为基础。研究基于IPCC 的排放因子法,计算已有数据的能源消费数据,公式为

$$CO_2 \text{ 排放强度} = \frac{\sum\limits_{i=1} E_i * f_i}{GDP} \qquad (7-1)$$

其中,$E_i$ 为能源消费量,以标准煤计;$f_i$ 为有效转换因子即为标准煤碳净排放系数;$i$ 表示能源种类数目。技术水平的高低、能源消费结构的差异及不同碳汇条件的影响,标准煤碳净排放系数 K 值会有所变化。GDP 为研究区国内生产总值。在实际研究过程中,由于缺乏地级城市能源消费分品种的结构数据,故采用按统一标准折算后的城市能源消费标准煤作为标志值,忽略 K 值的变化。

根据《综合能耗计算通则》(GB/T2589—2020)规定:以所消费能源的低位发热量为基准折算为标准煤量,1 千克标准煤对应发热量为 29 307 千焦的能源消费量,用 lkgce 表示。29 307 kJ = 29.307 GJ/t

根据 IPCC 国家温室气体排放清单,代表性煤种褐煤的碳含量为 25.8 kg/GJ,故标准煤的二氧化碳排放因子,即 $fi$ 取值为

$$29.307 \text{ GJ/t} * 25.8 \text{ kgC/GJ} * 44/12 = 2.7725 tCO_2/tce \qquad (7-2)$$

## 二、碳排放强度的时间演变特征分析

黑龙江省各地级市碳排放强度的时间序列演变特征存在明显差异。从表7-1可以看出,2006—2017 年间,黑龙江省各地级市碳排放强度变化趋势基本相同,总体呈下降的趋势。从阶段来看,2006—2010 年间,各城市下降速度比较平稳,基本以 0.2t/万元年的速度下降;2010—2013 年间,各市碳排放强度下降处于快速时期,约为前一个阶段下降速度的 2 倍;2013—2017 年间,各城市碳排放强度呈现不同程度的波动,并有略微上升趋势。这与黑龙江省产业结构的调整、能源结构的优化有很大关系,第三个时期的波动变化与瓶颈效应有关,随着技术发展,下降的总体趋势不会改变。

表 7 - 1　黑龙江省 12 个市 2006—2017 年碳排放强度($tCO_2$/万元)

| 地区 | 2006 | 2007 | 2008 | 2009 | 2010 | 2011 | 2012 | 2013 | 2014 | 2015 | 2016 | 2017 |
|------|------|------|------|------|------|------|------|------|------|------|------|------|
| 哈尔滨 | 4.012 | 3.843 | 3.649 | 3.438 | 3.272 | 2.883 | 2.800 | 1.830 | 1.941 | 1.747 | 1.691 | 1.610 |
| 齐齐哈尔 | 4.918 | 4.711 | 4.419 | 4.103 | 3.854 | 3.133 | 2.994 | 2.190 | 2.384 | 1.968 | 1.774 | 1.710 |
| 鸡西 | 6.607 | 6.280 | 5.941 | 5.434 | 5.101 | 4.270 | 4.048 | 2.745 | 2.883 | 2.717 | 2.800 | 2.659 |
| 鹤岗 | 7.294 | 7.003 | 6.499 | 5.933 | 5.517 | 4.297 | 4.103 | 3.272 | 2.967 | 3.133 | 3.133 | 3.019 |
| 双鸭山 | 5.542 | 5.298 | 5.012 | 4.713 | 4.408 | 3.382 | 3.216 | 2.440 | 2.551 | 2.384 | 2.301 | 2.209 |
| 大庆 | 4.209 | 4.035 | 3.831 | 3.632 | 3.493 | 3.327 | 3.216 | 2.273 | 2.301 | 2.218 | 2.911 | 2.818 |
| 伊春 | 6.105 | 5.829 | 5.546 | 5.323 | 4.907 | 4.353 | 4.186 | 3.355 | 3.493 | 3.299 | 2.911 | 3.153 |
| 佳木斯 | 3.934 | 3.743 | 3.538 | 3.355 | 3.188 | 2.883 | 2.856 | 2.079 | 2.079 | 1.996 | 1.885 | 1.789 |
| 七台河 | 9.324 | 8.792 | 8.151 | 7.569 | 7.070 | 4.991 | 4.769 | 3.604 | 3.771 | 3.466 | 4.769 | 4.576 |
| 牡丹江 | 4.103 | 3.931 | 3.701 | 3.493 | 3.272 | 2.717 | 2.689 | 1.913 | 1.996 | 1.858 | 1.691 | 1.630 |
| 黑河 | 3.394 | 3.258 | 3.136 | 2.939 | 2.828 | 2.301 | 2.246 | 1.774 | 1.858 | 1.719 | 1.414 | 1.373 |
| 绥化 | 2.972 | 2.855 | 2.752 | 2.662 | 2.578 | 2.246 | 2.163 | 1.608 | 1.691 | 1.553 | 1.414 | 1.366 |

　　分地区来看,七台河下降幅度最大、速度最快,其次为鹤岗、鸡西,3 个城市是黑龙江省重要的煤炭资源型城市,随着煤炭开采技术的发展,单位煤炭开采成本及能耗下降明显,加之产业转型对其影响较大,成为黑龙江省碳排放强度下降最快的 3 个城市。牡丹江、佳木斯、哈尔滨、齐齐哈尔 4 个城市碳排放强度基本接近,变化也具有很强的一致性,与其他城市相比下降速度相对较慢,这主要与其自身发展水平有关,这 4 个城市是黑龙江省产业层次最高的区域,产业、技术等方面减排空间不大。绥化、黑河第二产业比重较低,第一产业比重相对较大,碳排放强度在全省来看处于低水平。

## 三、碳排放强度的空间扩散特征分析

　　在建立标准差椭圆时,以 2006 年、2010 年、2013 年、2017 年 4 个时间节点的黑龙江省各地级及以上城市的碳排放强度数据作为权重,以 Lambert 投影的平面直角坐标系的黑龙江省作为底图,选择可包含占总数 68% 的黑龙江省地级城市的质心的一个标准差范围作为输入椭圆大小,以此表现黑龙江省 2006—

2017 年城市碳排放强度的空间分布方向变化。

2006—2017 年黑龙江省碳排放强度的标准差椭圆空间分布格局及标准差椭圆参数结果见表 7 - 2。

表 7 - 2 2006—2017 年黑龙江省城市碳排放强度的标准差椭圆参数

| 年份 | Area（km²） | CenterX（m） | CenterY（m） | XStdDist（m） | YStdDist（m） | Flatrate | Rotation（°） |
|------|------|------|------|------|------|------|------|
| 2006 | 151 671 | 116 641.053 | 5 799 872.871 | 294 251.588 | 164 085.389 | 0.442 | 105.139 |
| 2010 | 153 372 | 112 566.249 | 5 800 785.229 | 295 581.340 | 165 179.040 | 0.441 | 104.911 |
| 2013 | 155 445 | 105 527.308 | 5 806 971.664 | 295 407.280 | 167 509.906 | 0.433 | 104.064 |
| 2017 | 150 525 | 108 277.651 | 5 798 687.056 | 294 775.170 | 162 555.728 | 0.449 | 101.887 |

表 7 - 2 中的数据表现出以下特征：从生成的面积范围来看,可以发现自 2006 年开始一直处于增加态势,到 2013 年达到最大,之后又开始减小。表明城市碳排放强度的空间分布格局处于集中到分散又逐渐趋于集中的过程,并且该变化前期分散过程相对较慢,后期的集中过程速度较快。总体来看,黑龙江省城市碳排放强度分布格局呈现的是"集中"的发展态势。

2006—2017 年间,黑龙江省城市碳排放强度标准差椭圆空间分布范围整体上呈现先扩张后收缩态势,主要原因与国家实施的振兴东北老工业基地战略有关。随着振兴战略的实施,黑龙江省各产业加速发展,各市区碳排放强度呈现出增加趋势,但之后节能减排等低碳政策的提出,促进了黑龙江省产业转型升级、能源结构调整,使碳排放强度的空间分布又有了收缩趋势。

XstdDist 和 YStdDist 表示的椭圆的 X、Y 轴的长度,也即椭圆的长轴和短轴长度。长轴越长表示方向分布的方向性越明显,通常是将长轴与短轴结合起来,即椭圆的扁率来表示要素方向分布。表 7 - 2 中的 Flatrate 表示的是黑龙江省 4 个时间节点上标准差椭圆的扁率,总体在 0.5 以下,说明黑龙江省碳排放强度在分布上具有一定的方向性和向心力,标准差椭圆方向大体与沿松花江的延伸方向一致,所以松花江对某些社会或经济要素的影响对黑龙江省碳排放方向分布产生了重要作用。2006—2013 年内扁率的变化不大或略有下降,到 2017 年有明显的上升,但从发展的角度来看,今后的方向性会更加明显。

从转角 $\theta$ 变化趋势来看,从 2006 年的 105.139°持续下降到 2017 年的 101.887°,整体呈现持续减小态势,但 12 年内减小了不到 4°,其变化幅度较小。所以黑龙江省碳排放强度整体空间分布格局呈现西北—东南格局。其中,减小的幅度虽然不大,但也表明碳排放强度整体空间分布格局由从"西北—东南"向"西—东"偏转的趋向,黑龙江省碳排放强度总体分布开始偏离松花江,逐渐与哈大齐工业走廊相吻合。

### 四、碳排放强度影响因素分析

综合相关研究,本节确定的影响碳排放强度的因素共有 5 类,分别为经济、技术、产业结构、人口及对外开放。经济因素作为碳排放强度的主要因素,对碳排放的影响是单向的。经济发展水平能够显著影响一个地区的生产总值,同时也会影响其碳排放量,进而影响碳排放强度的变化。参考翟石艳等人的研究成果可得到对外开放度对碳排放强度短期影响较为明显。

技术的创新和进步表现为通过提高科学技术水平能够产生更多的节能技术和环保技术,改善生产过程,提高资源利用效率,实施绿色生产,从而有利于碳排放强度的降低。产业结构对碳排放强度产生的影响,主要由于黑龙江省位于东北老工业区,多年来以第二产业为主,而第二产业在高能耗高污染产业中所占比重较大。人口要素为一种社会因子,对碳排放强度影响效应不同,人口规模的增加会带来资源能源消耗的增多,从而会促进碳排放,而人才集聚效果及其带来的技术溢出,同时会促进经济水平提高,间接地对碳排放强度产生影响。对外开放能够通过引进国外资本投资和节能减排技术,促进经济增长,提高能源利用效率,降低碳排放强度,同时也会引进污染密集型产业,拉动经济增长的同时,增加了碳排放量,不利于减少碳排放强度。

结合研究区的实际情况,采用经济、产业、人口、技术及对外开放作为影响城市碳排放强度的主要影响因素。其中,经济增长用城市人均国内生产总值(万元/人)表示;产业结构用第二产业比重(%)表示;人口因素以人口密度(人/km²)表示;对外开放程度采用实际外资额与 GDP 的比值来表征。

为了对碳排放强度与各指标间的相关性进行检验,运用 SPSS 22.0 软件进行 Pearson 相关性分析,表 7 - 3 为黑龙江省 12 个城市碳排放强度与各指标的 Pearson 相关性分析结果。从整体上看,碳排放强度与各影响因素之间均存在显著的相关性,但各影响因素对碳排放强度的作用关系存在异质性。其中,经济增长与碳排放强度存在显著的负相关关系,且通过了 5% 水平检验,初步说明经济增长能够显著抑制碳排放强度的增加,其中鹤岗、牡丹江的碳排放强度与经济增长的相关性比较明显,而绥化的经济增长与碳排放强度间存在正相关性关系,但没有通过显著性检验,黑河的经济增长、对外开放程度与碳排放强度间具有 1% 水平上的负相关关系;同时,人口密度、技术进步和对外开放程度与碳排放强度均具有 5% 水平上的显著负相关性,并且通过了不同显著水平的检验,初步表明该三项指标的提高均能促进碳排放强度的降低;而第二产业比重与碳排放强度具有 5% 水平上的显著正相关关系,初步表明第二产业比重的增大能够促进碳排放强度的增加,这在鸡西、鹤岗、双鸭山、大庆及伊春五个资源型城市中表现极为明显;技术进步的因素对于各个城市的碳排放强度的影响基本均衡,差异不大;而对外开放程度在鸡西、鹤岗、双鸭山、七台河及牡丹江五个城市,对于碳排放强度的影响比较明显,可以为这些城市制定经济发展政策的制定提供重要的指导意义。

表 7 - 3　黑龙江省 12 个城市碳排放强度与各指标相关系数

| | 经济增长 | 产业结构 | 人口因素 | 技术进步 | 对外开放程度 |
|---|---|---|---|---|---|
| 哈尔滨 | - 0.161 * * * | 0.421 * * | - 0.412 * * | - 0.213 * * | - 0.528 * * * |
| 齐齐哈尔 | - 0.165 * * * | 0.417 * * | - 0.421 * * | - 0.205 * * | - 0.588 * * * |
| 鸡西 | - 0.139 * * | 0.509 * * * | - 0.421 * * | - 0.198 * * | - 0.627 * * * |
| 鹤岗 | - 0.258 * * * | 0.593 * * * | - 0.403 * * | - 0.231 * * | - 0.638 * * * |
| 双鸭山 | - 0.104 * * | 0.604 * * * | - 0.293 * | - 0.226 * | - 0.631 * * |
| 大庆 | - 0.018 * * | 0.638 * * * | - 0.405 * * | - 0.182 * | - 0.593 * * |
| 伊春 | - 0.019 * * | 0.600 * * * | - 0.451 * * | - 0.245 * | - 0.529 * * * |
| 佳木斯 | - 0.125 * * | 0.434 * * | - 0.459 * * | - 0.299 * * | - 0.596 * * |
| 七台河 | - 0.185 * * | 0.133 * | - 0.489 * * | - 0.308 * * | - 0.691 * * |
| 牡丹江 | - 0.222 * * | 0.195 * * | - 0.439 * * | - 0.312 * * | - 0.643 * * * |

续表 7 - 3

|  | 经济增长 | 产业结构 | 人口因素 | 技术进步 | 对外开放程度 |
|---|---|---|---|---|---|
| 黑河 | - 0.047 * | 0.483 * | - 0.419 * * | - 0.308 * * | - 0.248 * |
| 绥化 | 0.025 | 0.490 * | - 0.319 * | - 0.279 * | - 0.706 * * * |

注：*、* *、* * *分别为10%、5%、1%显著水平下显著。

此外，进一步从碳排放强度内涵角度出发，可以将碳排放强度通过四类效应进行分析：经济效应、技术效应、结构效应及外部效应。经济效应就是经济规模、经济结构等对碳排放强度的影响；技术效应是指通过节能技术的创新、引进等提高能源利用效率，表示技术变化对碳排放强度变化的影响；结构效应可看作能源消费结构对碳排放强度的影响；外在效应表示经济体外部条件对其影响，特别是在经济全球化的当代，对外开放条件已经成为影响一个地区各方面的重要因素。

# 第三节　城市紧凑度时空格局演变特征

## 一、城市紧凑度测度评价指标体系构建及测度

### (一)城市紧凑度测度评价指标体系构建

Breheny认为限制城市用地扩张是建设紧凑城市的重点，增加城市密度、发展公共交通，加快土地多元化利用是行之有效的途径，最终可达提高居民生活质量的目的。他所认为的途径可以归纳出城市紧凑度的度量指标，对城市高密度、多功能、公交优先等特征的符合程度概念化表达即为紧凑度。紧凑度的量化有利于同期不同城市的横向比较和同一城市不同时期的纵向对比，探索城市发展的一般规律，进一步为城市规划提供决策依据。依据Breheny的观点，将增加城市密度、发展公共交通、加快土地多元化利用抽象为空间结构、空间联系、空间布局三个方面。生态环境协同能力也应纳入体系中与城市空间结构、社会经济要素的空间组织共同构成城市紧凑度的指标体系。根据对相关理论的理

解及基础数据的可获得性,立足城市有机体的构成要素,土地应从空间结构、空间布局方面考察,社会、经济活动应从空间联系、空间布局方面考察,以生态环境协同状况来考察生态环境因子。城市土地紧凑可用城市土地利用结构,城市的几何形态因子未加以考虑;社会、经济层面的量化则分解为人口紧凑、经济紧凑、社会服务及基础设施紧凑三方面。

综上所述,在城市紧凑度的评价过程中将经济、人口、土地、设施、服务、生态6个一级指标及土地利用率、单位面积产出率、市区人口密度等13个二级指标构成指标体系,具体关系见表7-4。

表7-4 黑龙江省城市紧凑度综合测度评价指标体系

| 一级指标 | 二级指标 | 含义 |
|---|---|---|
| 土地利用紧凑度 | 土地利用率 | 城市建设用地面积/建成区面积 |
| | 市区开发利用强度 | 建成区面积/市区面积 |
| 经济紧凑度 | 单位面积产出率 | GDP/市区面积 |
| | 投入产出比 | 固定资产投资总额/GDP |
| 人口紧凑度 | 市区人口密度 | 市区人口/市区面积 |
| | 建成区人口密度 | 建成区人口/建成区面积 |
| 基础设施紧凑度 | 人均管道长度 | 排水管道/市区人口 |
| | 人均道路面积 | 市区道路面积/市区人口 |
| | 公交系统效率 | 公共汽电车客运总数/<br>年末实有公共营运汽电车数 |
| 公共服务紧凑度 | 社会保障完善程度 | 基本养老保险参保人数/市区人口 |
| | 社会服务水平 | 公共设施个数/市区人口 |
| 生态环境协同 | 服务设施利用便捷性 | 公共设施用地/居住用地面积 |
| | 公共开放空间可利用率 | 公园绿地面积/居住用地面积 |

## (二)结果分析

基于原始数据计算得到不同年份各指标权重系数和各城市紧凑度得分表,见表7-5、表7-6。指标权重系数的大小表明某项指标在进行紧凑度测算中的重要程度。从表 7-5 中可以看出,综合 2006—2017 年 13 个指标中社会服务设施利用便捷性、公共开放空间可利用率及市区开发强度权重系数相对较大,这说明环境协同因素相较于其他因素对城市紧凑度的影响程度较大,这是因为黑龙江省城市的这些指标地区间的差异相对较大。人均管道长度、人均道路面积、每万人拥有公共交通车辆权重系数相对较小,表明与之相对应的基础设施紧凑度对紧凑度的影响强度相对较弱,这是因为黑龙江省城市的这些指标地区间的差异相对较小或者说比较相似。

## 二、黑龙江省城市紧凑度时空演变分析

### (一)黑龙江省城市紧凑度时间序列变化

由图 7-2 可以得出近 12 年黑龙江省 12 个市紧凑度整体呈现先缓慢增长,后有所降低,最后逐步升高的趋势。

其中,哈尔滨紧凑度整体呈现先降低后增加的波动状态,由 2006 年的 1.55 缓慢降低至 2010 年的 1.44,后紧凑程度升高,由 2011 年的 1.43 逐渐提升至原来水平值 2017 年 1.54;哈尔滨 2006 年与 2017 年紧凑程度基本保持不变。大庆紧凑度呈逐步升高的趋势,由 2006 年的 1.38 逐渐提升至最高值 2016 年的 1.52,后在 2017 年有所降低,为 1.45。牡丹江紧凑度呈现先逐步上升后缓慢降低的态势,由 2005 年的 1.37 逐渐提升至 2013 年的最高值 1.55,后在 2017 年缓慢降低至 1.44。佳木斯紧凑度总体呈现波动增加的态势,由 2005 年的 1.31 波动增加 2016 年的最高值 1.46,2017 年紧凑度有所下降为 1.37。绥化紧凑度在 2006—2015 年间基本保持不变,维持在 1.44 左右,后逐渐降低至 2017 年的 1.36。齐齐哈尔紧凑度呈升—降—升的趋势,由 2006—2010 年逐年提高至 1.40,后逐渐降低至最低值 2013 年的 1.29,在 2014—2017 年,由 1.36 逐年增长至最高值 1.41。另外,鹤岗、黑河和七台河的紧凑度整体上均呈现中低水平,并呈缓慢上升趋势,分别由 2005 年的 1.32、1.26 和 1.24 提升至 2017 年的 1.33、1.30 和 1.29。最后从图中可以看出,鸡西、双鸭山和伊春的紧凑度整体上一直维持在较低水平,增长比较缓慢,分别由 2005 年的 1.27、1.26 和 1.16 缓慢提升至 2017 年的 1.32、1.29 和 1.22。

表 7 - 5　不同年份各指标权重

| 年份 | 土地利用率 | 市区开发利用强度 | 单位面积产出率 | 投入产出比 | 人口密度 | 建成区人口密度 | 人均管道长度 | 人均道路面积 | 每万人拥有公共交通车辆 | 社会保障完善程度 | 社会服务水平 | 服务设置利用便捷性 | 公共开放空间可利用率 |
|---|---|---|---|---|---|---|---|---|---|---|---|---|---|
| 2006 | 0.078 | 0.080 | 0.073 | 0.080 | 0.071 | 0.076 | 0.080 | 0.072 | 0.068 | 0.080 | 0.081 | 0.080 | 0.080 |
| 2007 | 0.078 | 0.079 | 0.072 | 0.080 | 0.069 | 0.076 | 0.080 | 0.072 | 0.070 | 0.080 | 0.082 | 0.081 | 0.080 |
| 2008 | 0.080 | 0.082 | 0.072 | 0.078 | 0.072 | 0.076 | 0.080 | 0.072 | 0.069 | 0.080 | 0.078 | 0.082 | 0.080 |
| 2009 | 0.080 | 0.082 | 0.072 | 0.079 | 0.071 | 0.075 | 0.079 | 0.072 | 0.071 | 0.080 | 0.077 | 0.082 | 0.080 |
| 2010 | 0.080 | 0.082 | 0.071 | 0.078 | 0.070 | 0.075 | 0.078 | 0.070 | 0.080 | 0.079 | 0.078 | 0.081 | 0.079 |
| 2011 | 0.081 | 0.083 | 0.073 | 0.078 | 0.072 | 0.075 | 0.079 | 0.071 | 0.069 | 0.079 | 0.078 | 0.082 | 0.081 |
| 2012 | 0.080 | 0.083 | 0.073 | 0.080 | 0.072 | 0.076 | 0.079 | 0.071 | 0.068 | 0.079 | 0.077 | 0.082 | 0.081 |
| 2013 | 0.079 | 0.083 | 0.074 | 0.079 | 0.072 | 0.075 | 0.078 | 0.070 | 0.069 | 0.080 | 0.078 | 0.081 | 0.082 |
| 2014 | 0.080 | 0.083 | 0.074 | 0.080 | 0.072 | 0.075 | 0.078 | 0.067 | 0.069 | 0.080 | 0.077 | 0.083 | 0.082 |
| 2015 | 0.080 | 0.083 | 0.073 | 0.080 | 0.072 | 0.075 | 0.078 | 0.070 | 0.070 | 0.079 | 0.078 | 0.083 | 0.080 |
| 2016 | 0.079 | 0.076 | 0.075 | 0.080 | 0.070 | 0.074 | 0.080 | 0.071 | 0.069 | 0.081 | 0.080 | 0.082 | 0.081 |
| 2017 | 0.079 | 0.082 | 0.074 | 0.080 | 0.072 | 0.074 | 0.080 | 0.071 | 0.068 | 0.080 | 0.079 | 0.082 | 0.081 |

表7－6　黑龙江省12个市紧凑度得分表

| 城市 | 年份 | | | | | | | | | | | |
|------|------|------|------|------|------|------|------|------|------|------|------|------|
| | 2006 | 2007 | 2008 | 2009 | 2010 | 2011 | 2012 | 2013 | 2014 | 2015 | 2016 | 2017 |
| 哈尔滨 | 1.549 | 1.553 | 1.534 | 1.502 | 1.424 | 1.448 | 1.477 | 1.423 | 1.545 | 1.517 | 1.403 | 1.545 |
| 齐齐哈尔 | 1.353 | 1.372 | 1.351 | 1.397 | 1.401 | 1.319 | 1.361 | 1.290 | 1.359 | 1.380 | 1.399 | 1.412 |
| 鸡西 | 1.279 | 1.328 | 1.308 | 1.258 | 1.223 | 1.205 | 1.214 | 1.236 | 1.260 | 1.244 | 1.337 | 1.322 |
| 鹤岗 | 1.323 | 1.339 | 1.362 | 1.365 | 1.296 | 1.313 | 1.326 | 1.217 | 1.336 | 1.317 | 1.360 | 1.337 |
| 双鸭山 | 1.261 | 1.218 | 1.216 | 1.236 | 1.167 | 1.184 | 1.228 | 1.246 | 1.278 | 1.254 | 1.344 | 1.298 |
| 大庆 | 1.380 | 1.377 | 1.346 | 1.368 | 1.342 | 1.373 | 1.383 | 1.420 | 1.363 | 1.412 | 1.520 | 1.455 |
| 伊春 | 1.157 | 1.142 | 1.139 | 1.153 | 1.134 | 1.151 | 1.162 | 1.172 | 1.185 | 1.199 | 1.362 | 1.224 |
| 佳木斯 | 1.309 | 1.341 | 1.350 | 1.353 | 1.297 | 1.364 | 1.372 | 1.365 | 1.372 | 1.368 | 1.463 | 1.371 |
| 七台河 | 1.243 | 1.278 | 1.294 | 1.253 | 1.263 | 1.249 | 1.254 | 1.239 | 1.255 | 1.236 | 1.381 | 1.293 |
| 牡丹江 | 1.370 | 1.376 | 1.411 | 1.382 | 1.320 | 1.392 | 1.374 | 1.552 | 1.390 | 1.384 | 1.414 | 1.447 |
| 黑河 | 1.257 | 1.260 | 1.277 | 1.295 | 1.285 | 1.376 | 1.322 | 1.345 | 1.307 | 1.285 | 1.444 | 1.304 |
| 绥化 | 1.441 | 1.440 | 1.439 | 1.441 | 1.444 | 1.438 | 1.439 | 1.440 | 1.438 | 1.440 | 1.348 | 1.359 |

哈尔滨、大庆两个城市的紧凑度在研究期内处于高紧凑状态。哈尔滨作为黑龙江省的省会城市,经济发展、城市规划都走在全省前列,导致其紧凑度水平较高,虽然期间有较小幅度的下降,也是因为其行政区划调整,市区面积增大,但其高紧凑的状态并没发生变化。大庆作为振兴东北老工业基地的重点城市,《全国资源型城市可持续发展规划(2013—2020年)》为其城市发展指明了方向,这些政策方面的优势为大庆的快速发展提供了先决条件。在完善城市基础设施体系基础上,确保城市健康发展,逐步把大庆建设成为经济可持续、社会文化繁荣、生态环境良好、地域特色突出的现代化城市,是大庆城市发展的总体方向。大庆的城市紧凑度水平较高,但是规划在实际的应用中需要一个调整适应的过程,所以出现了不稳定的状态。另外,佳木斯、牡丹江也处于不断发展过程,特别是高铁新型交通方式的出现,成为城市交通网络完善、社会经济发展的助推器。而双鸭山、鸡西、七台河、黑河、绥化处于低水平状态,人口流失、支柱产业的不景气,导致城市经济发展缓慢。

287

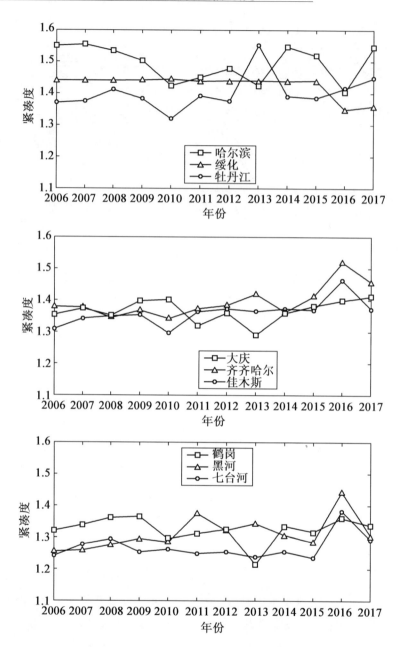

图7-2 黑龙江省12个市紧凑度时间序列变化

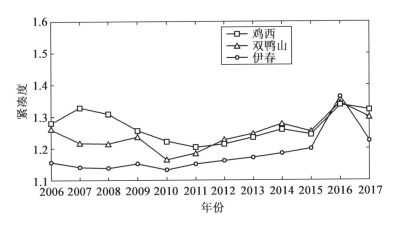

续图 7-2

## (二)黑龙江省城市紧凑度空间格局演变

选取 2006 年、2010 年、2013 年和 2017 年作为代表性年份,利用 ArcGIS10.2 软件对黑龙江省城市紧凑度进行空间格局展示,并按强度大小分为 4 种类型,分别为高值地区、中高值地区、中低值地区及低值地区。

在 2006 年,哈尔滨处于城市紧凑度的高值地区,大庆、齐齐哈尔和绥化处于城市紧凑度的中高值地区,鹤岗、鸡西、佳木斯和牡丹江则处于城市紧凑度的中低值地区,而黑河、伊春、双鸭山和七台河处于城市紧凑度的低值地区;在 2006—2010 年,齐齐哈尔和绥化、牡丹江和黑河城市紧凑度相对增加,分别转变为高值地区、中高值地区,七台河则由低值地区转变为中低值地区;在 2010—2013 年,仅牡丹江城市紧凑度相对增加,且增长幅度较大,使其由中高值地区转变为高值地区,而哈尔滨和绥化城市紧凑度相对减少,由高值地区转变为中高值地区,齐齐哈尔城市紧凑度相对减少,且下降幅度较大,由高值地区转变为中低值地区,鸡西、鹤岗和七台河则由中低值地区转变为低值地区;在 2013—2017 年,哈尔滨、齐齐哈尔、鹤岗和鸡西城市紧凑度相对增大,其中哈尔滨转变为高值地区,齐齐哈尔转变为中高值地区,鹤岗和鸡西转变为中低值地区,而绥化和黑河城市紧凑度相对减少,分别转变为中低值地区和低值地区。另外,大庆城市紧凑度一直处于相对较高状态,位于中高值地区;而佳木斯和双鸭山则一直处于相对较低状态,分别位于中低值地区和低值地区。具体来说,东部地区所包括的鹤岗、鸡西、双鸭山、七台河这些重要的资源型城市早期由于国有大型工业的发展城市平均紧凑度较高,而随着资源逐渐枯竭和常规能源地位的下降,经济出现衰退,城市基础设施发展缓慢,城市规划相对落后,紧凑度水平有所下降。

总体来说,以哈尔滨为中心的南部区域城市紧凑度最高,西部城市次之,北部和东部区域紧凑度相对较低,这与黑龙江省经济发展水平的区域格局相匹配;在变化的动态层面上,东、西部城市差距有逐渐缩小的趋势,东部区域逐渐降低,而西部地区逐渐提高。

# 第四节　黑龙江省城市紧凑度对碳排放强度影响的空间差异分析

紧凑城市是城市可持续发展的方向。顺应可持续发展理念,紧凑城市不仅可以保障城市运行效率的提高,也能够做到城市空间配置更为优化、产业活动更为合理,必然也会影响城市的碳排放强度。

## 一、黑龙江省碳排放强度与紧凑度相关分析

城市碳排放强度会受到自然、社会的各种因素的共同影响,经济增长、第二产业比重、人口密度、技术进步、对外开放程度是通过碳排放的外延得到并实证分析的。各类不同的影响因子对碳排放强度的影响程度各不相同,各个影响因子之间也存在相互作用关系。为确保能真实反映紧凑度因子与城市碳排放强度的相关关系,在进行二者之间的相关分析时需消除其他五类因子的影响。

利用 SPSS 软件对 12 个地级市碳排放强度与城市紧凑度进行偏相关分析,具体做法是在分析过程中,将经济增长、第二产业比重、人口密度、技术进步、对外开放程度选作控制因子,计算结果见表 7-7。

表7-7　黑龙江省12个市碳排放强度与城市紧凑度偏相关系数

| 城市 | 碳排放强度与城市紧凑度偏相关系数 | 显著性(双侧) |
|---|---|---|
| 哈尔滨 | -0.11* | 0.081 |
| 齐齐哈尔 | 0.577*** | 0.002 |
| 鸡西 | 0.529** | 0.018 |
| 鹤岗 | 0.048* | 0.075 |
| 双鸭山 | 0.221* | 0.052 |
| 大庆 | -0.264** | 0.047 |
| 伊春 | -0.301** | 0.042 |
| 佳木斯 | -0.478** | 0.023 |
| 七台河 | -0.271** | 0.046 |
| 牡丹江 | 0.150* | 0.061 |
| 黑河 | -0.304** | 0.042 |
| 绥化 | 0.367** | 0.034 |

注：*、**、***分别为10%、5%、1%显著水平下显著。

12个地级市碳排放强度与城市紧凑度偏相关系数全部处于90%的置信水平以上，在95%的置信水平上具有相关关系的有8个，分别是齐齐哈尔、鸡西、大庆、伊春、佳木斯、七台河、黑河、绥化。呈正相关与负相关的城市数目相等，其中，呈正相关的是齐齐哈尔、鸡西、鹤岗、双鸭山、牡丹江、绥化，呈负相关的为哈尔滨、大庆、伊春、佳木斯、七台河、黑河。

从相关性程度来看，哈尔滨、鹤岗、双鸭山、大庆、七台河相关系数在-0.3~0.3，其相关性较弱；齐齐哈尔、鸡西两城市的相关性最强，都在0.5以上，且为正值。各城市相关系数的差异的原因是碳排放强度影响因素与紧凑度影响因素内部的相互作用的外在表现，但正负相关性的差异主要是紧凑度与碳排放二者因果顺序不同所致，经济活动需要集聚以追求规模效应，在空间上的表现为紧凑度上升，但最终会导致碳排放强度的增长，探求其内部作用机制需进行回归分析。

虽然黑龙江省不同城市紧凑度与碳排放强度有着较为不同的相关关系，但

291

从全省范围分析,紧凑度与碳排放强度有着较为显著的相关性。将城市紧凑度与第三章选择的经济增长、第二产业比重、人口密度、技术进步、对外开放程度联合城市紧凑度构成影响碳排放的因子系统(图7-3)。

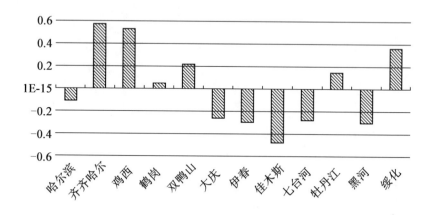

**图7-3 黑龙江省碳排放强度与紧凑度偏回归系数统计图**

## 二、回归因子的共线性分析

假如解释变量中的某两个或多个内部出现了相关性,称为多重共线性。但在实际问题中一般不可能出现完全多重共线性情况,多出现的是近似共线性或交互相关性。若选择的因子变量存在多重共线性会增大参数估计值的方差,导致置信区间趋于变大、精度降低,甚至可能得出违背原理的错误结论。

为分析六个因子对城市碳排放强度作用机制,需建立城市碳排放强度与六个因子的回归模型。在此仍以2006年、2010年、2013年、2017年四个时间节点数据为基础,建立将经济增长、第二产业比重、人口密度、技术进步、对外开放程度、城市紧凑度等因子相关系数矩阵,进一步计算出影响因子矩阵的条件数与方差膨胀因子法来判断因子共线性。条件数是线性代数中的一个概念,它可以用来表征碳排放影响因子相关系数矩阵是"良态的"还是"病态的",一般而言,当条件数越大时,因子相关系数矩阵越接近一个奇异矩阵,矩阵越呈"病态",据此可判断碳排放强度影响因子之间存在较强的共线性。

$$\kappa = \|R\| \cdot \|R-1\| = \frac{\lambda_{max}(R)}{\lambda_{min}(R)} \qquad (7-3)$$

$\|R\|$ 为相关系数矩阵的范数，$\|R-1\|$ 为相关系数矩阵逆矩阵的范数，$\lambda_{max}(R)$ 为相关系数矩阵的最大特征值，$\lambda_{min}(R)$ 为相关系数矩阵的最小特征值。

可根据 $K$ 的取值来判断共线性强弱，当 $K < 100$ 时，则可认为碳排放强度影响因子之间多重共线性程度很小；若 $K > 1000$，表示具有严重的共线性；若在两者之间，则表示存在中等程度共线性。

方差膨胀因子是回归判定系数 $R^2$ 的放大值，$R$ 是两变量之间的相关系数，$R$ 越大表明两变量之间线性相关性越强，线性回归效果越好。相反，$R$ 越小表明两变量间线性相关程度越差，将 $R^2$ 放大可以更加敏感的反映两变量之间的线性关系。

$$r_{ij} = \frac{1}{1 - R_j^2} \qquad (7-4)$$

$$\text{VIF} = \max_i \{r_{ij}\} \qquad (7-5)$$

VIF 的取值一般大于 1，VIF 值越接近于 1，多重共线程度越弱，VIF 数值越大，共线性越强。通常以 10 作为判断标准，当 VIF < 10，不存在多重共线性；当 $10 \leqslant \text{VIF} < 100$，存在较强的多重共线性；当 $\text{VIF} \geqslant 100$，存在严重多重共线性。

表 7-8 四个时间节点不同指标的方差膨胀因子

| 时间 | 指标 | K | VIF |
|---|---|---|---|
| 2006 年 | 紧凑度 | 6.815 | 15.928 |
| | 人均 GDP | | 3.485 |
| | 二产比重 | | 5.028 |
| | 人口密度 | | 10.754 |
| | 技术进步 | | 4.582 |
| | 对外开放程度 | | 4.052 |

293

续表 7 – 8

| 时间 | 指标 | K | VIF |
|------|------|-----|------|
| 2010 年 | 紧凑度 | 6.803 | 4.100 |
| | 人均 GDP | | 2.373 |
| | 二产比重 | | 3.485 |
| | 人口密度 | | 3.711 |
| | 技术进步 | | 1.474 |
| | 对外开放程度 | | 2.981 |
| 2013 年 | 紧凑度 | 6.799 | 2.575 |
| | 人均 GDP | | 2.774 |
| | 二产比重 | | 2.774 |
| | 人口密度 | | 2.198 |
| | 技术进步 | | 1.388 |
| | 对外开放程度 | | 2.304 |
| 2017 年 | 紧凑度 | 6.802 | 12.263 |
| | 人均 GDP | | 4.715 |
| | 二产比重 | | 1.917 |
| | 人口密度 | | 1.655 |
| | 技术进步 | | 2.309 |
| | 对外开放程度 | | 11.304 |

由表 7 – 8 中数据可知,四年中特征值都在 10 以下,但 2006 年紧凑度及人口密度的方差膨胀因子分别为 15.928、10.754,2017 年紧凑度及对外开程度的方差膨胀因子分别为 12.263、11.304,都在 10 以上,这三个因子之间可能存在多重共线性。

为剔除共线性较强的因子,采用向后法处理影响因子,在剔除显著性较差的人口密度因子后共线性检验参数见表 7 – 9。

表7-9　剔除人口密度后四个时间节点不同指标的方差膨胀因子

| | 指标 | K | VIF |
|---|---|---|---|
| 2006 年 | 紧凑度 | 5.856 | 2.587 |
| | 人均 GDP | | 2.740 |
| | 二产比重 | | 2.724 |
| | 技术进步 | | 2.401 |
| | 对外开放程度 | | 1.964 |
| 2010 年 | 紧凑度 | 5.84 | 1.995 |
| | 人均 GDP | | 2.263 |
| | 二产比重 | | 2.960 |
| | 技术进步 | | 1.470 |
| | 对外开放程度 | | 1.711 |
| 2013 年 | 紧凑度 | 5.84 | 1.816 |
| | 人均 GDP | | 2.528 |
| | 二产比重 | | 2.399 |
| | 技术进步 | | 1.348 |
| | 对外开放程度 | | 1.781 |
| 2017 年 | 紧凑度 | 5.859 | 4.037 |
| | 人均 GDP | | 3.318 |
| | 二产比重 | | 1.768 |
| | 技术进步 | | 2.309 |
| | 对外开放程度 | | 5.568 |

　　剔除人口密度因子后的四个时间节点的特征值都降到了 6 以下,余下五个因子的方差膨胀因子急剧下降,数值达到 6 以下。至此,紧凑度、人均 GDP、二产比重、技术进步、对外开放程度五个因子内部的共线性变得非常微弱,基本不存在共线性。

## 三、回归分析

### (一)传统线性回归——OLS 回归

最小二乘法是一种用来建立因变量和解释变量之间关系的统计研究方法，是回归分析的基础，假设线性回归关系满足全局空间平稳条件，其公式为

$$Y_i = \beta_0 + \sum_{\kappa} \beta_\kappa X_{i\kappa} + \varepsilon_i \qquad (7-6)$$

其中，$Y_i$ 是第 $i$ 点的回归值；$\beta_0$ 是回归方程的常数项，为截距；$\beta_\kappa$ 为第 $\kappa$ 个自变量的系数，即偏回归系数；$X_{i\kappa}$ 为第 $\kappa$ 个自变量在第 $i$ 点处的观测值，$\varepsilon_i$ 为具体观测值与样本平均值之间的差异，即残差。

$Y$ 为碳排放强度，$i$ 为四个时间节点，$\beta_0$ 是构建碳排放强度与紧凑度、人均 GDP、二产比重、技术进步、对外开放程度五个自变量回归方程时，碳排放强度的本底值，即当紧凑度、人均 GDP、二产比重、技术进步、对外开放程度五个自变量都为 0 时，碳排放量的估计值。$\beta_\kappa$ 表示紧凑度、人均 GDP、二产比重、技术进步、对外开放程度五个自变量的偏回归系数，可用 $\beta_1$、$\beta_2$、$\beta_3$、$\beta_4$、$\beta_5$ 分别表示，其含义是假设其余四个变量不变的情况下，某个变量变化一个单位所引起的碳排放强度的平均变化量。运用 SPSS 以碳排放强度为因变量，以紧凑度、人均 GDP、二产比重、技术进步、对外开放程度作为自变量，分别做出 2006 年、2010 年、2013 年、2017 年的回归方程，模型参数见表 7-10。

表 7-10　OLS 回归模型估计结果

| 时间 | R | R Square | F | sig. | Durbin-Watson | AICc |
|---|---|---|---|---|---|---|
| 2006 年 | 0.859 | 0.737 | 3.363 | 0.086 | 1.991 | 58.982 |
| 2010 年 | 0.886 | 0.785 | 5.843 | 0.026 | 2.500 | 56.558 |
| 2013 年 | 0.868 | 0.754 | 4.307 | 0.052 | 1.948 | 58.176 |
| 2017 年 | 0.860 | 0.739 | 3.400 | 0.084 | 1.041 | 58.885 |

表中 R 为模型的复相关系数，但在模型优度评价中一般用其平方，也就是通常说的决定系数 $R^2$ 作为标准，可以看出 2006 年、2010 年、2013 年、2017 年都

在 0.7 以上,说明各时间节点以紧凑度、人均 GDP、二产比重、技术进步、对外开放程度作为自变量的模型可以解释相应时间的碳排放强度变化都在 70% 以上,剩下不到 30% 的变化量存于残差 $\varepsilon_i$ 中,拟合度不够理想。F 检验中 2010 年的模型置信水平在 97% 以上,2013 年的模型置信水平在稍低于 95%,2006 年、2017 年的回归模型在 0.1 的显著水平才能通过检验。Durbin-Watson 表示残差是否独立,处于 1~3 之间,说明残差是独立的,AICc 值用于比较模型性能,值越低表明模型越能拟合观测数据,而表中的 AICc 值相对较大,在 56 以上。

以四个时间节点的标准化预测值为横坐标,以标准化残差为纵坐标绘制散点图,如图 7-4 所示,从中可以看出回归模型的标准化残差都在 -2~2,数据质量较好,且随着预测值的变化,标准化残差以 0 为基准的附近随机分布,这表明数据适合多元线性拟合,模型设计较为适合。但这又与决定系数、AICc 分析结果相矛盾,说明除这些影响因子外还存在没有考虑到的因素,为更深入了解残差所隐含的信息,现将各年的残差进行空间自相关分析(表 7-11)。

表 7-11 回归残差空间自相关指数

| 时间 | Moran's I | P 值 | Z 得分 |
| --- | --- | --- | --- |
| 2006 年 | -0.179 | 0.003 | 5.949 |
| 2010 年 | -0.243 | 0.020 | -2.855 |
| 2013 年 | -0.191 | 0.004 | 4.999 |
| 2017 年 | -0.253 | 0.010 | -2.825 |

以 2006 年、2010 年、2013 年及 2017 年的 OLS 回归模型获得的残差进行空间自相关分析,得各年的 Moran's I 及相应的 p 值与 Z 得分,可以看到 p 值在 0.05 以下,Z 得分值在 1.96 以上,说明具有 95% 以上的可信度。说明了残差存在空间上的自相关性。

建立的传统最小二乘回归模型对数据的特征模拟不完全、不完善,不能很好地解释黑龙江省城市紧凑度、人均 GDP、二产比重、技术进步、对外开放程度五大因子对碳排放强度的影响的空间非均匀性。

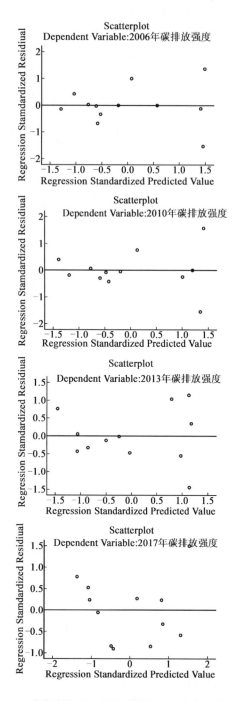

图7-4　碳排放强度标准化预测值与标准化残差散点图

### (二)地理加权回归——GWR 回归

为使结果具有可比较性,同样以碳排放强度为因变量,以城市紧凑度、人均 GDP、二产比重、技术进步、对外开放程度为自变量构建 GWR 模型,依据最小信息准则(AIC)来决定最佳带宽,确定最佳带宽为 6 397 km,计算出四个时间节点的拟合模型,模型汇总信息表(表 7－12)及地理加权相关系数。

表 7－12　GWR 模型估计结果

| | Bandwidth(km) | Residual Squares | AICc | $R^2$ |
|---|---|---|---|---|
| 2006 年 | 255.166 | 0.547 | 45.290 | 0.737 |
| 2010 年 | 255.166 | 0.818 | 47.373 | 0.926 |
| 2013 年 | 255.166 | 0.688 | 50.102 | 0.754 |
| 2017 年 | 255.166 | 0.771 | 42.131 | 0.930 |

模型带宽 ArcGIS 自动以最小信息准则进行计算,估算结果为 255.166km,Residual Squares 为残差平方和,此处的残差是所建立的 GWR 模型回归出的碳排放强度与实际碳排放强度的差,Residual Squares 越小,模型对碳排放强度的解释效果越好,表 7－12 中各年 Residual Squares 相对较小。AICc 值有显著下降,同时决定系数 $R^2$ 有较大幅度上升,说明了 GWR 模型相较 OLS 模型更适合拟合黑龙江省碳排放强度与城市紧凑度、人均 GDP、二产比重、技术进步、对外开放程度的关系。

## 四、结果分析

分别以建立的 2006 年、2010 年、2013 年、2017 年 GWR 模型中的各因变量为回归系数,在 ArcGIS 中进行分级,做出各因子回归系数空间分布图,以此分析不同因素对黑龙江省城市碳排放强度的影响。

从紧凑度方面研究,总体来看,黑龙江省城市紧凑度对碳排放强度的影响为负值。具体来说,2006 年的回归系数最小为 -0.198,最大为 -0.199,全省差异较小;2010 年的最低为 -0.159,最大变为 0.681,其中有六个城市出现了正值;2013 年回归系数全省比较平衡,差异较小,最大为 -0.549,最小为 -0.548,

为四个时间节点内差异最小的时期;2017年回归系数最小值为-1.008,除黑河为0.37的正值外,其余城市都为负值,此时期为全省差异水平最大时期。

从空间变化角度考虑,全省紧凑度对碳排放强度的影响具有明显的梯度特点,方向变化较为显著。黑龙江省2006年城市紧凑度对碳排放强度的影响强度从东南向西北递减,牡丹江、鸡西、七台河、双鸭山、佳木斯为影响强度最大的第一梯队,鹤岗、哈尔滨为影响较强的第二梯队,伊春、绥化为影响较弱的第三梯队,大庆、齐齐哈尔、黑河为影响最弱的第四梯队。2010年的梯度分化仍较明显,但有了正负两种值的差异,影响强度不能再比较数值的大小,而从其绝对值去对比。总体上影响程度变化的方向仍延续了2006年的特点,沿东南—西北轴方向变化,但次序出现了改变,最大影响程度的第一梯队为鸡西、双鸭山,第二梯队佳木斯、七台河、牡丹江、黑河、齐齐哈尔,东南、西北呈对称分布,第三梯队大庆、绥化、伊春,第四梯队为哈尔滨、鹤岗。这一时期影响强度呈现出从东南、西北两侧向中部递减的趋势。若将正负值区分开来,影响强度表现出从哈尔滨、鹤岗分别向西北部的负值及东面部的正值区递增的态势。2013年,影响强度变化轴首次出现旋转,呈现由北向南的递减规律,对比之前两个时期,变化轴线开始顺时针方向转动。影响强度最大的第一梯队城市为黑河,第二梯队为齐齐哈尔、伊春、鹤岗、佳木斯、双鸭山,第三梯队为大庆、绥化、哈尔滨、七台河、鸡西,第四队为南部的牡丹江。2017年,空间分布上的梯度方向变化逐渐消失,大体上表现为东西影响强度大、中部小的空间格局。综合来看,东南部地区一直处于相对影响强度高的区域,北部地区的变化则较大,以哈尔滨为中心的中南部地区数值及变化总体呈稳定状态。北部地区由于纬度高,气候寒冷,人类活动更趋向于集聚,而随着经济、技术的发展,人类活动开始分散,但发展到一定阶段,经济上要求集聚,所以黑河城市紧凑先增大后又减小,碳排放强度处于增加态势,结果导致了其变化较大。

在整个时期内,以哈尔滨为中心的中南部地区中,哈尔滨、绥化、伊春强度呈较稳定状态。哈尔滨作为整个黑龙江省经济发展水平最高、城市规划最合理的城市,其紧凑过程是有规划的、合理发展的过程,但城市紧凑水平从2006年开始处于缓慢的下降状态,这主要是由于行政区划调整致使市区面积增加导致的,由于科技进步、能源利用率的提高,碳排放强度也呈下降趋势,二者综合作用下,导致哈尔滨影响强度的相对稳定。绥化、伊春是两个以农业为主的城市,这样的城市类型会制约紧凑程度的提升,但碳排放强度在整个时期是下降的,在全省其他城市的上升与降低中处于相对平衡的置。与之相对的如牡丹江,紧凑度在上升,但碳排放强度却下降,这样负向影响就会增加。

从变化轴的旋转情况可以看出,变化轴呈现出明显的以哈尔滨、绥化、伊春交汇处为中心顺时针旋转的动态过程。2006 年正处于建设哈大齐工业走廊的重要时期,哈大齐发展带的影响作用日益凸显,相应的城市基础设施建设发展相对较快,这一时期城市紧凑度对碳排放的影响程度相对较大。但是到了 2013年,作为黑龙江省经济主发展轴的哈大齐牡带在经济快速发展的过程中,城市规划相对滞后,其他因素影响程度相应增大,结果导致城市紧凑度对碳排放强度影响的绝对值相应下降。2017 年黑龙江与吉林逐步构建"双核一轴两带"的城市群空间格局,哈长发展主轴作用开始显现,同时哈大齐牡带城市的发展也向着合理化紧凑的方向发展,区域发展全面铺开,从而使得 2017 年的轴向变化不再明显。

城市紧凑度对碳排放强度的影响机制主要有:城市发展模式及阶段、城市紧凑发展的驱动力。不同阶段紧凑度的影响因子作用于碳排放强度的程度及方向不同,由于追求集聚效益而产生的紧凑与通过合理规划形成的城市紧凑对碳排放强度的影响也各不相同,这些内在机制的相互耦合,通过紧凑度影响因子作用于碳排放强度,表现为影响强弱及正负向的差异。但在这些机制的相互作用中,自然环境是作用系统的载体,有着不可替代的地位。这些机制实质上是通过经济影响起作用的,或者说,经济依然是决定紧凑度与碳排放之间回归系数的最重要因素。在低水平的相对稳定状态时,各类碳排放强度的影响因素相应地也都处于低水平、低增长的态势,如能源、人口等,所以此时期的城市紧凑度对碳排放有显著影响;但随着经济进入快速发展的阶段,各类影响碳排放强度的因素相应地也急速增长,因为城市紧凑度的滞后性,此时的城市紧凑度对碳排放的影响反而会下降;当经济发展达到高水平的稳定状态时,城市紧凑度的滞后效应会逐渐消失,最终又成为影响碳排放的重要因素。有目的、有计划地提升城市紧凑水平是实现城市低碳发展的长效机制。

从经济角度来看,人均 GDP 因子的回归系数大部分为负值,并且逐渐增大趋近于正值,同时各个城市的回归系数均不同,说明不同城市的经济发展水平对碳排放强度的影响存在显著的空间差异。2006 年,人均 GDP 对碳排放强度影响较大的城市主要有大庆、齐齐哈尔、绥化和黑河,影响较小的城市则集中在佳木斯、双鸭山和鸡西等地,不同城市之间的回归系数差异相对较小。2010 年开始,人均 GDP 对碳排放强度的影响逐年增大,不同城市之间的回归系数差异相对增加,其中哈尔滨、牡丹江、大庆、齐齐哈尔、绥化和黑河的回归系数基本没变,而双鸭山和鸡西的回归系数显著增加,表明双鸭山和鸡西的经济发展水平对碳排放强度的影响程度逐渐降低,远不及哈尔滨、大庆和齐齐哈尔等城市。经济发展水平对碳排放强度的影响表现出从黑龙江西部向东部逐渐转移,主要原因是在这段时间内黑龙江西部城市经济水平经过快速发展达到了一个较高水平,经济发展水平的提高对碳排放强度的影响程度逐渐增强。2013 年人均 GDP 的影响程度与 2010 年相比整体有所减弱,影响较大的城市仅为大庆和齐齐哈尔,而鹤岗、佳木斯和鸡西等城市最低。2017 年除黑河外,其他城市的回归系数均为负值,表明黑龙江西部城市的经济发展能够产生少量的碳排放量,从而抑制碳排放强的增加;而黑龙江东部城市如鸡西和双鸭山的回归系数增加为正值,表明人均 GDP 在地理加权回归模型中对碳排放强度的影响起着正相关作用,也就是说,这几个城市随着经济发展水平的提高,碳排放强度也会随之增大,这是因为在黑龙江省经济发展相对落后的城市为了提高当地经济的发展而承接高能耗高效益的密集型产业的转移,所以会使高污染高排放产业集聚,并带来大量的碳排放量,从而促进了碳排放强度的增加。以上城市政府应鼓励形成绿色生态经济可持续发展,逐渐淘汰耗能多和污染物排放量大而且经济效益较低的产业,多发展第三产业和高新技术产业,这将使碳排放强度水平得到显著改善。

从产业结构来看,黑龙江省 12 个市产业结构在 GWR 模型中对碳排放强度的影响存在着空间差异性。产业结构的回归系数均为正值,表明在产业结构中第二产业所占比重越高,碳排放强度越难以降低。整体而言,产业结构对碳排放强度的影响呈现先减小后增加的波动变化,其中,在 2006 年和 2010 年的回归系数较大,影响较高,而 2013 年和 2017 年回归系数有所下降,影响相对减小。2006 年和 2013 年,模型回归系数较大的城市为大庆和齐齐哈尔,模型回归系数较小的城市为佳木斯、双鸭山和鸡西,并且产业结构的系数由西向东呈现递减趋势,说明在该研究期内黑龙江省西部城市的产业结构对碳排放强度的影响要大于黑龙江省东部城市。与之相反的是在 2010 年和 2017 年,模型回归系数较大的城市为鸡西,模型回归系数较小的城市为黑河,且产业结构的系数由东向西呈现递减趋势,说明在该研究期内黑龙江省东部城市的产业结构对碳排放强度的影响要大于黑龙江省西部城市。以上城市的产业结构能够显著促进碳排放强度的增加,因此黑龙江省东西部城市可以采取对优化产业结构加大支持力度的方式,进一步促进其产业的升级和集聚,扩大产业规模使其在保证促进整个黑龙江省经济增长的同时,发挥规模效益,达到逐步降低碳排放强度的度的目的。

从技术进步来看,黑龙江省 12 个市技术进步在 GWR 模型中对碳排放强度的影响同样存在着空间差异性。整体来看,技术进步变量的回归系数显著为负,说明技术进步与城市碳排放强度呈负相关关系,即技术手段的提升的确会降低碳排放强度,并显著改善环境质量。从时间序列来看,技术进步对碳排放强度的影响呈现先缓慢减小后增大的波动变化。2006 年和 2013 年各城市间的回归系数均相差不大,说明技术进步对碳排放的影响差异性较小;而 2010 年和 2017 年各城市间的回归系数均有较大差异,表明各城市技术进步对碳排放强度的影响差异性较大。除此之外,哈尔滨和绥化等城市的技术进步能够显著抑制碳排放强度。黑龙江省应该充分发挥技术进步在促进社会经济发展中的作用,利用高端技术提高资源的综合利用率和企业的生产效率,同时带动环保技术的提升,在生产过程中以减少碳排放量,降低碳排放强度,从而促进绿色可持续发展。

从对外开放程度来看,黑龙江省各城市对外开放程度在地理加权回归模型中对碳排放强度的影响存在着空间差异性。外开放程度的回归系数均为负值,表明在实际外资额与 GDP 的比值越高,越有利于碳排放强度的降低。整体而言,对外开放程度对碳排放强度的影响不断增加,其中,2006 年和 2013 年各城市间的回归系数均相差不大,说明对外开放程度对碳排放的影响差异性较小;而 2010 年和 2017 年各城市间的回归系数均有较大差异,表明各城市对外开放程度对碳排放强度的影响差异性较大,进一步发现,黑河、牡丹江等黑龙江省边境口岸城市的回归系数较大,说明这些边境口岸城市的对外开放程度对碳排放强度影响较大,而大庆、绥化和齐齐哈尔的对外开放程度对碳排放强度影响较小。总体来看,对外开放程度对碳排放强度的影响程度从边境城市逐渐向中心城市转移,这可能由于黑龙江省不断扩大和优化投资,以高效投资促进产业转型和经济发展,从而降低了碳排放强度。

# 第五节　本章小结

## 一、结论

(1)研究期内黑龙江省各地级市碳排放强度变化趋势基本相同,总体呈下降的趋势,可分为 2006—2010 年平稳期,2010—2013 年的加速下降时期,2013—2017 年的波动上升期;七台河、鹤岗、鸡西等煤炭资源型城市下降幅度较大,产业层次较高的牡丹江、佳木斯、哈尔滨、齐齐哈尔变化趋势具有较强的一致性,下降速度相对较慢。

(2)通过标准差椭圆对碳排放的时空变化进行分析,发现黑龙江省碳排放强度在分布上具有一定的方向性和向心力,大体与沿松花江的延伸方向一致。2006—2017 年间,随时间的变化空间上呈现出先扩张后收缩的趋势。整体空间分布格局呈现西北—东南走向,但表现出了"西—东"偏转的趋向,碳排放强度总体分布开始偏离松花江,逐渐与哈大齐工业走廊相吻合。

(3)通过对碳排放强度与各指标间的相关性分析发现,经济增长、人口密度、技术进步和对外开放程度与碳排放强度均具有 5% 水平上的显著负相关性,而第二产业比重与碳排放强度具有 5% 水平上的显著正相关关系。

(4)在通过熵值法计算出黑龙江省 2006—2017 年城市紧凑度的基础上,对黑龙江省城市紧凑度的时空变化进行分析,得出近12年黑龙江各城市紧凑度整体呈现先缓慢增长,后有所降低,最后逐步升高的时间变化特点;空间分异较为显著,以哈尔滨为中心的南部区域城市紧凑度最高,西部城市次之,北部和东部区域紧凑度相对较低,且东、西部城市差距有逐渐缩小的趋势。

(5)通过OLS与GWR两种模型对黑龙江省碳排放强度与五个因子的回归对比,发现GWR拟合程度更优,可体现出省域上的空间非平稳性。回归分析发现,黑龙江省城市紧凑度对碳排放强度的影响为负值,2013年回归系数全省比较平衡,差异最小,2017年全省差异水平最大。全省紧凑度对碳排放强度的影响具有明显的梯度特点,方向变化较为显著,经济依然是决定紧凑度与碳排放之间回归系数的最重要因素;经济因子回归系数大部分为负值,并且逐渐增大趋近于正值,说明不同城市的经济发展水平对碳排放强度的影响存在显著的空间差异;产业结构的回归系数均为正值,表明在产业结构中第二产业所占比重越高,碳排放强度越难降低;技术进步变量的回归系数显著为负,并呈现先缓慢减小后增大的波动变化,空间各城市技术进步对碳排放强度的影响差异性较大;外开放程度的回归系数均为负值,表明实际外资额与GDP的比值越高,越有利于碳排放强度的降低,黑龙江省边境口岸城市的回归系数较大。

## 二、建议

(1)城市紧凑度对碳排放强度的影响是一个系统过程,各类因子共同作用,自然因子作用一般相对稳定,但其地位不可替代。黑龙江省在进行碳排放强度控制中要综合各城市包括气候、水文等自然方面的环境特点,通过城市紧凑达到低碳控制;要根据不同城市的自然特征,综合考量经济、社会条件,因地制宜、因时制宜实施碳排放强度的控制。所以,首先综合分析自然、社会状况,格网化制定减排目标,进而制定城市规划目标,城市规划要与城市发展同步而行。

(2)紧凑度在黑龙江省各地级市对碳排放的影响呈现波动变化,但最终会成为影响碳排放的重要因素。因此,应依据紧凑城市理论不断调整城镇规划,一方面通过不断调整、优化,最终形成适合自身的紧凑形态,以实现交通需求少、能耗少、高效率的可持续城市;另一方面可减少最后的城市改造成本,这本身就是可持续的方法。在黑龙江省哈大齐牡城市带上,城市发展相应较快,尤其应该在发展中调整、在调整中完善,建设具有特色的低碳城市。

(3)城市紧凑度对碳排放的影响程度的空间分布是一个动态过程。城市紧凑度对碳排放的影响程度呈现极为明显的以哈尔滨、绥化、伊春交汇处为中心顺时针旋转的动态过程,但大致都是从"一带一轴"为基础,因此在进行减排方案制定时要充分考虑区域经济发展格局。

总之,黑龙江省在过去的十多年一直为了低碳排放而努力,但距离低碳、绿色的目标仍有一段路要走,能源高消费及碳排放持续增加的现状还未发生实质性改善。随着城市的进一步发展,政府在制定碳减排目标时要因地制宜、因时制宜,将城市紧凑发展纳入减排的长效机制。

# 参考文献

[1] GLASTER G, HANSON R, RATCLIFFE M, et al. Wrestling sprawl to the ground: Defining and measuring an allusive concept[J]. Housing policy debate,2001,12(4):681-717.

[2] MUBAREKA S, KOOMEN E, ESTERGUIL C, et al. Development of a composite in dex of urban compactness for land use modeling applications[J]. Landscape and urban planning,2011,103(3-4):303-317.

[3] GAIGNE C, RIOU S, THISSE J F. Are compact cities enviromentally friendly? [J]. Journal of urban economics,2012,72(2-3):123-136.

[4] DEMPSEY N, BROWN C, BRAMLEY G. The key to sustainable urban development in UK cities? The influence of density on social sustainability[J]. Progress in planning,2012(77):89-141.

[5] THINH X N, ARLT G, HEBER B, et al. Evaluation of urban land-use structures with a view to sustainable development[J]. Environmental impact assessment review,2002,22(5):475-492.

[6] 李琳. 紧凑城市中"紧凑"概念释义[J]. 城市规划学刊,2008(3):41-45.

［7］　马丽,金风君.中国城市化发展的紧凑度评价分析［J］.地理科学进展,
2011,30(8):1014-1020.

［8］　仇保兴.紧凑度与多样性——中国城市可持续发展的两大核心要素［J］.
城市规划,2012,36(10):11-18.

［9］　张文明.生态文明:城市可持续发展的新功能主义诠释——《欧洲城市环
境绿皮书》的启于［J］.上海城市管理,2013(2):49-54.

［10］　张冷伟.紧凑城市综合测度及其规划路径研究［D］.重庆:重庆大
学,2011.

［11］　BREHENY M. Urban compaction: Feasible and acceptable［J］. Cities,
1997, 14(4): 209-217.

［12］　NEWMAN P, KKNWORTHY J. Urban design to reduce automobile depend-
ence［J］. Opolis: International journal of suburban and metropolitan studies,
2006,2(1):35-52.

［13］　HANDAYANTO R T,TRIPATHI N T,KIM S M,et al. Achieving a sustain-
able urban form through land use optimisation: Insights from Bekasi City's
land-use plan (2010－2030)［J］. Sustainability,2017,9(2):1-18.

［14］　EWING R H. Characteristics, causes, and effects of sprawl:A literature re-
view［J］. Urban ecology,2008(1):519-535.

［15］　SHRESTHA R M, TIMILSINA G R. Factors affecting $CO_2$ intensities of
power sectors in Asia:A divisia decomposition analysis［J］. Energy econom-
ics,1996,18(4):283-293.

［16］　ANG B W, PANDIYAN G. Decomposition of energy-induced $CO_2$ emissions
in manufacturing ［J］. Energy economics, 2007,19(3):363-374.

［17］　LIU F Y,LIU C E. Regional disparity, spatial spillover effects of urbanisati-
on and carbon emissions in China［J］. Journal of cleaner production,2019,
241(12):118226.

［18］　GU S, FU B T,THRIVENI T,et al. Coupled LMDI and system dynamics
model for estimating urban $CO_2$ emission mitigation potential in Shanghai,

China[J]. Journal of cleaner production,2019,240(10):118034.

[19] LIN B Q, AGYEMAN S D. Assessing Ghana's carbon dioxide emissions through energy consumption structure towards a sustainable development path [J]. Journal of cleaner production,2019,238(11):117941.

[20] BAMMINGER C,POLL C,MARHAN S. Offsetting global warming-induced elevated greenhouse gas emissions from an arable soil by biochar application [J]. Global change biology,2018,24(1):318-334.

[21] TANIGUCHI M, MATSUNAKA R. A time-series analysis of relationship between urban layout and automobile reliance：Have cities shifted to integration of land use and Transport? [J]. Urban transport,2008(8):13-18.

[22] GRAZI F, OMMEREN J. An empirical analysis of urban form, transport, and global warming[J]. The energy journal,2008,29(4):97-122.

[23] HERES-DEL-VALLED, NIEMEIER D. $CO_2$ emissions：Are land-use changes enough for California to reduce VMT? Specification of a two-part model with instrumental variables[J]. Transportation research part B,2011,45(1): 150-161.

[24] 韩笋生,秦波.借鉴"紧凑城市"理念,实现我国城市的可持续发展.国际城市规划,2009,24(S1):263-268.

[25] 祁巍峰.紧凑城市的综合测度与调控研究[M].杭州:浙江大学出版社,2010.

[26] 陈敏.城市紧凑度的测量研究[D].上海:华东师范大学,2012.

[27] 王德利.北京市空间紧凑度测度及提升对策[J].城市问题,2013(11):25-30.

[28] 黄永斌,董锁成,白永平.中国城市紧凑度与城市效率关系的时空特征中国人口·资源与环境[J].2015(3):64-73.

[29] 张丽伟.长春城市紧凑度的发展变化及其城市效率研究[D].长春:东北师范大学,2015.

[30] 胡小飞,王秀慧,吴爽.长江经济带物流业碳排放测算及其驱动要素研究

［J］.生态经济,2019,35(7):49-55.

［31］　黄霞.中国碳排放的测算和影响因素研究［D］.北京:北京交通大学,2018.

［32］　武翠芳,熊金辉,吴万才,等.基于 STIRPAT 模型的甘肃省交通碳排放测算及影响因素分析［J］.冰川冻土,2015,37(3):826-834.

［33］　仇保兴.我国城市发展模式转型趋势——低碳生态城市［J］.现代城市,2010,5(1):1-6.

［34］　郭韬.中国城市空间形态对居民生活碳排放影响的实证研究［D］.北京:中国科学技术大学,2013.

［35］　陈珍启,林雄斌,李莉,等.城市空间形态影响碳排放吗?——基于全国110 个地级市数据的分析［J］.生态经济,2016,32(10):22-26.

［36］　王新利,黄元生.河北省能源消费碳排放强度影响因素分解［J］.数学的实践与认识,2018,48(23):49-58.

［37］　翟石艳,王铮.基于 ARDL 模型长三角碳排放、能源消费和经济增长关系研究［J］.长江流域资源与环境,2013,22(1):94-103.

［38］　方创琳,祁巍锋,宋吉涛.中国城市群紧凑度的综合测度分析［J］.地理学报,2008(10):1011-1021.

［39］　韩刚.东北三省中心城市紧凑度时空特征及作用机制［D］.长春:东北师范大学,2017.

［40］　薛瑞晖,于晓平,李东群,等.基于地理加权回归模型探究环境异质性对秦岭大熊猫空间利用的影响［J］.生态学报,2019,40(8):2647-2654.